F&E-Bilanzierung als Einflußfaktor
der F&E-Freudigkeit

Betriebswirtschaftliche Studien Rechnungs- und Finanzwesen, Organisation und Institution

Herausgegeben von
Prof. Dr. Dr. h.c. Wolfgang Ballwieser, München
Prof. Dr. Christoph Kuhner, Köln
Prof. Dr. Dr. h.c. Dieter Ordelheide †, Frankfurt

Band 56

Peter Lang
Frankfurt am Main · Berlin · Bern · Bruxelles · New York · Oxford · Wien

Jakob Schröder

F&E-Bilanzierung als Einflußfaktor der F&E-Freudigkeit

Peter Lang
Europäischer Verlag der Wissenschaften

Die Deutsche Bibliothek - CIP-Einheitsaufnahme

Schröder, Jakob:

F&E-Bilanzierung als Einflußfaktor der F&E-Freudigkeit / Jakob Schröder. - Frankfurt am Main ; Berlin ; Bern ; Bruxelles ; New York ; Oxford ; Wien : Lang, 2001
  (Betriebswirtschaftliche Studien Rechnungs- und Finanzwesen, Organisation und Institution ; Bd. 56)
  Zugl.: München, Univ., Diss., 2001
  ISBN 3-631-37999-4

D 19
ISSN 1176-716X
ISBN 3-631-37999-4
© Peter Lang GmbH
Europäischer Verlag der Wissenschaften
Frankfurt am Main 2001
Alle Rechte vorbehalten.

Das Werk einschließlich aller seiner Teile ist urheberrechtlich geschützt. Jede Verwertung außerhalb der engen Grenzen des Urheberrechtsgesetzes ist ohne Zustimmung des Verlages unzulässig und strafbar. Das gilt insbesondere für Vervielfältigungen, Übersetzungen, Mikroverfilmungen und die Einspeicherung und Verarbeitung in elektronischen Systemen.

www.peterlang.de

Geleitwort

Der Verfasser untersucht, wie Bilanzierungsvorschriften die Forschungs- und Entwicklungstätigkeit beeinflussen können. Angesichts der realen Bedeutung dieser Maßnahmen ist dies ein wesentliches, im deutschen Schrifttum aber vernachlässigtes Thema. Methodisch arbeitet er zuerst empirische Studien aus dem Ausland auf, um die Wirkung der Bilanzierung auf reales Verhalten einschätzen zu können. Danach entwickelt er ein eigenes analytisches Modell, das den Zusammenhang von Aktivierungskonzeptionen und maximalen zusätzlichen Entwicklungsausgaben abbildet.

Herr Schröder fragt, wie ein Übergang vom Aktivierungsverbot zur Möglichkeit, Entwicklungsausgaben zu aktivieren, wirken kann, und kommt damit IAS 38 nahe. Nach einer Herausstellung der Vielschichtigkeit der Einflußparameter werden zwei Aktivierungskonzeptionen dargestellt, die sich darin unterscheiden, daß nach der ersten Konzeption später oder weniger aktiviert werden darf als nach der zweiten. Bestimmt werden die maximalen Zusatzinvestitionen, wenn man von bereits in der Vergangenheit getätigten und wertvollen Investitionen sowie für die Zukunft geplanten weiteren werthaltigen Investitionen ausgeht, die alle linear abgeschrieben werden. Hierbei werden konstante Investitionsausgaben in der Vergangenheit und konstante Zusatzinvestitionen ab einer bestimmten Zukunftsperiode für eine begrenzte Zeit unterstellt. Die Zusatzinvestitionen haben eine erst ansteigende, dann abnehmende Ertragswirkung, die symmetrisch ist.

Der Übergang auf die Aktivierung von Entwicklungsausgaben bewirkt positive Investitionseffekte, die im ersten Aktivierungsmodell und einer Steuerbelastung von 50 % bis zum doppelten Wert der bei Aktivierungsverbot zu erwartenden Ausgaben betragen können. Bei einer Steuerbelastung von 37,5 % kann der Anstieg auf das 2,67-fache erfolgen. Bei der zweiten Aktivierungskonzeption ergeben sich exakt die genannten Werte.

Aus der Literatur ist mir nichts Vergleichbares bekannt. Ich wünsche nicht zuletzt deshalb der Arbeit eine gute Aufnahme.

München, den 26. März 2001   Prof. Dr. W. Ballwieser

Vorwort

Die vorliegende Arbeit entstand während meiner Zeit als Doktorand am Seminar für Rechnungswesen und Prüfung der Ludwig-Maximilians-Universität München und wurde im Februar 2001 als Dissertation vom Promotionsausschuß der Fakultät für Betriebswirtschaft dieser Universität angenommen.

An erster Stelle möchte ich meinem verehrten Doktorvater, Herrn Prof. Dr. Wolfgang Ballwieser, sowohl für seine Anregungen und konstruktive Kritik als auch für die gewährten Freiräume herzlich danken. Mein Dank gebührt weiterhin Herrn Prof. Dr. Hermann Meyer zu Selhausen für die bereitwillige Übernahme des Zweitgutachtens und für fachliche Hinweise. Bei den (auch ehemaligen) wissenschaftlichen Mitarbeitern am Seminar für Rechnungswesen und Prüfung, insbesondere bei Herrn Prof. Dr. Dirk Hachmeister und Herrn Privatdozent Dr. Stefan Rammert möchte ich mich für wertvolle Anmerkungen und die freundschaftliche Atmosphäre bedanken.

Ausgangspunkt dieser Arbeit war das „Company of the Future"-Projekt, an dem ich als Vertreter der Siemens AG teilnahm. Der Siemens AG, insbesondere Herrn Prof. Dr. H. G. Danielmeyer und Herrn Dr. D. Theis bin ich für die nicht nur finanzielle Unterstützung sehr dankbar.

Besonderer Dank gilt meinen Eltern sowie meiner Freundin, die auf vielfältige Art zum Gelingen der vorliegenden Arbeit beigetragen haben.

Schließlich möchte ich an dieser Stelle an Herrn Prof. Dr. Stephan Schrader, meinen früheren Doktorvater, der im Juli 1997 verstorben ist, erinnern. Ihm sei diese Arbeit gewidmet.

München, im April 2001   Jakob Schröder

Inhaltsverzeichnis

Abkürzungsverzeichnis XIII

Symbolverzeichnis XVII

Abbildungsverzeichnis XIX

Tabellenverzeichnis XX

I. **Problemstellung** 1

II. **Handelsbilanzielle Behandlung von F&E-Ausgaben und F&E-Freudigkeit: Grundlagen** 7

1. Definitionen und Differenzierung industrieller F&E 7

2. Bilanzierung von internen F&E-Ausgaben in wichtigen Rechnungslegungssystemen 11
   - 2.1 HGB 11
   - 2.2 US-GAAP 17
   - 2.3 IAS 21
   - 2.4 Zusammenfassende Charakterisierung der Regelungen 26

3. Quantitative Erfassung der Konsequenzen der bilanziellen Behandlung von F&E-Ausgaben für Jahresabschlußgrößen 29
   - 3.1 Modellannahmen und Analyse bei sprungförmigem Verlauf der F&E-Ausgaben 29
   - 3.2 Analyse bei sinusförmigem Verlauf der F&E-Ausgaben 32

III. Handelsbilanzielle Behandlung von F&E-Ausgaben und F&E-Freudigkeit: Empirischer Befunde   35

1. Überblick   35

2. Rechnungslegungsinformationen und Adressatenverhalten   37

    2.1 Prüfung der „functional fixation"-Hypothesen   37
       2.1.1 Hypothesen   37
       2.1.2 Kapitalmarktorientierte Studien   38
       2.1.3 Verhaltensorientierte Studien   46
           2.1.3.1 Überblick   46
           2.1.3.2 Allgemeine Untersuchungen zur Entscheidungswirkung von Bilanzpolitik   47
           2.1.3.3 Spezielle Untersuchungen zur Entscheidungswirkung unterschiedlicher Bilanzierungsmethoden von F&E-Ausgaben   49
       2.1.4 Fazit   51

    2.2 Prüfung der Bewertungsrelevanz nicht aktivierter F&E-Ausgaben am Kapitalmarkt   53
       2.2.1 Überblick   53
       2.2.2 Studien zum Zusammenhang von F&E-Ausgaben/-Vermögen und Marktwert der Unternehmen   54
       2.2.3 Studien zu Reaktionen auf die Bekanntgabe zusätzlicher F&E-Ausgaben   58
       2.2.4 Fazit   60

3. Rechnungslegungsverhalten der Unternehmen   61

    3.1 Ansätze mit Annahme informationseffizienter Märkte/Positive Accounting Theory   61
       3.1.1 Grundlagen und Hypothesen   61
       3.1.2 Untersuchungsergebnisse und Kritik   66

    3.2 Ansätze ohne Annahme informationseffizienter Märkte   71
       3.2.1 Untersuchung des Gewinnglättungsverhaltens   71
           3.2.1.1 Gewinnglättungshypothese und Systematisierung der Untersuchungen   71
           3.2.1.2 Felduntersuchungen   73
                  3.2.1.2.1 Existenz und Gestaltung der Gewinnglättung als Untersuchungsschwerpunkt   73
                  3.2.1.2.2 Beweggründe der Gewinnglättung als Untersuchungsschwerpunkt   76
           3.2.1.3 Experimente   79

3.2.2 Befragung der Unternehmen zu Zielgrößen und
Zielgruppen der Bilanzpolitik 80

3.3 Fazit 81

4. **F&E-Investitionsverhalten der Unternehmen bei einem Aktivierungsverbot von F&E-Ausgaben** 83

5. **Konsequenzen unterschiedlicher Rechnungslegungsnormen für die F&E-Freudigkeit** 89

5.1 Überblick 89

5.2 Felduntersuchungen 90
   5.2.1 US-amerikanische Forschungsergebnisse 90
   5.2.2 Britische Forschungsergebnisse 98
   5.2.3 Deutsche Forschungsergebnisse 99

5.3 Laborexperimente 100

5.4 Fazit 102

IV. Handelsbilanzielle Behandlung von F&E-Ausgaben und F&E-Freudigkeit: Diskussion des Zusammenhangs unter ausgewählten Bedingungen 103

1. **Diskussionsannahmen** 103

2. **Bilanzpolitische Ziele und F&E-Investitionsverhalten bei einem Aktivierungsverbot für F&E-Ausgaben** 104

2.1 Ermittlung der bilanzpolitischen Ziele 104

2.2 Beeinflussung der Kapitalgeber 105
   2.2.1 Beeinflussung des Aktienmarktes 105
      2.2.1.1 F&E-Ausgaben als bewertungsrelevante Größe 105
      2.2.1.2 Jahresüberschuß als bewertungsrelevante Größe 107
      2.2.1.3 Bilanzieller Verschuldungsgrad als bewertungsrelevante Größe 111
   2.2.2 Beeinflussung von Fremdkapitalgebern 114
      2.2.2.1 Kreditinstitute 114
      2.2.2.2 Geld-/Anleihenmarkt bzw. Ratingagenturen 120

2.3 Beeinflussung von Mitarbeitern/Gewerkschaften, Öffentlichkeit und Behörden 124

2.4 Individuelle Ziele der Unternehmensleitung 126
2.5 Fazit 130

3. **Konkretisierung von Alternativen zum Aktivierungsverbot** 133
   3.1 Gestaltung zweier Aktivierungskonzeptionen 133
   3.2 Zusätzliche Berücksichtigung von latenten Steuern 135
      3.2.1 Annahmen zur steuerbilanziellen Behandlung
         von F&E-Ausgaben 135
      3.2.2 Rückstellungen für latente Steuern 136

4. **Quantifizierung der Unterschiede zwischen Aktivierung und Aktivierungsverbot bezüglich der maximalen Entwicklungsausgaben** 138
   4.1 Annahmen bezüglich der Entwicklungsinvestitionen 138
      4.1.1 Konkretisierung der Entscheidungssituation 138
      4.1.2 Folgeaufwendungen und Erträge der Entwicklungstätigkeit 139
   4.2 Konkretisierung bilanzpolitischer Restriktionen 140
   4.3 Berechnungen 141
      4.3.1 Aktivierungskonzeption I versus Aktivierungsverbot 141
      4.3.2 Aktivierungskonzeption II versus Aktivierungsverbot 148
   4.4 Fazit 151

5. **Beitragspotential der Aktivierungskonzeptionen zur F&E-Freudigkeit** 152
   5.1 Argumentation in Abhängigkeit des Unternehmenstyps 152
      5.1.1 Große Unternehmen 152
      5.1.2 Kleine Unternehmen 153
   5.2 Integration der empirischen Ergebnisse zu den ökonomischen
      Konsequenzen unterschiedlicher Normen zur F&E-Bilanzierung 161
   5.3 Fazit 163

V. **Thesenförmige Zusammenfassung** 165

Literaturverzeichnis 171

Abkürzungsverzeichnis

a.M.	am Main
ABR	Accounting and Business Research
Abs.	Absatz
Abt.	Abteilung
AF	Accounting and Finance
AH	Accounting Horizons
AICPA	American Institute of Certified Public Accountants
AktG	Aktiengesetz
Anm.	Anmerkung
AOS	Accounting, Organizations and Society
APB	Accounting Principles Board
API	Abnormal Performance Index
AR	The Accounting Review
ARB	Accounting Research Bulletin
Art.	Artikel
ASB	Accounting Standards Board
ASE	American Stock Exchange
Aufl.	Auflage
BB	Betriebs-Berater
BAV	Bundesaufsichtsamt für das Versicherungs- und Bausparwesen
BJE	The Bell Journal of Economics
Bd.	Band
Beck-HdR	Beck'sches Handbuch der Rechnungslegung
BFuP	Betriebswirtschaftliche Forschung und Praxis
BMBF	Bundesministerium für Bildung, Wissenschaft, Forschung und Technologie
bspw.	beispielsweise
bzw.	beziehungsweise
c.p.	ceteris paribus
CAR	Cumulative Abnormal Return
CEO	Chief Executive Officer
d.h.	das heißt
DAX	Deutscher Aktienindex
DB	Der Betrieb

DStR	Deutsches Steuerrecht
EAR	The European Accounting Review
EBTRD	Earnings Before Taxes and Research & Development
EFFH	„extended functional fixation"-Hypothese
EG	Europäische Gemeinschaft
EMH	„efficient market"-Hypothese
EStG	Einkommensteuergesetz
etc.	et cetera
F&E	Forschung und Entwicklung
f.	folgende Seite
FAJ	Financial Analysts Journal
FASB	Financial Accounting Standards Board
FAZ	Frankfurter Allgemeine Zeitung
FFH	„functional fixation"-Hypothese
FM	Financial Management
FS	Festschrift
GAAP	Generally Accepted Accounting Principles
ggf.	gegebenenfalls
GuV	Gewinn- und Verlustrechnung
h.M.	herrschende Meinung
HGB	Handelsgesetzbuch
HdJ	Handbuch des Jahresabschlusses in Einzeldarstellungen
Hrsg.	Herausgeber
HWB	Handwörterbuch der Betriebswirtschaft
HWBF	Handwörterbuch des Bank- und Finanzwesens
HWF	Handwörterbuch der Finanzwirtschaft
HWR	Handwörterbuch des Rechnungswesens
i.e.S.	im engeren Sinne
i.S.v.	im Sinne von
i.V.m.	in Verbindung mit
i.w.S.	im weiteren Sinne
IAS	International Accounting Standard(s)
IASC	International Accounting Standards Committee
IuK	Informations- und Kommunikationstechnik
JACF	Journal of Applied Corporate Finance
JAE	Journal of Accounting and Economics

JAPP	Journal of Accounting and Public Policy
JAR	Journal of Accounting Research
JBFA	Journal of Business Finance and Accounting
JEB	Journal of Economics and Business
JFE	Journal of Financial Economics
Jg.	Jahrgang
JIE	Journal of Industrial Economics
JoB	The Journal of Business
KapAEG	Kapitalaufnahmeerleichterungsgesetz
KonTraG	Gesetz zur Kontrolle und Transparenz im Unternehmensbereich
KWG	Kreditwesengesetz
Fifo	First-in-first-out
Lifo	Last-in-first-out
m.E.	meines Erachtens
m.w.N.	mit weiteren Nachweisen
MA	Management Accounting
MBA	Master of Business Administration
MD&A	Management´s Discussion and Analysis
Mio.	Million
Mrd.	Milliarde
NASDAQ	National Association of Securities Dealers Automated Quotation-System
Nr., No.	Nummer
NYSE	New York Stock Exchange
o.V.	ohne Verfasser
OECD	Organization for Economic Cooperation and Development
OTC	Over The Counter
PAT	Positive Accounting Theory
PublG	Publizitätsgesetz
S.	Seite
SEC	Securities and Exchange Commission
SOP	Statement of Position
SSAP	Statement of Standard Accounting Practice
SFAS	Statement of Financial Accounting Standards
Sp.	Spalte
StuW	Steuer und Wirtschaft

u.a.	und andere/unter anderem
u.U.	unter Umständen
UK	United Kingdom
URL	Uniform Resource Location
US	United States
USA	United States of America
VAG	Gesetz über die Beaufsichtigung der Versicherungsunternehmen (Versicherungsaufsichtsgesetz)
Vgl.	Vergleiche
Vol.	Volume
WiSt	Wirtschaftswissenschaftliches Studium
WISU	Das Wirtschaftsstudium
WPg	Die Wirtschaftsprüfung
WPK-Mitt.	Wirtschaftsprüferkammer-Mitteilungen
ZfB	Zeitschrift für Betriebswirtschaft
ZfbF	Zeitschrift für betriebswirtschaftliche Forschung
zit.	zitiert

Symbolverzeichnis

$A(t)$	F&E-Ausgaben bzw. Entwicklungsausgaben
A, a	bestimmte Höhe der Entwicklungsausgaben
$Af(t)$	F&E-Aufwand bzw. Entwicklungsaufwand (allgemein)
$Af_{cap}(t)$	F&E-Aufwand im Aktivierungsfall
$Af_{ex}(t)$	F&E-Aufwand im Fall des Aktivierungsverbotes
a_i, b_i	Regressionsparameter des Marktmodells für die Unternehmung i
A_k	bestimmte Höhe der F&E-Ausgaben (als Bezugswert)
A_{max}	Maximalwert der F&E-Ausgaben bei einem sinusförmigen Verlauf dieser Ausgaben
$A_{max}(t)$	maximal möglicher Wert von $A(t)$
$E(t)$	der in dem Jahr t anfallende Beitrag der gesamten Entwicklungsinvestitionen zum Jahresüberschuß, wie er sich ohne Entwicklungsaufwand ($Af(t)$) und ohne gegebenenfalls vorhandenen latenten Steueraufwand/-ertrag ($L(t)$) ergibt
Ek	Eigenkapital
Fk	Fremdkapital
$G(t)$	untere Schranke für die Differenz aus den Erträgen und Aufwendungen, die sich in dem jeweiligen Jahr aus der Gesamtheit der Entwicklungsinvestitionen ergeben
G_{max}	obere Schranke für $G(t)$
GnBP	Gewinn nach Bilanzpolitik
GvBP	Gewinn vor Bilanzpolitik
Index (B)	Buchwert
Index (M)	Marktwert
Index (W)	Wiederbeschaffungskosten
$L(t)$	latenter Steueraufwand(/-ertrag)
Ln	natürliche Logarithmusfunktion
n	Abschreibungsdauer in Jahren
p_{it}	Wahrscheinlichkeit, daß der „Grenzinvestor" in die Aktie i zum Zeitpunkt t nicht „sophisticated" ist

R_{it}	Aktienrendite der Unternehmung i in der Investitionsperiode t
R_{Mt}	durchschnittliche Aktienrendite des Marktes in der Investitionsperiode t
s	Steuersatz zur Verrechnung latenter Steuern
s^{ge}	Effektiver Gewerbeertragsteuersatz
s^{kn}	Körperschaftsteuersatz bei Tarifbelastung
ß	Beta-Faktor
T	bestimmte Periode, bestimmtes Jahr
t	Periode, Jahr, Zeitindex
U_{it}	Residualrendite der Aktie der Unternehmung i in der Investitionsperiode t
$V_F(t)$	aus F&E-Tätigkeiten bzw. Entwicklungstätigkeiten resultierendes bilanzielles Vermögen
X	zusätzliche, über die Höhe A hinausgehende Entwicklungsausgaben
X_{max}	maximal möglicher Wert von X
$X_{max,cap}$	maximal möglicher Wert von X bei Aktivierung von Entwicklungsausgaben
$X_{max,capI}$	maximal möglicher Wert von X bei Aktivierungskonzeption I
$X_{max,capII}$	maximal möglicher Wert von X bei Aktivierungskonzeption II
$X_{max,ex}$	maximal möglicher Wert von X im Fall des Aktivierungsverbotes
ZG	Zielgewinn

Abbildungsverzeichnis

Abbildung 1:	Rechnungslegungsspezifische Differenzierung von F&E	9
Abbildung 2:	Verlauf von $Af_{cap}(t)$ und $V_F(t)$ bei gegebenem Verlauf der F&E-Ausgaben (A(t)) und einer Abschreibungsdauer von n = 4 Jahren	31
Abbildung 3:	Verlauf von $Af_{cap}(t)$ bei gegebenem Verlauf von A(t) und einer Abschreibungsdauer von 5 bzw. 7 Jahren	33
Abbildung 4:	Überblick über kapitalmarktorientierte Untersuchungen zur „functional fixation"	41
Abbildung 5:	Überblick über empirische Untersuchungen mit Analystenreaktionen	47
Abbildung 6:	Überblick über US-amerikanische Studien zur Bewertungsrelevanz von F&E-Ausgaben am Kapitalmarkt	54
Abbildung 7:	Überblick über einschlägige Gewinnglättungsstudien	73
Abbildung 8:	Empirische Untersuchungen zum F&E-Investitionsverhalten der Unternehmen bei einem Aktivierungsverbot von F&E-Ausgaben	83
Abbildung 9:	Überblick über empirische Untersuchungen zu den Auswirkungen unterschiedlicher Rechnungslegungsvorschriften für F&E-Ausgaben auf die F&E-Freudigkeit der Unternehmen	90

Tabellenverzeichnis

Tabelle 1:	Ergebnisse von US-amerikanischen Untersuchungen des Aktienmarktverhaltens bezüglich Änderungen/Unterschiede der Rechnungslegungsmethode ohne steuerliche Auswirkungen	42
Tabelle 2:	Ergebnisse von US-amerikanischen Untersuchungen des Aktienmarktverhaltens bezüglich Änderungen der Rechnungslegungsmethode mit steuerlichen Auswirkungen	43
Tabelle 3:	Erklärungsansätze für die Aktienmarktreaktionen auf einen gewinnerhöhenden Wechsel der Rechnungslegungsmethode ohne steuerliche Konsequenzen	44
Tabelle 4:	US-amerikanische Studien über den Zusammenhang zwischen den aktuellen F&E-Ausgaben der Unternehmen und dem Marktwert der Unternehmen	56
Tabelle 5:	Studien zur Existenz und Gestaltung der Gewinnglättung	74
Tabelle 6:	Sollwerte der Bonitätskriterien zur Vergabe von Schuldscheindarlehen durch Versicherungsunternehmen nach dem Kreditleitfaden	118
Tabelle 7:	Beispiel zur Verdeutlichung der Funktion E(t)	140

„Die Behandlung von Forschung und Entwicklung hat seit jeher sowohl in der Bilanzierung nach Handelsrecht wie auch nach Steuerrecht und nicht nur für die Fragen des Ausweises von Forschungs- und Entwicklungsaufwendungen überhaupt, sondern auch für die Frage ihrer bilanzmäßigen Bewertung besondere Schwierigkeiten, um nicht zu sagen Ratlosigkeit, verursacht. Dabei hat Forschung und Entwicklung für viele Unternehmen ein derart herausragendes entwicklungs-, ja existenzbestimmendes Gewicht erlangt, daß das Gesamturteil über eine Unternehmung aufgrund seiner bilanziellen Darstellung in gravierendem Ausmaße durch die Behandlung der Forschung und Entwicklung in der Bilanz mitbestimmt wird."

Anton Heigl (1985), S. VII.

I. Problemstellung

Die betriebs- und volkswirtschaftliche Bedeutung der industriellen Forschung und Entwicklung (F&E) wurde bereits durch die Schumpetersche Theorie der Entwicklung moderner Volkswirtschaften hervorgehoben. „Der fundamentale Antrieb, der die kapitalistische Maschine in Bewegung setzt und hält, kommt von den neuen Konsumgütern, den neuen Produktions- und Transportmethoden, den neuen Märkten, ... welche die kapitalistische Unternehmung schafft."[1]

F&E stellt nicht nur als eine Grundlage für den technischen Fortschritt einen entscheidenden Einflußfaktor auf Wirtschaftswachstum und Wohlstand dar, sondern determiniert für viele Unternehmen die Wettbewerbsfähigkeit und Existenz in zukünftigen Perioden.[2] Die Bedeutung von F&E als Erfolgsfaktor hat sich jedoch mit der zunehmenden Sättigung von Märkten und damit einhergehenden höheren Kundenanforderungen, wachsender Dynamik und kürzeren Produktlebenszyklen noch deutlich erhöht. Die Unternehmen sehen sich einem intensiven – zunehmend internationalen – Innovations- und Technologiewettbewerb ausgesetzt.[3]

Die veränderten Marktbedingungen, sowie weitere Faktoren, wie die wachsende Komplexität von Produkten und Prozessen und die Verbreitung F&E-intensiver

---

[1] Schumpeter (1987), S. 137.
[2] Vgl. Brockhoff (1993), S. 179-182; Schätzle (1965), S. 3f; Staudt (1993), Sp. 1185.
[3] Vgl. Stock (1990), S. 3f.

Produkte (bspw. IuK-Produkte und pharmazeutische Erzeugnisse), haben schließlich zu einem quasi monoton steigenden Verlauf der F&E-Ausgaben der deutschen Wirtschaft seit Beginn entsprechender statistischer Erfassungen geführt.[4] Die von der deutschen Wirtschaft finanzierten F&E-Ausgaben haben 1997 eine Höhe von 52 Mrd. DM erreicht.[5] F&E stellt einen wesentlichen Investitionsbereich vieler Unternehmen dar.[6] Das Verhältnis F&E-Ausgaben/Umsatz beträgt bspw. in der Elektrotechnischen Industrie 6,4 %, in der Fahrzeugbau-Branche 6,8 % und in der Pharmazeutischen Industrie 11,5 %.[7] Entsprechend bilden die Ergebnisse von F&E – als immaterielle Güter – ein zunehmendes Gewicht in der Vermögensstruktur der Unternehmen. Bei vielen Unternehmen machen die F&E-Ergebnisse sogar den Großteil ihres Vermögens aus.[8]

Bei einem internationalen Vergleich lassen sich aber bspw. in Japan, USA und Frankreich – relativ zum Bruttoinlandsprodukt – derzeit noch stärkere F&E-Aktivitäten als in Deutschland ausmachen,[9] so daß im Lichte eines verstärkten internationalen Wettbewerbs noch weitergehende Anstrengungen auf diesem Gebiet nötig erscheinen. Die Sicherung der internationalen Wettbewerbsfähigkeit einzelner deutscher Unternehmen wie auch der gesamtdeutschen Wirtschaft erfordert ein innovationsfreundliches Klima, das nicht zuletzt auch durch gesetzliche Rahmenbedingungen bestimmt wird.[10] Betrachtet man vor diesem Hintergrund die bilanzielle Behandlung von F&E-Ausgaben, so liegt auf den einschlägigen Rechnungslegungsnormen auch Verantwortung, der zunehmenden Relevanz und Ausgabensumme der F&E Rechnung zu tragen und sich zumindest als nicht innovationsfeindlich zu erweisen.

Der deutsche Gesetzgeber hat sich beim Aktiengesetz von 1965 im Sinne der vom Vorsichtsprinzip geprägten Rechnungslegungsphilosophie für ein Verbot der Akti-

---

[4] Auch wenn man berücksichtigt, daß einer exakten Feststellung der F&E-Ausgaben ernst zu nehmende Hindernisse entgegen stehen und die nominale Zunahme nicht zuletzt auf inflatorischen Effekten beruht, läßt sich dennoch ein nachhaltiges reales Wachstum der F&E-Aktivitäten konstatieren. Vgl. BMBF (1998), S. 10f; Brockhoff (1993), S. 176-179.

[5] Vgl. BMBF (1998), S. 11.

[6] Vgl. Hegenloh (1985), S. 1.

[7] Die Angaben beziehen sich auf 1995. Vgl. Brockhoff (1999), S. 90; SV-Wissenschaftsstatistik (1998), S. 38.

[8] Vgl. Pellens/Fülbier (2000), S. 40. Vgl. dazu auch Clemm (1993), S. 141.

[9] Vgl. BMBF (1998), S. 67. Vgl. auch Brockhoff (1999), S. 85 zu den größeren Wachstumsraten des in F&E tätigen Personals in Japan und USA gegenüber Deutschland.

[10] Vgl. Thomas (1995), S. 272.

vierung wesentlicher Teile der F&E-Ausgaben entschieden. Durch die Harmonisierung der Rechnungslegung von Kapitalgesellschaften in der Europäischen Gemeinschaft (heute: Europäische Union) war die Möglichkeit gegeben, diese Regelung zu ändern. Gemäß 4. EG-Richtlinie bestand ein Mitgliedstaatenwahlrecht bezüglich der Aktivierung von F&E-Ausgaben sowie von selbsterstellten immateriellen Gütern. Deutschland hat jedoch als einziger Mitgliedstaat bei seiner 1985 verabschiedeten nationalen Umsetzung der einschlägigen EG-Richtlinien kein Aktivierungswahlrecht ausgeübt.[11]

Das Aktivierungsverbot für werthaltige F&E-Ausgaben impliziert aber, daß die bilanzielle Darstellung der Vermögens- und Ertragslage der betroffenen Unternehmen fundamental verzerrt wird.[12] Ein für die wirtschaftliche Entwicklung der Unternehmen hochrelevanter Teil des Vermögens wird ohne F&E-Aktivierung in der Bilanz nicht erfaßt. F&E-Investitionen werden im Gegensatz zu materiellen Investitionen sofort ergebnismindernd verrechnet. Es ist insofern nicht auszuschließen, daß sich das Aktivierungsverbot für F&E-Ausgaben negativ auf die F&E-Freudigkeit von Unternehmen auswirkt.

Die wissenschaftliche Diskussion in Deutschland hat sich bisher aber nur wenig mit diesem Anreizproblem auseinander gesetzt, sondern vielmehr mit der Konformität des Aktivierungsverbotes mit den allgemein anerkannten Rechnungslegungszwecken. Dabei spricht einerseits das primäre Ziel einer am Gläubigerschutz orientierten, vorsichtigen Ermittlung einer Ausschüttungsrichtgröße[13] für ein Aktivierungsverbot von F&E-Ausgaben, da eine entsprechende Aktivierung zweifellos mit Problemen der Nachweis- und Bewertungsobjektivierung verbunden wäre.[14] Andererseits ist es nur schwer mit der Informationsfunktion der Rechnungslegung zu vereinbaren, verzerrte Periodengewinne auszuweisen und die durch F&E selbsterstellten immateriellen Werte bilanziell zu ignorieren.[15] Diesem Argument läßt sich aber entgegenhalten, daß der Nutzen der Information über Periodengewinne und Werte, die nicht objektiviert sind, fraglich ist[16] (Dilemma zwischen Aussagegehalt und Zuverlässigkeit), und daß auch eine Aktivierung von F&E-Ausgaben den

---

[11] Vgl. Kloos (1993), S. 221 und S. 247f; vgl. dazu auch Weber-Braun (1995), S. 21.
[12] Vgl. Clemm (1989), S. 362f; Clemm (1993), S. 141f.
[13] Vgl. Ballwieser (1997a), S. 51; Hommel (1998), S. 11 m.w.N.; Moxter (1987), S. 368.
[14] Vgl. dazu bspw. Hommel (1998), S. 34; Moxter (1979), insbesondere S. 1104f.
[15] Vgl. dazu bspw. Busse von Colbe (1994), S. 53; Clemm (1993), S. 141f.
[16] Vgl. dazu bspw. Hommel (1997), S. 350f; Hommel (1998), S. 22f; Moxter (1979), S. 1104.

entscheidungsorientierten Informationsbedürfnissen der Bilanzadressaten nicht gerecht wird[17]. Ein weiterer Diskussionsaspekt ergibt sich aufgrund der Tatsache, daß auch bei solchen Vermögensgegenständen, für die gemäß HGB eine Aktivierungspflicht gilt, Objektivierungsprobleme auftreten können. Im Schrifttum wird einerseits mit dem Verweis auf Beispiele von solchen nach HGB zu aktivierenden Vermögensgegenständen, bei denen ebenfalls deutliche Objektivierungsprobleme auftreten, das Aktivierungsverbot für selbsterstellte immaterielle Vermögensgegenstände des Anlagevermögens (wie bspw. konkret verwert- und bewertbare Ergebnisse der F&E-Aktivitäten) kritisiert.[18] Andererseits werden die Objektivierungsprobleme bei selbsterstellten immateriellen Vermögensgegenständen des Anlagevermögens als ungleich höher als bei den anderen Vermögensgegenständen und damit das Aktivierungsverbot als unerläßlich gesehen.[19]

Im Schrifttum wird zwar die mögliche negative Wirkung des Aktivierungsverbotes auf die F&E-Freudigkeit der Unternehmen teilweise als Argument gegen das Aktivierungsverbot vorgebracht,[20] dieser Zusammenhang wurde aber (mindestens in Deutschland) nicht weiter untersucht. Es fehlt eine Analyse des Einflußpotentials der handelsbilanziellen Behandlung von F&E-Ausgaben auf die F&E-Freudigkeit der Unternehmen. Hierzu soll die vorliegende Arbeit erstmals einen Beitrag leisten. Dabei wird für börsennotierte deutsche Unternehmen untersucht, ob von einer handelsrechtlichen Aktivierung von F&E-Ausgaben ein Beitrag zur F&E-Freudigkeit zu erwarten wäre. Ein positives Ergebnis würde dafür sprechen, diesen Aspekt noch stärker in die Diskussion um die zukünftige Bilanzierung von F&E einzubeziehen. Dagegen würde ein negatives Ergebnis zeigen, daß der gegen das Aktivierungsverbot vorgebrachte Einwand der Innovationsfeindlichkeit – zumindest für börsennotierte Unternehmen – nicht gerechtfertigt ist.

Der zu erwartende Beitrag einer handelsrechtlichen Aktivierung von F&E-Ausgaben zur F&E-Freudigkeit soll auf zwei Ebenen untersucht werden:

---

[17] Vgl. dazu bspw. Ballwieser (1996), S. 15-17 und S. 22f; Hommel (1998), S. 12f.
[18] Vgl. dazu bspw. Biergans (1992), S. 216-219; Müller-Dahl (1979), S. 152-154; Vormbaum/Franz/Rautenberg (1980), S. 189-199.
[19] Vgl. dazu bspw. Moxter (1979), S. 1102 und S. 1105.
[20] Vgl. dazu bspw. Biener (1979), S. 43f; Wurl (1974), S. 171. Vgl. auch Veit (1992), S. 642; Vormbaum/Franz/Rautenberg (1980), S. 201.

Auf der ersten Untersuchungsebene gilt es in zwei Schritten vorzugehen. Als erster Schritt ist zu analysieren, inwieweit Unternehmen bei einem Aktivierungsverbot von F&E-Ausgaben ihre F&E-Ausgaben reduzieren bzw. nicht erhöhen, um bilanzpolitischen Zielen Rechnung zu tragen. Ein solches Verhalten von Unternehmen ist die Voraussetzung, um für den Fall der Aktivierung von F&E-Ausgaben gegenüber dem Aktivierungsverbot höhere F&E-Ausgaben ableiten zu können. Zur Analyse des Verhaltens der Unternehmen bei einem Aktivierungsverbot von F&E-Ausgaben soll wie folgt vorgegangen werden. Es sind aus unternehmenspolitischen Zielsetzungen und dem Eigeninteresse der Manager bilanzpolitische Ziele abzuleiten. Davon ausgehend ist für einzelne, als wesentlich erachtete bilanzpolitische Ziele anhand empirischer Befunde zu prüfen, ob das jeweilige Ziel tatsächlich mit bilanzpolitischen Mitteln zu erreichen versucht wird. Daraufhin ist anhand empirischer Befunde sowie durch Plausibilitätsüberlegungen zu ermitteln, inwieweit sich bei einem Aktivierungsverbot ein Einfluß des jeweiligen Ziels auf die Höhe der F&E-Ausgaben ableiten läßt. Als Grundlage für dieses Vorgehen ist der Stand der empirischen Forschung zum F&E-Investitionsverhalten der Unternehmen bei einem Aktivierungsverbot von F&E-Ausgaben, zum Rechnungslegungsverhalten der Unternehmen und zu den Adressatenreaktionen auf Bilanzpolitik und auf nicht aktivierte F&E-Ausgaben zu analysieren.

Läßt sich mindestens für einen Teilbereich der börsennotierten Unternehmen feststellen, daß die Unternehmen bei einem Aktivierungsverbot von F&E-Ausgaben diese Ausgaben aufgrund bilanzpolitischer Ziele reduzieren bzw. nicht erhöhen, dann ist als zweiter Schritt auf der ersten Untersuchungsebene für diese Unternehmen herzuleiten, in welchen konkreten Situationen und in welchem Umfang bei einer Aktivierung von F&E-Ausgaben höhere F&E-Ausgaben zu erwarten sind als bei dem Aktivierungsverbot. Hierzu sind konkrete Aktivierungskonzeptionen festzulegen, mit denen das Aktivierungsverbot verglichen wird. Um die bei konkreten Gegebenheiten zu erwartenden Unterschiede zwischen den Aktivierungskonzeptionen und dem Aktivierungsverbot bezüglich der Höhe der F&E-Ausgaben quantifizieren zu können, ist ein analytisches Modell zu entwickeln.

Während auf der ersten Untersuchungsebene der zu erwartende Beitrag einer handelsrechtlichen Aktivierung von F&E-Ausgaben zur F&E-Freudigkeit in einem zweistufigen Vorgehen anhand der Analyse des Einflusses bilanzpolitischer Ziele auf das F&E-Investitionsverhalten bei einem Aktivierungsverbot von F&E-Ausgaben zu ermitteln ist, sollen auf der zweiten Untersuchungsebene empirische Untersuchungen analysiert werden, die sich direkt den Unterschieden hinsichtlich der F&E-Freudigkeit der Unternehmen bei verschiedenen Bilanzierungsvorschriften für F&E-Ausgaben widmen. Entsprechende Untersuchungen wurden bspw. auf Basis einer in den USA vollzogenen Umstellung der Rechnungslegungsvorschrift für F&E-Ausgaben durchgeführt.

Die beiden Ansätze sind schließlich zu einer Antwort auf die Frage nach dem Beitrag einer handelsrechtlichen Aktivierung von F&E-Ausgaben zur F&E-Freudigkeit zu integrieren.

II. Handelsbilanzielle Behandlung von F&E-Ausgaben und F&E-Freudigkeit: Grundlagen

1. Definitionen und Differenzierung industrieller F&E

Zur Auseinandersetzung mit der Behandlung von F&E-Ausgaben im Jahresabschluß und der Rückwirkung dieser Behandlung auf die F&E-Aktivitäten der Unternehmen ist es zunächst erforderlich, den Begriff „F&E" zu definieren. F&E umfaßt ein komplexes und nur per Konvention abgrenzbares Aufgabengebiet, das sich je nach angestrebtem Erkenntniszweck nach unterschiedlichen Aspekten differenzieren läßt.[1] Die vorliegende Arbeit widmet sich der von Industrieunternehmen auf naturwissenschaftlich-technischem Gebiet getätigten F&E. Zur weiteren Charakterisierung des der vorliegenden Arbeit zugrundeliegenden Verständnisses von F&E kann auf die Definitionen im „Frascati-Handbuch", das von der OECD als Grundlage für statistische Erhebungen herausgegeben wurde, zurückgegriffen werden.[2] Gemäß „Frascati-Handbuch" gilt:[3]

Grundlagenforschung ist experimentelle oder theoretische Arbeit, die in erster Linie auf die Gewinnung neuen Wissens über die Grundlagen von Phänomenen und beobachtbaren Tatsachen gerichtet ist, ohne auf eine besondere Anwendung oder Verwendung abzuzielen.

Angewandte Forschung umfaßt alle Anstrengungen, die auf die Gewinnung neuen Wissens gerichtet sind. Sie ist jedoch in erster Linie auf spezifische, praktische Ziele ausgerichtet.

Experimentelle Entwicklung ist systematische, auf vorhandenen Erkenntnissen aus Forschung und/oder praktischer Erfahrung aufbauende Arbeit, die auf die Herstellung neuer Materialien, Produkte und Geräte und die Einführung neuer Verfahren, Systeme und Dienstleistungen sowie deren wesentliche Verbesserung abzielt.

---

[1] Zu Beispielen unterschiedlicher Differenzierung von F&E vgl. Brockhoff (1993), S. 174-176.
[2] Diese Definitionen werden von Unternehmen teilweise auch intern verwendet. Vgl. Brockhoff (1993), S. 175.
[3] Vgl. OECD (1993), S. 68-70, zit. nach Brockhoff (1999), S. 52. Im einschlägigen Schrifttum wird beim Terminus „experimentelle Entwicklung" häufig auf das Adjektiv „experimentell" verzichtet (vgl. Brockhoff (1999), S. 51). Diesem Vorgehen soll hier gefolgt werden.

Ähnliche Definitionen – wenngleich teilweise ohne Unterscheidung zwischen Grundlagenforschung und angewandter Forschung – liefern bspw. der deutsche Gesetzgeber im Steuerrecht (§ 51 Abs. 1 Ziffer 2 Buchstabe u EStG), das FASB (SFAS No. 2, Abs. 8), das IASC (IAS 38.7) sowie das britische ASB (SSAP No. 13, Abs. 21).

Auf Basis der Definitionen im „Frascati-Handbuch" wird als Grundlage für die Behandlung der Bilanzierung von F&E-Ausgaben eine weitere Differenzierung von F&E vorgenommen. Abbildung 1 gibt einen Überblick über die einzelnen Elemente. Dabei wird zunächst nach dem institutionellen Vollzugsort der Wissensgewinnung unterschieden. Je nachdem, ob die Wissensgewinnung durch F&E eines Unternehmens in dem eigenen Unternehmen oder außerhalb des eigenen Unternehmens durchgeführt wird, handelt es sich um interne oder externe F&E.[4] Es existieren zahlreiche vertragliche und faktische Möglichkeiten der externen F&E, die hier aber nicht weiter untersucht werden sollen.[5] Bei interner F&E ist zunächst zwischen Forschung[6] und Entwicklung und weiter zwischen auftragsbezogener und nicht auftragsbezogener Entwicklung zu differenzieren. Auftragsbezogene Entwicklung steht im Zusammenhang mit einer Auftragsfertigung, bei der in der Regel nur eine oder wenige Einheiten desselben Produktes auf Bestellung und nach besonderen Wünschen eines bestimmten Kunden hergestellt werden.[7] Nicht auftragsbezogene Entwicklung ergibt sich dagegen im Zusammenhang mit der Mehrfachfertigung, die bereits a priori darauf ausgerichtet ist, gleichzeitig oder unmittelbar hintereinander mehrere Einheiten des mehr oder weniger gleichen Produktes zur Veräußerung an gegebenenfalls noch nicht bekannte Abnehmer hervorzubringen.[8]

Weiterhin ist bei der nicht auftragsbezogenen Entwicklung zwischen der Neuentwicklung von Erzeugnissen bzw. Verfahren und der Weiterentwicklung eingeführter Erzeugnisse bzw. bestehender Verfahren zu unterscheiden. Darüber hinaus werden in bestimmten Rechnungslegungssystemen die Ausgaben für Weiterentwicklungen unterschiedlich behandelt, je nachdem, ob die Weiterentwicklung eine wesentliche

---

[4] Vgl. Brockhoff (1999), S. 59.
[5] Zu einigen typischen Formen der externen F&E vgl. Brockhoff (1999), S. 60f.
[6] Eine Differenzierung zwischen Grundlagenforschung und angewandter Forschung, wie sie im „Frascati-Handbuch" vorgenommen wird, ist für die Behandlung der Bilanzierung von F&E-Ausgaben nicht erforderlich.
[7] Vgl. Thomas (1995), S. 280.
[8] Vgl. Thomas (1995), S. 281.

Verbesserung darstellt oder zur ständigen Verbesserung der laufenden Produktion gehört.

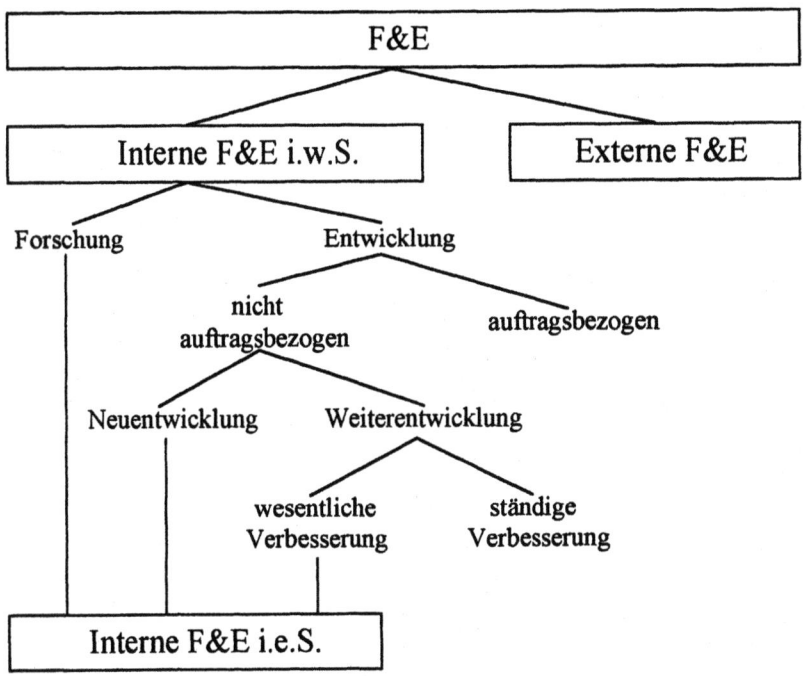

Abbildung 1: Rechnungslegungsspezifische Differenzierung von F&E

Der F&E-Input gleicht nach Art der eingesetzten Elementarfaktoren (Arbeit, Werkstoffe, Betriebsmittel, Rechte, Fremdleistungen) dem Produktionsbereich.[9] Der Produktionsfaktor Arbeit nimmt bei der F&E aber eine herausragende Stellung ein. Empirische Studien zeigen, daß der Anteil der Arbeitskosten an den gesamten F&E-Kosten regelmäßig über 70 %, in Einzelfällen bis zu 85 % beträgt.[10] Die Anteile anderer Kostenarten sind stark branchenabhängig.

---

[9] Vgl. Nonnenmacher (1993), S. 1231; Thomas (1995), S. 281. Eine ausführliche Behandlung der primären Kostenarten innerhalb der F&E findet sich bei Martin (1992), S. 206-231.
[10] Vgl. Martin (1992), S. 250.

Insbesondere Projekte der internen F&E i.e.S. (und teilweise der externen F&E) lassen sich auch als Investitionsprojekte ansehen. Sie sind dann durch ihren Auszahlungsstrom und den Strom zurechenbarer Einzahlungen gekennzeichnet.[11] Als Besonderheit von F&E-Projekten als Investitionen ist zu sehen, daß diese nicht die Schaffung materieller Vermögensgegenstände zum Ziel haben und der technische Erfolg sowie die Auszahlungen und späteren Einzahlungen und somit der wirtschaftliche Erfolg von F&E-Aktivitäten – insbesondere von Forschungsaktivitäten – häufig mit großer Unsicherheit behaftet ist.[12]

---

[11] Vgl. Brockhoff (1993), S. 175.
[12] Vgl. Kern (1997), S. 1374; Nonnenmacher (1993), S. 1231.

2. Bilanzierung von internen F&E-Ausgaben in wichtigen Rechnungslegungssystemen

2.1 HGB

Ausgaben zum Erwerb oder zur Herstellung von Betriebsmitteln des F&E-Bereichs oder zum Erwerb eines für den F&E-Bereich erforderlichen immateriellen Vermögensgegenstandes (bspw. ein Patent) sind entsprechend den allgemeinen Vorschriften zu Anschaffungs- bzw. Herstellungskosten zu aktivieren und planmäßig abzuschreiben.[13] Um die bilanzielle Behandlung dieser Abschreibungen mit einzubeziehen, ist es günstig, die weitere Betrachtung auf Aufwandsebene zu führen. Im Folgenden ist die Aktivierbarkeit von F&E-Aufwendungen (Personalaufwendungen, Abschreibungen, Materialaufwendungen, etc.) zu erörtern.

Aufwendungen für eigene Forschung können weder als immaterielles Vermögen aktiviert noch in die Herstellungskosten von Produkten einbezogen werden. Die Aktivierung als immaterieller Vermögensgegenstand scheitert daran, daß entweder kein Vermögensgegenstand vorliegt[14] oder die Forschungsaktivitäten zu einem immateriellen Vermögensgegenstand des Anlagevermögens, der nicht entgeltlich erworben wurde, führen, für den gemäß § 248 Abs. 2 HGB ein Aktivierungsverbot gilt.[15] Die Einbeziehung in die Herstellungskosten von Produkten ist nicht möglich, da die Forschungsaufwendungen keine Beziehung zur aktuellen Produktion, sondern allenfalls zur zukünftigen Produktion aufweisen.[16] Das Aktivierungsverbot gilt auch

---

[13] Diese Regelungen gelten grundsätzlich auch bei den anderen betrachteten Rechnungslegungssystemen. Ausnahmen werden explizit aufgeführt.

[14] Damit das Ergebnis der Forschungs- bzw. Entwicklungstätigkeit einen Vermögensgegenstand darstellt, muß es einzeln veräußerbar oder anderweitig einzeln verwertbar sein. Vgl. Nonnenmacher (1993), S. 1234. Zum Inhaltes des Begriffs Vermögensgegenstand vgl. Baetge/Fey/Weber (1995), § 248 HGB, Anm. 20; Ballwieser (1987), Anm. 9-91; Ballwieser (1993a), Sp. 222f; Hommel (1998), S. 37-248; Roß (1996), S. 233-253.

[15] Vgl. Nonnenmacher (1993), S. 1231. Entsprechendes gilt für die Steuerbilanz gemäß § 5 Abs. 2 EStG. Grundsätzlich gilt die Darlegung der handelsrechtlichen Behandlung von F&E-Aufwendungen auch für die steuerrechtliche Behandlung. Auf Ausnahmen wird im Folgenden explizit hingewiesen.

[16] Vgl. Adler/Düring/Schmaltz (1995), § 255 HGB, Anm. 151; Knop/Küting (1995), § 255 HGB, Anm. 346.

für die gegebenenfalls entstandenen Fremdaufwendungen einschließlich etwaiger Patentprüfungs- oder Patentanmeldekosten.[17]

Aufwendungen für die interne Neuentwicklung von Serienprodukten oder von Herstellungsverfahren dürfen in Analogie zu den Forschungsaufwendungen nicht aktiviert werden. Auch diese Aufwendungen sind der Produktion zukünftiger Perioden zuzurechnen.[18]

Die interne Weiterentwicklung von Serienprodukten und Verfahren wird dann dem Fertigungsbereich zugeordnet, wenn sie nicht auf wesentlich verbesserte Entwicklungen gerichtet ist, sondern der ständigen Verbesserung der laufenden Produktion dient. Die entsprechenden Aufwendungen dürfen nach h.M. wegen ihres engen Bezugs zum laufenden Fertigungsprozeß als Fertigungsgemeinkosten aktiviert werden, während die Aufwendungen für wesentliche Weiterentwicklungen nicht zu aktivieren sind.[19] Als Voraussetzung für die Aktivierbarkeit der fertigungsbezogenen Entwicklungsaufwendungen gilt aber, daß diese als solche identifizierbar sind, was in der Regel nur bei einer Erfassung auf einer Fertigungs-Kostenstelle der Fall ist.[20] Sofern Kosten der wesentlichen Weiterentwicklung und Kosten der ständigen Verbesserung der laufenden Produktion undifferenziert erfaßt werden, sollen sie insgesamt dem F&E-Bereich zugeordnet und somit nicht in die Herstellungskosten der Erzeugnisse einbezogen werden.[21]

---

[17] Vgl. Baetge/Fey/Weber (1995), § 248 HGB, Anm. 44.

[18] Vgl. Adler/Düring/Schmaltz (1995), § 255 HGB, Anm. 151; Knop/Küting (1995), § 255 HGB, Anm. 347. Zur Bilanzierung von Entwicklungsaufwendungen, die im Rahmen der Herstellung von Prototypen für geplante Serienerzeugnisse auftreten, vgl. Knop/Küting (1995), § 255 HGB, Anm. 348.

[19] Vgl. Baetge/Fey/Weber (1995), § 248 HGB, Anm. 44; Knop/Küting (1995), § 255 HGB, Anm. 346f; Wohlgemuth (1991), Anm. 61f. Vgl. auch Nonnemacher (1993), S. 1233 m.w.N.

[20] Vgl. Nonnemacher (1993), S. 1233f.

[21] Vgl. Wohlgemuth (1991), Anm. 64. Steuerlich besteht für die der ständigen Verbesserung der laufenden Produktion dienenden Entwicklungsaufwendungen, als Fertigungsgemeinkosten, eine Einbeziehungspflicht in die Herstellungskosten (vgl. Herrmann/Heuer/Raupach (1950/96), § 5 EStG, Anm. 1743). Gelingt die Separierung des auf die unwesentliche Verbesserung der laufenden Produktion entfallenden Anteils der F&E-Aufwendungen aufgrund mangelnder Differenzierungsmöglichkeiten des betriebsinternen Rechnungswesens nicht, dann sollen nach Herrmann/Heuer/Raupach (1950/96), § 5 EStG, Anm. 1743 pauschal 2 % der gesamten F&E-Aufwendungen als Fertigungsgemeinkosten klassifiziert werden.

Bei einer Auftragsfertigung beginnt der Herstellungsvorgang bereits mit den für den Auftrag erforderlichen Entwicklungsaktivitäten (auftragsbezogene Entwicklung).[22] Die entsprechenden Entwicklungsaufwendungen gelten als Sonderkosten der Fertigung.[23] Sondereinzelkosten der Fertigung sind in die Herstellungskosten der Erzeugnisse einzubeziehen. Für Sondergemeinkosten besteht ein Einbeziehungswahlrecht.[24] Es ist eine verlustfreie Bewertung der Erzeugnisse sicherzustellen. Sofern die aktivierten Herstellungskosten zuzüglich der noch anfallenden Herstellungs-, Verwaltungs- und Vertriebskosten über dem Nettoerlös liegen, muß gemäß § 253 Abs. 3 Satz 2 HGB in Höhe der Differenz auf den niedrigeren beizulegenden Wert abgeschrieben werden.[25] Ist der drohende Verlust aus dem Auftrag höher als die bereits angefallenen und aktivierten Herstellungskosten, muß eine Rückstellung für drohende Verluste aus schwebenden Geschäften (§ 249 Abs. 1 Satz 1 HGB) gebildet werden.[26]

Hinsichtlich der Entwicklung von Computersoftware gelten keine besonderen Bilanzierungsregelungen.[27] Selbst geschaffene, zur anonymen Vermarktung oder zum Einsatz im eigenen Unternehmen bestimmte Software darf als nicht entgeltlich erworbener immaterieller Vermögensgegenstand des Anlagevermögens gemäß § 248 Abs. 2 HGB nicht aktiviert werden. Wird dagegen für einen Dritten und im Auftrag des Dritten Software entwickelt, dann handelt es sich um einen immateriellen Vermögensgegenstand des Umlaufvermögens. Die entsprechenden Entwicklungsaufwendungen sind hier gemäß dem Vollständigkeitsgebot (§ 246 Abs. 1 HGB), das die Bilanzierung sämtlicher Vermögensgegenstände fordert, sofern gesetzlich nichts anderes bestimmt ist, aktivierungspflichtig.[28]

Für entgeltlich erworbene immaterielle Vermögensgegenstände des Anlagevermögens ergibt sich ebenfalls aus dem Vollständigkeitsgebot (§ 246 Abs. 1 HGB) eine Aktivierungspflicht.[29] Fraglich ist, ob ein entgeltlicher Erwerb immaterieller Vermö-

---

[22] Vgl. Wohlgemuth (1991), Anm. 64 und Anm. 98.
[23] Vgl. Nonnenmacher (1993), S. 1232.
[24] Vgl. Adler/Düring/Schmaltz (1995), § 255 HGB, Anm. 150. Steuerlich sind nach h.M. auch die Sondergemeinkosten aktivierungspflichtig. Vgl. Knop/Küting (1995), § 255 HGB, Anm. 352.
[25] Vgl. Nonnenmacher (1993), S. 1232.
[26] Vgl. Nonnenmacher (1993), S. 1232.
[27] Vgl. Niehus/Thyll (2000), S. 246.
[28] Vgl. Baetge/Fey/Weber (1995), § 248 HGB, Anm. 31 und Anm. 43.
[29] Vgl. Baetge/Fey/Weber (1995), § 248 HGB, Anm. 31.

gensgegenstände des Anlagevermögens von verbundenen Unternehmen möglich ist. In diesem Fall könnte durch die Ausgliederung von F&E-Aktivitäten auf ein Tochterunternehmen und den entgeltlichen Erwerb der Ergebnisse[30] der F&E-Aktivitäten erreicht werden, daß die Ergebnisse – als entgeltlich erworbene immaterielle Vermögensgegenstände des Anlagevermögens – zu aktivieren sind. Die überwiegende Meinung bejaht die Möglichkeit des entgeltlichen Erwerbs immaterieller Vermögensgegenstände des Anlagevermögens von verbundenen Unternehmen.[31] Allerdings ist dabei besonders sorgfältig zu prüfen, ob der Erwerbspreis etwa überhöht ist, die Abschreibungen ausreichend bemessen sind und ob ggf. eine außerplanmäßige Abschreibung auf einen niedrigeren beizulegenden Wert notwendig ist (§ 253 Abs. 2 Satz 2 und 3 zweiter Halbsatz HGB).[32]

Betrachtet man nicht mehr den Einzelabschluß sondern den Konzernabschluß, dann ist ein solcher Sachverhalt anders zu beurteilen: Hat ein einbezogenes Unternehmen einen immateriellen Vermögensgegenstand des Anlagevermögens von einem anderen einbezogenen Unternehmen, das diesen Vermögensgegenstand selbst geschaffen hat, entgeltlich erworben, dann darf dieser Vermögensgegenstand im Konzernabschluß, der die einbezogenen Unternehmen wie ein einziges Unternehmen darzustellen hat (§ 297 Abs. 3 Satz 1 HGB), nicht aktiviert werden (§ 298 Abs. 1 i.V.m. § 248 Abs. 2 HGB).[33] Dieser Vermögensgegenstand ist daher in einer Handelsbilanz II im Jahr des Erwerbs zu Lasten des Jahresergebnisses auszubuchen; die in Folgejahren in den Einzelabschlüssen verrechneten Abschreibungen sind in den Handelsbilanzen II erfolgswirksam zu eliminieren.[34]

Vorschriften zur Information über die F&E-Aktivitäten bestehen insofern, als im Lagebericht[35] auf den Bereich Forschung und Entwicklung eingegangen werden soll

---

[30] Es wird hier von werthaltigen Ergebnissen ausgegangen.

[31] Vgl. Adler/Düring/Schmaltz (1995), § 248 HGB, Anm. 15; Baetge/Fey/Weber (1995), § 248 HGB, Anm. 26. *Moxter* dagegen verneint die Möglichkeit des entgeltlichen Erwerbs immaterieller Vermögensgegenstände des Anlagevermögens von verbundenen Unternehmen, weil Sinn der Vorschrift des § 248 Abs. 2 HGB sei, für immaterielle Anlagewerte eine Wertbestätigung durch den Markt zu fordern, woran es beim Erwerb von verbundenen Unternehmen fehle. Vgl. Moxter (1989), S. 238.

[32] Vgl. Adler/Düring/Schmaltz (1995), § 248 HGB, Anm. 15.

[33] Vgl. Adler/Düring/Schmaltz (1996), § 300 HGB, Anm. 15; Berndt (1995), § 298 HGB, Anm. 9.

[34] Vgl. Adler/Düring/Schmaltz (1996), § 300 HGB, Anm. 15.

[35] Kapitalgesellschaften sind mit Ausnahme von kleinen Kapitalgesellschaften (§ 267 Abs. 1 HGB) zur Erstellung eines Lageberichtes verpflichtet (§ 264 Abs. 1 Satz 1 und 3 HGB). Weitere Aus-

(§ 289 Abs. 2 Nr. 3 HGB).[36] Die Formulierung, daß der Lagebericht auf den F&E-Bereich eingehen „soll", ist so zu verstehen, daß immer dann eine Berichterstattungspflicht besteht, wenn Angaben über F&E für die Beurteilung der Lage der Gesellschaft von Bedeutung sind.[37] Betreibt eine Gesellschaft F&E, dann ist von einer Angabepflicht auszugehen. Es kann aber auch für eine Gesellschaft, die eine solche Tätigkeit nicht ausübt, eine Berichtspflicht (hier in Form einer Fehlanzeige) vorliegen. Das wird immer dann der Fall sein, wenn sich die Gesellschaft in einer Branche betätigt, für die F&E ein wesentliches Instrument zur Sicherung der Wettbewerbsfähigkeit ist, und damit ein Nichtausüben dieser Tätigkeit für die Beurteilung der Lage der Gesellschaft von Bedeutung ist.[38]

Der Gesetzgeber hat keine Angaben über Art und Umfang der Ausführungen zum Bereich Forschung und Entwicklung gemacht und überläßt die Gestaltung der Berichterstattung damit den einzelnen Gesellschaften. Eine rein verbale Berichterstattung gilt als ausreichend. Es sind lediglich die Grundsätze ordnungsgemäßer Lageberichterstattung[39] und die an den Adressatenbedürfnissen ausgerichtete Forderung, Angaben zu machen, die eine Beurteilung der zukünftigen Entwicklung der Gesellschaft ermöglichen, zu beachten.[40] In der Kommentarliteratur werden zwar verschiedene mögliche Angaben aufgeführt, es handelt sich dabei aber lediglich um Vorschläge und Beispiele ohne Verbindlichkeitscharakter.[41] Zu den Vorschlägen gehören Angaben zu den Schwerpunkten und der Organisation der F&E-Aktivitäten, zu den Gesamtaufwendungen für F&E in dem jeweiligen Geschäftsjahr und zu der Zahl der Mitarbeiter des F&E-Bereichs. Weiterhin soll über den Output der F&E-Aktivitäten berichtet werden, bspw. durch die Angabe der Zahl der in- und ausländischen Patentanmeldungen und durch Angaben zu neuen Produkten und Verfahren.[42]

---

nahmen können sich gemäß § 264 Abs. 3 und 4 HGB für Kapitalgesellschaften ergeben, die Tochterunternehmen eines nach § 290 HGB oder § 11 PublG zur Aufstellung eines Konzernabschlusses verpflichteten Mutterunternehmens sind. Zur Lageberichterstellungspflicht von Unternehmen in anderen Rechtsformen vgl. bspw. Coenenberg (2000), S. 838.

[36] Analog dazu soll der Konzernlagebericht, der dann erstellt werden muß, wenn ein Konzernabschluß aufzustellen ist (vgl. WP-Handbuch (1996), S. 1037), auf den Bereich Forschung und Entwicklung des Konzerns eingehen (§ 315 Abs. 2 Nr. 3 HGB).
[37] Vgl. Kuhn (1993), S. 491; WP-Handbuch (1996), S. 491.
[38] Vgl. Adler/Düring/Schmaltz (1995), § 289 HGB, Anm. 112; Kuhn (1993), S. 491.
[39] Vgl. hierzu Baetge/Fischer/Paskert (1989), insbesondere S. 16-27.
[40] Vgl. Kuhn (1993), S. 491f und S. 495.
[41] Vgl. Kuhn (1993), S. 492.
[42] Vgl. Kuhn (1993), S. 493f; WP-Handbuch (1996), S. 494.

Den berichtenden Gesellschaften wird zugestanden, eine detaillierte Berichterstattung über konkrete F&E-Vorhaben aus Konkurrenzgründen zu unterlassen.[43]

Zur Erkenntnisgewinnung über die Praxis der Berichterstattung über F&E analysierte *Kuhn*[44] 3038 im Jahr 1989 im Bundesanzeiger veröffentlichte Lageberichte[45]. Es zeigte sich, daß in Branchen, in denen F&E ein wesentliches Instrument zur Sicherung der Wettbewerbsfähigkeit ist, wie der Elektro-, Maschinenbau- und Chemie-Branche, etwa 20 % der Unternehmen keine Angaben zum F&E-Bereich machten.[46] Von den Lageberichten, in denen auf den F&E-Bereich eingegangen wurde, enthielten 56,2 % Angaben zu den Schwerpunkten der F&E-Tätigkeiten, aber nur 22,3 % quantitative Angaben zu den F&E-Aufwendungen und nur 7,3 % Angaben zu der Zahl der Mitarbeiter im F&E-Bereich.[47] Quantitative Angaben zu den Patenten wurden nur von 0,3 % der Unternehmen, die über F&E berichteten, gemacht.[48] Weiterhin ergab die Untersuchung, daß mit zunehmender Unternehmensgröße die Bereitschaft deutlich wächst, für die Adressaten wertvolle Informationen über den F&E-Bereich im Lagebericht zu präsentieren.[49]

Erkenntnisse über die Berichterstattungspraxis über F&E bei den 30 DAX-Gesellschaften liefert eine von *Ballwieser*[50] durchgeführte Untersuchung dieser Gesellschaften auf Einhaltung der Grundsätze ordnungsgemäßer Lageberichterstattung. Die Analyse der Geschäftsberichte des Jahres 1995 bzw. 1995/1996 der 30 Gesellschaften, die in der Zeit vom 30.09.1995 bis 30.6.1996 zum DAX gehörten, ergab, daß alle 21 Gesellschaften, für die F&E-Aktivitäten von Bedeutung sind, über diesen Bereich berichteten.[51] Von diesen 21 Gesellschaften gaben 17 Gesellschaften

---

[43] Vgl. Adler/Düring/Schmaltz (1995), § 289 HGB, Anm. 117; WP-Handbuch (1996), S. 494.
[44] Vgl. Kuhn (1992), S. 155-186.
[45] Dabei handelt es sich fast ausschließlich um die Lageberichte von großen Kapitalgesellschaften und Konzernen. Eine Kapitalgesellschaft galt 1989 als große Kapitalgesellschaft (nach § 267 Abs. 3 HGB), wenn sie mindestens zwei der drei folgenden Merkmale überschritten hatte: 15,5 Mio. DM Bilanzsumme, 32 Mio. DM Umsatzerlöse und 250 Arbeitnehmer im Jahresdurchschnitt.
[46] Vgl. Kuhn (1992), S. 163.
[47] Vgl. Kuhn (1992), S. 174-179.
[48] Vgl. Kuhn (1992), S. 180.
[49] Vgl. Kuhn (1992), S. 175 und S. 186.
[50] Vgl. Ballwieser (1997b), insbesondere S. 163-182.
[51] Vgl. Ballwieser (1997b), S. 174.

(81%) die absoluten F&E-Ausgaben des Berichtsjahres an,[52] 5 Gesellschaften (23,8%) nannten die Anzahl der im F&E-Bereich tätigen Mitarbeiter und 3 Gesellschaften (14,3%) gaben die Anzahl der Erstanmeldungen von Patenten an.[53] Im Sinne des obigen Resultates, daß mit steigender Unternehmensgröße die Bereitschaft, im Bericht über F&E für die Adressaten wertvolle Informationen zu präsentieren, deutlich zunimmt, ist bei den DAX-Gesellschaften der Anteil der Unternehmen, die zum F&E-Bereich in der Kommentarliteratur vorgeschlagene, quantitative Angaben machen, deutlich größer als bei den von *Kuhn* untersuchten, durchschnittlich kleineren Unternehmen.

Bei der Untersuchung von *Ballwieser* wurde aber auch deutlich, daß es zwischen den 21 DAX-Gesellschaften, für die F&E-Aktivitäten von Bedeutung sind, große Informationsunterschiede gab. Während einige Unternehmen nicht nur die Höhe der F&E-Ausgaben sondern auch deren Aufteilung auf Geschäftsbereiche angaben, verzichteten andere Gesellschaften in ihrem F&E-Bericht gänzlich auf die Angabe von Zahlen oder zumindest von Finanzkennzahlen.[54]

2.2 US-GAAP

Die Bilanzierung von F&E-Aufwendungen in den USA ist primär durch SFAS No. 2 geregelt. Zu den F&E-Aufwendungen im Sinne von SFAS No. 2 gehören nicht nur Material- und Personalaufwendungen, Aufwendungen für Dienstleistungen von Dritten und Abschreibungen auf das im F&E-Bereich eingesetzte Anlagevermögen[55]. Es werden auch Ausgaben zum Erwerb oder zur Herstellung eines materiellen Vermögensgegenstandes des F&E-Bereichs oder zum Erwerb eines immateriellen Vermögensgegenstandes des F&E-Bereichs sofort und vollständig den F&E-Aufwendungen zugeordnet, wenn der Vermögensgegenstand nur für ein bestimmtes F&E-Projekt angeschafft oder hergestellt wird und das Unternehmen für diesen

---

[52] Ein weiteres Unternehmen gab den ungefähren Prozentanteil der F&E-Ausgaben am Umsatz an.
[53] Vgl. Ballwieser (1997b), S. 175.
[54] Vgl. Ballwieser (1997b), S. 175f.
[55] Es handelt sich hier um Anlagevermögen, für das unabhängig von einem bestimmten F&E-Projekt noch weitere Nutzungsmöglichkeiten bestehen.

Vermögensgegenstand außerhalb des Projektes keine weitere Nutzungsmöglichkeit hat.[56]

Gemäß SFAS No. 2 besteht für die F&E-Aufwendungen, die der internen F&E i.e.S. zuzuordnen sind, ein Aktivierungsverbot.[57] Entwicklungsaktivitäten im Rahmen der ständigen Verbesserung von existierenden Produkten und Prozessen werden explizit vom Geltungsbereich des SFAS No. 2 ausgeschlossen.[58] Diese Entwicklungsaufwendungen lassen sich dem Fertigungsbereich zuordnen. Die Herstellungskosten, mit denen am Bilanzstichtag noch nicht verkaufte Erzeugnisse anzusetzen sind, werden gemäß ARB No. 43 beschrieben als „...the sum of the applicable expenditures and charges directly or indirectly incurred in bringing an article to its existing condition and location."[59] Entsprechend sind die betrachteten Entwicklungsaufwendungen in die Herstellungskosten einzubeziehen.[60]

Ferner gehören damit auch Sonderkosten der Fertigung zu den Herstellungskosten bzw. bei einer Auftragsfertigung die dem Auftrag zurechenbaren Entwicklungsaufwendungen zu den Auftragskosten.[61] Bei einer Auftragsfertigung erfolgt gemäß ARB No. 45 in der Bilanz unter der Position „Construction in Process" bei Anwendung der „Completed Contract"-Methode die Aktivierung der angefallenen Auftragskosten und bei Anwendung der „Percentage of Completion"-Methode die Aktivierung der angefallenen Auftragskosten zuzüglich des als realisiert angesehenen Teilgewinns.[62] Unabhängig von der Bilanzierungsmethode sind erwartete Gesamtverluste aus Fertigungsaufträgen bereits in der laufenden Berichtsperiode zu erfassen.[63]

---

[56] Vgl. FASB, SFAS No. 2, Abs. 11.
[57] Vgl. FASB, SFAS No. 2, Abs. 2, 8 und 12. Es besteht zwar für selbsterstellte Patente nach AICPA, APB Opinion No. 17 ein faktisches Ansatzwahlrecht, diese dürfen aber nicht mit den zugehörigen F&E-Aufwendungen aktiviert werden, sondern nur etwa mit den Patentanwalts- und Patentgebühren. Vgl. Kieso/Weygandt (1998), S. 597.
[58] Vgl. FASB, SFAS No. 2, Abs. 8 und Abs. 10.
[59] AICPA, ARB No. 43, Chapter 4, Statement 3.
[60] Vgl. auch Kieso/Weygandt (1998), S. 403.
[61] Vgl. auch AICPA, SOP 81-1, Abs. 69 sowie Coenenberg (2000), S. 119.
[62] Vgl. AICPA, ARB No. 45, Abs. 5 und Abs. 9; Kieso/Weygandt (1998), S. 974-980. Zu den Bedingungen, wann welche der beiden Methoden anzuwenden ist, vgl. AICPA, ARB No. 45, Abs. 15 und insbesondere AICPA, SOP 81-1, Abs. 23-33.
[63] Vgl. Kieso/Weygandt (1998), S. 981.

Von der Regelung des SFAS No. 2 sind ferner die spezifischen Tätigkeiten von rohstoffabbauenden Industrien, wie Gebietserschließungen und Probebohrungen, ausgenommen.[64] Eine wichtige Besonderheit stellt darüber hinaus die bilanzielle Behandlung der Entwicklung von Computersoftware dar. Die Bilanzierung von Aufwendungen zur Erstellung von Computersoftware, die anonym vermarktet werden soll, ist in SFAS No. 86 geregelt. Demnach werden die Entwicklungsaufwendungen, die anfallen, bevor die technische Realisierbarkeit erreicht ist, sofort ergebnismindernd verrechnet, dagegen besteht für die danach anfallenden Entwicklungsaufwendungen eine Aktivierungspflicht.[65] Die technische Realisierbarkeit gilt dann als erfüllt, wenn alle Planungs-, Entwurfs-, Kodierungs- und Testaktivitäten abgeschlossen sind, die als erforderlich erachtet werden, damit bei der Software-„Produktion" die in der Softwarespezifikation geplanten Funktionen, Merkmale und technischen Ausführungsanforderungen erfüllt werden können.[66] Wird die Software zum Einsatz im eigenen Unternehmen entwickelt, sind gemäß SOP 98-1 ebenfalls unter bestimmten Bedingungen Teile der Entwicklungsaufwendungen zu aktivieren.[67] Wird für einen Dritten und im Auftrag des Dritten Software entwickelt, dann sind die oben genannten allgemeinen Regeln zur Bilanzierung von Auftragsfertigungsgeschäften anzuwenden (ARB No. 45).[68]

Verkauft ein Unternehmen (werthaltige) Ergebnisse seiner F&E-Tätigkeit an ein anderes Unternehmen, dann hat das erwerbende Unternehmen die Ergebnisse als immateriellen Vermögensgegenstand mit den Anschaffungskosten anzusetzen, es sei denn, die Ergebnisse werden für ein bestimmtes F&E-Projekt angeschafft und liefern außerhalb des Projektes dem erwerbenden Unternehmen keinen weiteren künftigen Nutzen.[69] In diesem Fall sind die Ausgaben für den Erwerb der F&E-Ergebnisse sofort aufwandswirksam zu verrechnen.[70] Diese Regelungen sind auch dann anzuwenden, wenn eine solche Transaktion zwischen zwei Unternehmen des selben Konzerns stattfindet.

---

[64] Vgl. FASB, SFAS No. 2, Abs. 3. Zur Bilanzierung von Suchkosten zur Entdeckung von Erdöl und Erdgas vgl. FASB, SFAS No. 19, 25, 69.
[65] Vgl. FASB, SFAS No. 86, Abs. 3 und Abs. 5.
[66] Vgl. ausführlich hierzu FASB, SFAS No. 86, Abs. 4.
[67] Vgl. ausführlich hierzu AICPA, SOP 98-1, insbesondere Abs. 19-30.
[68] Vgl. von Keitz (1997), S. 134 und S. 142f.
[69] Vgl. Delaney/Adler/Epstein/Foran (1995), S. 275; FASB, SFAS No. 2, Abs. 11 i.V.m. AICPA, APB Opinion No. 17, Abs. 24f.
[70] Vgl. FASB, SFAS No. 2, Abs. 11. Vgl. dazu auch die obigen Ausführungen zu SFAS No. 2.

Während ein konzerninterner Kauf von F&E-Ergebnissen – von der genannten Ausnahme abgesehen – zu einer Aktivierung der Ergebnisse im Einzelabschluß des erwerbenden Unternehmens führt, hat diese Transaktion keine Auswirkung auf den Konzernabschluß, da gemäß ARB No. 51 bei der Erstellung des Konzernabschlusses alle Positionen, die aus Vorgängen zwischen einbezogenen Unternehmen stammen, eliminiert werden müssen, damit der Konzernabschluß die einbezogenen Unternehmen wie ein einziges Unternehmen darstellt.[71] Analog zu den Bedingungen nach HGB könnte durch die Ausgliederung von F&E-Aktivitäten auf ein anderes Unternehmen des Konzerns und anschließendem Kauf der F&E-Ergebnisse das Aktivierungsverbot für F&E-Ausgaben (SFAS No. 2) auf Einzelabschlußebene, nicht aber auf Konzernabschlußebene umgangen werden.

Zu den jährlichen Berichtspflichten börsennotierter US-amerikanischer Unternehmen gehört insbesondere, daß den aktuellen Aktionären zur Vorbereitung auf die jährliche Aktionärsversammlung ein Geschäftsbericht (Annual Report[72]) zugesandt werden muß, und daß bei der SEC innerhalb von 90 Tagen nach Geschäftsjahresende ein nach der Form 10-K erstellter Jahresbericht einzureichen ist.[73] Die Offenlegungspflichten über F&E im Geschäftsbericht beschränken sich auf die Angabe des Gesamtbetrages der F&E-Aufwendungen des Geschäftsjahres,[74] der üblicherweise entweder in der GuV oder in der Fünf-Jahres-Übersicht ausgewählter Finanzdaten gesondert ausgewiesen wird.[75] In dem 10-K-Bericht sind neben den Informationen, die auch der Annual Report zu enthalten hat, zahlreiche weitere Informationen über das betreffende Unternehmen zu geben. Hinsichtlich des F&E-Bereichs erstrecken sich die weiteren Informationen auf Angaben zu dem Entwicklungsstand angekündigter Produkte, zu der Bedeutung von Patenten und zu den Ausgaben für Auftragsforschung in den letzten 3 Jahren.[76]

---

[71] Vgl. AICPA, ARB No. 51, Abs. 6; Baker/Lembke/King (1993), S. 308f.
[72] Der Annual Report besteht u.a. aus den Elementen „Jahres- bzw. Konzernabschluß und zusätzliche Finanzinformationen", „Diskussion und Analyse der Finanz- und Ertragslage durch das Management (MD&A)" und „Segmentberichterstattung".
[73] Vgl. Brotte (1997), S. 151f.
[74] Vgl. FASB, SFAS No. 2, Abs. 13. Zu den Informationspflichten über die Entwicklung von Computersoftware vgl. FASB, SFAS No. 86, Abs. 11f bzw. AICPA, SOP 98-1, Abs. 41.
[75] Vgl. Brotte (1997), S. 214.
[76] Vgl. Brotte (1997), S. 153-155.

2.3 IAS

Die Bilanzierung von F&E-Aufwendungen ist weitgehend in IAS 38 geregelt. IAS 38 widmet sich allgemein der bilanziellen Behandlung von immateriellem Vermögen und gilt für Jahresabschlußperioden, die ab dem 01. Juli 1999 beginnen. Zuvor war mit IAS 9 ein eigener Standard für F&E-Aufwendungen gegeben, der 1998 durch IAS 38 ersetzt wurde. IAS 38 beinhaltet aber hinsichtlich der Bilanzierung von F&E-Aufwendungen keine wesentlichen Veränderungen gegenüber IAS 9.[77]

Gemäß IAS 38 gilt für interne Forschungsaufwendungen ein Aktivierungsverbot.[78] Falls das bilanzierende Unternehmen außerstande ist, bei einem Projekt zwischen Forschungs- und Entwicklungsphase zu trennen, sollen sämtliche Projektaufwendungen als Forschungsaufwendungen behandelt werden.[79] Aufwendungen für interne, nicht auftragsbezogene Neuentwicklungen und wesentliche Weiterentwicklungen dürfen nicht aktiviert werden, es sei denn, alle der folgenden Kriterien werden erfüllt. Das Unternehmen muß für das betrachtete Entwicklungsprojekt nachweisen können,

1. daß es technisch möglich ist, das Entwicklungsprojekt zu Ende zu führen, damit das Ergebnis der Entwicklungstätigkeit zur Nutzung zur Verfügung stehen wird,
2. daß es beabsichtigt, das Projekt zu Ende zu führen und das Ergebnis der Entwicklungstätigkeit zu nutzen,
3. daß es die Fähigkeit besitzt, das Ergebnis der Entwicklungstätigkeit zu nutzen,
4. wie das Ergebnis der Entwicklungstätigkeit einen voraussichtlichen künftigen wirtschaftlichen Nutzen erzielen wird (von dem Unternehmen muß u.a. die Existenz eines Marktes für die aus der Entwicklungstätigkeit resultierenden Produkte bzw. bei interner Verwendung des Entwicklungsergebnisses der Nutzen des Ergebnisses nachgewiesen werden),
5. daß adäquate technische, finanzielle und sonstige Ressourcen verfügbar sind, um das Entwicklungsprojekt zu Ende führen und das Ergebnis nutzen zu können und

---

[77] Zu Unterschieden bezüglich der bilanziellen Behandlung von F&E-Aufwendungen zwischen IAS 38 und IAS 9 vgl. IASC (1998), S. 14. Das IASC geht davon aus, daß die Anwendung von IAS 38 anstatt von IAS 9 in praxi zu keinen Unterschieden führt. Vgl. IASC (1998), S. 15.
[78] Vgl. IAS 38.43.
[79] Vgl. IAS 38.41. Zur Unterscheidung zwischen Forschungs- und Entwicklungsphase vgl. IAS 38.7 i.V.m. IAS 38.44, 47.

6. daß es die Fähigkeit besitzt, die dem Entwicklungsprojekt zurechenbaren Ausgaben zuverlässig zu bewerten.[80]

Der Nachweis, daß adäquate Ressourcen verfügbar sind, um das Entwicklungsprojekt zu Ende führen und das Ergebnis nutzen zu können, kann bspw. anhand eines Unternehmensplanes erfolgen, der die benötigten technischen, finanziellen und sonstigen Ressourcen sowie die Fähigkeit des Unternehmens zur Sicherung dieser Ressourcen zeigt.[81]

Werden die genannten Kriterien kumulativ erfüllt, besteht für einen Teil der Aufwendungen des Entwicklungsprojektes eine Ansatzpflicht als immaterieller Vermögensgegenstand. Entscheidend für die Aktivierung der Aufwendungen eines Entwicklungsprojektes ist der Zeitpunkt, an dem die Ansatzkriterien erstmals erfüllt sind. Die Ansatzpflicht gilt nur für die Entwicklungsaufwendungen, die nach diesem Zeitpunkt angefallen sind. Entwicklungsaufwendungen, die vor diesem Zeitpunkt angefallen sind, dürfen dagegen nicht aktiviert werden.[82] Sie dürfen auch nicht in einer späteren Jahresabschlußperiode aktiviert werden.[83]

Zu den Herstellungskosten des immateriellen Vermögensgegenstandes gehören die Einzelkosten des Entwicklungsprojektes sowie Gemeinkosten, die dem Projekt auf vernünftiger und stetiger Basis zugeordnet werden können.[84] Unter bestimmten Voraussetzungen können auch Fremdkapitalzinsen einbezogen werden.[85] Allgemeine Verwaltungs- und Vertriebskosten dürfen dagegen nicht aktiviert werden.[86]

Die aktivierten Entwicklungsaufwendungen sind planmäßig abzuschreiben. Die Abschreibungsdauer richtet sich nach der bestmöglich geschätzten Nutzungsdauer des Entwicklungsergebnisses, sie darf aber nur in begründeten Ausnahmefällen 20 Jahre überschreiten. Die Abschreibung beginnt, sobald das Entwicklungsergebnis

---

[80] Vgl. IAS 38.45.
[81] Vgl. IAS 38.49.
[82] Vgl. IAS 38.53.
[83] Vgl. IAS 38.59.
[84] Vgl. IAS 38.54.
[85] Vgl. IAS 38.54. Zu der bilanziellen Behandlung von Fremdkapitalzinsen vgl. IAS 23.
[86] Vgl. IAS 38.55.

verwendet werden kann.[87] Es ist eine Abschreibungsmethode zu verwenden, die den Verlauf widerspiegelt, in dem der wirtschaftliche Nutzen des Entwicklungsergebnisses durch das Unternehmen verbraucht wird. Kann dieser Verlauf nicht zuverlässig bestimmt werden, ist die lineare Abschreibung anzuwenden. Wenigstens am Ende eines jeden Geschäftsjahres ist zu prüfen, ob die Abschreibungsmethode und die geschätzte Nutzungsdauer noch angemessen sind. Gegebenenfalls sind entsprechende Änderungen vorzunehmen.[88]

Solange das Ergebnis der Entwicklungstätigkeit noch nicht zum Gebrauch verfügbar ist, muß mindestens am Ende eines jeden Geschäftsjahres die Notwendigkeit einer außerplanmäßigen Abschreibung geprüft werden. Dabei ist der erzielbare Betrag („recoverable amount") des Entwicklungsprojektes zu schätzen.[89] Das ist der Barwert zukünftiger Aus- und Einzahlungen, die sich aus dem Entwicklungsprojekt ergeben.[90]

Übersteigt der Buchwert des immateriellen Vermögensgegenstandes den erzielbaren Betrag, muß dies über die Erfassung eines Wertminderungsaufwandes („Impairment Loss") korrigiert werden.[91] Hat sich nach einer außerplanmäßigen Abschreibung in einer früheren Periode in den Schätzungen, die bei der Bestimmung des erzielbaren Betrages herangezogen werden, eine Änderung ergeben und übersteigt der erzielbare Betrag den Buchwert des Vermögensgegenstandes, ist eine Wertaufholung vorzunehmen.[92] Aufgewertet werden darf maximal bis zu den fortgeschriebenen Herstellungskosten.[93]

---

[87] Vgl. IAS 38.79.
[88] Vgl. IAS 38.88, 94.
[89] Vgl. IAS 38.99.
[90] Vgl. IAS 36.15, 26. Vgl. ausführlich hierzu IAS 36. 27-56.
[91] Vgl. IAS 36.58f.
[92] Vgl. IAS 36.99, 104.
[93] Vgl. IAS 36.102. Die nach UK-GAAP bestehende Regelung zur Bilanzierung von Aufwendungen für interne F&E i.e.S., die in SSAP No. 13 ausgeführt ist, entspricht in wesentlichen Aspekten der IASC. In ASB, SSAP No. 13, Abs. 54 wird explizit auf die wesentliche Übereinstimmung von SSAP No. 13 und IAS 9 hingewiesen. Dabei ist zu beachten, daß dieser Vergleich 1989 gezogen wurde, während IAS 9 1993 überarbeitet und inzwischen durch IAS 38 ersetzt wurde. Dennoch verbleiben Übereinstimmungen in zentralen Aspekten. Der Haupt-unterschied besteht darin, daß für Entwicklungsaufwendungen, sofern die (in den Regelungen weitgehend übereinstimmenden) Ansatzkriterien erfüllt sind, gemäß SSAP No. 13 ein Aktivierungswahlrecht besteht, während IAS 38 eine Aktivierungspflicht vorsieht. Das Wahlrecht ist für alle Entwicklungsprojekte, bei denen die Ansatzkriterien erfüllt sind, einheitlich auszuüben. Weiterhin

Die Weiterentwicklung existierender Produkte oder Verfahren, ohne wesentliche Verbesserung derselben, gehört nicht zu dem Bereich „Entwicklung" im Sinne von IAS 38.[94] Entsprechende Entwicklungsaufwendungen lassen sich daher dem Fertigungsbereich zuordnen. Gemäß IAS 2 zählen zu den Herstellungskosten von Vorräten neben den Einzelkosten auch Produktionsgemeinkosten sowie sonstige Kosten, die angefallen sind, um die Vorräte an ihren derzeitigen Ort und in ihren derzeitigen Zustand zu versetzen.[95] Die betrachteten Entwicklungsaufwendungen gehören zu den letztgenannten Kosten und sind folglich in die Herstellungskosten der Vorräte einzubeziehen.[96]

Die bilanzielle Behandlung einer Auftragsfertigung ist in IAS 11 geregelt. In die Auftragskosten sind die Entwurfskosten einzubeziehen, die dem Projekt direkt oder indirekt zurechenbar sind.[97] Sonstige Forschungs- und Entwicklungskosten dürfen nicht in die Auftragskosten einbezogen werden, es sei denn, sie werden aufgrund vertraglicher Vereinbarung dem Kunden in Rechnung gestellt.[98] Die in der Periode angefallenen Auftragskosten gehen als Umsatzkosten in die Ergebnisermittlung ein. Gleichzeitig werden Umsatzerlöse erfaßt, entweder in gleicher Höhe („Percentage of Completion"-Methode mit „zero-profit-marge") oder – sofern das Ergebnis des Fertigungsauftrages verläßlich geschätzt werden kann – in Höhe der Summe aus den Auftragskosten der Periode und einem Gewinnanteil („Percentage of Completion"-Methode).[99] Es sind auch hier – unabhängig von der Bilanzierungsmethode – erwartete Gesamtverluste aus Fertigungsaufträgen bereits in der laufenden Berichtsperiode zu erfassen.[100]

Hinsichtlich der Entwicklung von Computersoftware gibt es keine eigenen Bilanzierungsregeln. Aufwendungen zur Entwicklung von zur anonymen Vermarktung oder

---

besteht bei SSAP No. 13 keine Alternative zu einer Abschreibung entsprechend den wirtschaftlichen Verhältnissen des Wertverzehrs. Darüber hinaus ist hier nach außerplanmäßigen Abschreibungen keine Wertaufholung vorgesehen. Vgl. ASB, SSAP No. 13, Abs. 25 und Abs. 27-29.

[94] Vgl. IAS 38.7.
[95] Vgl. IAS 2.10, 13.
[96] Vgl. Jacobs (1997), S. 168.
[97] Vgl. IAS 11.16-18.
[98] Vgl. IAS 11.20.
[99] Vgl. ausführlich hierzu IAS 11.22-35.
[100] Vgl. IAS 11.22 bzw. IAS 11.32 i.V.m. IAS 11.36f.

zum Einsatz im eigenen Unternehmen bestimmter Software sind wie allgemein Entwicklungsaufwendungen nach Maßgabe des IAS 38 zu behandeln.[101] Wird Software für einen Dritten und im Auftrag des Dritten entwickelt, dann sind die Bilanzierungsregeln für Fertigungsaufträge (IAS 11) anzuwenden.[102]

Verkauft ein Unternehmen (werthaltige) Ergebnisse seiner F&E-Tätigkeit an ein anderes Unternehmen, dann hat das erwerbende Unternehmen die Ergebnisse als immateriellen Vermögenswert mit den Anschaffungskosten anzusetzen.[103] Davon besteht keine Ausnahme, auch wenn eine solche Transaktion zwischen zwei Unternehmen des selben Konzerns stattfindet. Eine Ausgliederung von F&E-Aktivitäten auf ein anderes Unternehmen des Konzerns mit anschließendem Kauf der Ergebnisse wäre hier für den Forschungsbereich, aber weniger für den Entwicklungsbereich relevant, da Aufwendungen für interne Forschung nicht aktiviert werden dürfen, während Aufwendungen für interne Entwicklung – wie oben ausgeführt – teilweise zu aktivieren sind.

Für den Konzernabschluß, der gemäß IAS 27.6 die Konzernunternehmen so darzustellen hat, als ob es sich um ein einziges Unternehmen handelt, ist es dagegen irrelevant, ob ein Unternehmen F&E-Projekte selbst durchführt oder diese Projekte auf ein anderes einbezogenes Unternehmen ausgliedert und anschließend die Ergebnisse entgeltlich erwirbt. Konzerninterne Transaktionen und daraus resultierende nicht realisierte Gewinne sind vollständig aus dem Konzernabschluß zu eliminieren.[104]

Hinsichtlich der Informationspflichten zu den F&E-Aktivitäten gilt, daß einerseits im Abschluß die Gesamtausgaben für F&E offenzulegen sind, die während der Berichtsperiode als Aufwand erfaßt wurden.[105] Andererseits gelten für den Fall, daß Entwicklungsausgaben als immaterielle Vermögenswerte aktiviert wurden die Angabepflichten bezüglich immaterieller Vermögenswerte. Damit die Angabepflichten bezüglich immaterieller Vermögenswerte erfüllt werden können sind jeweils die immateriellen Vermögenswerte, die hinsichtlich ihrer Art und ihrem Verwendungs-

---

[101] Vgl. IAS 38.3, 8.
[102] Vgl. IAS 18 Anhang Nr. 19; Seeberg (1997), S. 369; von Keitz (1997), S. 199.
[103] Vgl. IAS 38.18f und IAS 38.22f.
[104] Vgl. IAS 27.17. Gemäß IAS 27.17 sind ebenfalls nicht realisierte Verluste aus Transaktionen innerhalb des Konzerns zu eliminieren, es sei denn, Kosten können nicht zurückerhalten werden.
[105] Vgl. IAS 38.115.

zweck innerhalb des Unternehmens ähnlich sind, zu einer Gruppe zusammenzufassen.[106] In den Abschlüssen sind für jede Gruppe immaterieller Vermögenswerte die folgenden Angaben zu machen, wobei zwischen selbst geschaffenen immateriellen Vermögenswerten und sonstigen immateriellen Vermögenswerten unterschieden wird:[107]

1. die zugrunde gelegten Nutzungsdauern oder die angewandten Abschreibungssätze,
2. die angewandten planmäßigen Abschreibungsmethoden,
3. der Bruttobuchwert und die kumulierte Abschreibung (addiert mit kumulierten Aufwendungen aus Wertminderung) zu Beginn und zum Ende der Periode,
4. der/die Posten der GuV, in dem/denen die Abschreibung auf immaterielle Vermögenswerte enthalten ist und
5. eine Überleitung des Buchwertes zu Beginn und zum Ende der Periode unter gesonderter Angabe von u. a.[108]:

- Zugängen, wobei solche aus unternehmensinterner Entwicklung und solche durch Unternehmenszusammenschlüsse separat zu bezeichnen sind,
- Stillegungen und Abgängen,
- Aufwendungen aus Wertminderung, die während der Berichtsperiode in der GuV gemäß IAS 36 erfaßt wurden bzw. rückgängig gemacht wurden (falls vorhanden),
- Abschreibungen, die während der Berichtsperiode erfaßt wurden.[109]

2.4 Zusammenfassende Charakterisierung der Regelungen

Zunächst ist festzuhalten, daß nicht nur in Deutschland, sondern auch in den USA Aufwendungen für interne F&E i.e.S. grundsätzlich nicht aktiviert werden dürfen.

---

[106] Vgl. IAS 38.108.
[107] Vgl. IAS 38.107.
[108] Vgl. IAS 38.107 (e) zu dem kompletten Katalog von gesonderten Angaben.
[109] Nach UK-GAAP ist in den Abschlüssen die gewählte Bilanzierungsmethode für F&E-Aufwendungen und die Höhe der F&E-Aufwendungen, die in der Berichtsperiode sofort ergebnismindernd verrechnet wurden, anzugeben. Weiterhin muß die Höhe der aktivierten, noch nicht abgeschriebenen Entwicklungsaufwendungen zu Beginn und zum Ende der Berichtsperiode angegeben und die Veränderung erklärt werden. Vgl. ASB, SSAP No. 13, Abs. 30-32.

Das ist vor dem Hintergrund, daß sich die hier betrachtete US-amerikanische Rechnungslegung börsennotierter Unternehmen auf die Informationsfunktion konzentriert und ihr die Zahlungsbemessungsfunktion fremd ist,[110] besonders beachtenswert. Im Zusammenhang mit allgemeinen F&E-Aktivitäten hat das FASB den Aspekt der Nachprüfbarkeit über den des Aussagegehalts gestellt.[111] Eine wichtige Ausnahme stellen Aufwendungen für die Entwicklung von Computersoftware dar, für die teilweise eine Aktivierungspflicht besteht.

Dagegen sind nach IAS Aufwendungen für (interne) Neuentwicklungen und wesentliche Weiterentwicklungen zu aktivieren, wenn bestimmte Bedingungen erfüllt sind. Mit der Aktivierung von Entwicklungsaufwendungen ist aber eine Reihe von Ermessensspielräumen verbunden. Zunächst ist zwischen Forschungs- und Entwicklungsaktivitäten abzugrenzen. Auch wenn gemäß IAS im Zweifelsfall die Aktivitäten dem Forschungsbereich zuzuordnen sind, verbleibt die Einstufung, ob ein Zweifelsfall vorliegt. Weiterhin ergibt sich durch die Ansatzkriterien ein bedeutender Spielraum für die bilanzierenden Unternehmen. Die Aktivierungsproblematik kann folgendermaßen beschrieben werden: „Although criteria are provided for making this decision, judgements as to future circumstances will often be necessary and be highly subjective; hence the ultimate decision can depend on the degree of optimism or pessimism of the persons making the judgement."[112] Mindestens innerhalb eines wesentlichen Teils des Entwicklungsprozesses kann das bilanzierende Unternehmen je nach Interessenlage argumentieren, daß die Kriterien bereits erfüllt sind oder noch nicht erfüllt sind.[113]

Weitere Ermessensspielräume ergeben sich im Bereich der Bewertung. Zunächst stellt sich das Problem der Zuordnung der Kosten zu den einzelnen Projekten.[114] Weiterhin liegt bei den planmäßigen Abschreibungen ein Verfahrens- und Individualspielraum vor. Schließlich besteht ein Spielraum bei der Ermittlung des erzielbaren

---

[110] Vgl. bspw. Ballwieser (1997c), S. 379f; Haller (2000), S. 7-11.
[111] Allgemein zum Verhältnis von Aussagegehalt und Nachprüfbarkeit der amerikanischen Rechnungslegung vgl. Ballwieser (1997a).
[112] Coopers & Lybrand (1996), S. 9-1.
[113] Vgl. dazu auch Fuchs (1997), S. 130 m.w.N.; Pellens/Fülbier (2000), S. 50; von Keitz (1997), S. 192f. Die Arbeiten von Coopers & Lybrand (1996), Fuchs (1997) und von Keitz (1997) beziehen sich zwar auf IAS 9, die Aussagen an den genannten Stellen sind aber grundsätzlich auf IAS 38 übertragbar.
[114] Vgl. dazu Fuchs (1997), S. 131.

Betrages und damit bei der außerplanmäßigen Abschreibung und bei der Wertaufholung.[115] Die Regelung der IAS zur Aktivierung von Entwicklungsaufwendungen ist insofern zweifelsohne mit Objektivierungsproblemen bzw. für die Unternehmen mit nicht unerheblichen Gestaltungsspielräumen verbunden.

Hinsichtlich der Informationspflichten zu den F&E-Aktivitäten ist beachtenswert, daß von den betrachteten Rechnungslegungssystemen nur das HGB keine Verpflichtung zu quantitativen Angaben zu den F&E-Aufwendungen enthält.

---

[115] Vgl. dazu auch Fuchs (1997), S. 131-133.

3. Quantitative Erfassung der Konsequenzen der bilanziellen Behandlung von F&E-Ausgaben für Jahresabschlußgrößen

3.1 Modellannahmen und Analyse bei sprungförmigem Verlauf der F&E-Ausgaben

Im Folgenden sei untersucht, wie sich c.p. der Unterschied zwischen einer Aktivierung und einer sofortigen Aufwandsverrechnung von F&E-Ausgaben – bei einem bestimmten dynamischen Verlauf der F&E-Ausgaben – auf den F&E-Aufwand[116] (und damit den Jahresüberschuß[117]) und auf das bilanzielle Vermögen auswirkt.

Im Falle der Aktivierung wird angenommen, daß die F&E-Ausgaben (A(t)) jeweils komplett aktiviert und über n Jahre linear abgeschrieben werden, wobei die Abschreibung ab dem auf die Aktivierung folgenden Jahr beginnt. Die Aktivierung der F&E-Ausgaben führt zu dem bilanziellen F&E-Vermögen $V_F(t)$[118].[119] Aus den Abschreibungen ergibt sich der F&E-Aufwand $Af_{cap}(t)$. Der F&E-Aufwand im Falle der sofortigen Aufwandsverrechnung der F&E-Ausgaben wird als $Af_{ex}(t)$ (= A(t)) bezeichnet.

Zunächst wird der Verlauf von $Af_{cap}(t)$ und $V_F(t)$ analysiert, wenn die (jährlichen) F&E-Ausgaben sprunghaft auf einen bestimmten Wert ansteigen, diesen Wert für einige Jahre beibehalten und dann sprunghaft auf den ursprünglichen Wert reduziert werden. Konkret gelte für die F&E-Ausgaben folgende Funktion:

---

[116] Der F&E-Aufwand entspricht hier dem F&E-Posten in der GuV bei Anwendung des Umsatzkostenverfahrens (sofern F&E explizit ausgewiesen wird).
[117] Unterschiede beim F&E-Aufwand führen aber nicht unbedingt zu betragsgleichen Unterschieden beim Jahresüberschuß. Die Unterschiede beim Jahresüberschuß könnten bspw. aufgrund latenter Steuern geringer ausfallen.
[118] V_F (t) beinhaltet ausschließlich aktivierte F&E-Ausgaben.
[119] Um grundsätzliche Effekte der Aktivierung hinsichtlich F&E-Aufwand und bilanziellem Vermögen aufzuzeigen, ist es günstig, von einer Aktivierungskonzeption wie der beschriebenen auszugehen, bei der unabhängig von den zugrundeliegenden F&E-Projekten bei konstanten F&E-Ausgaben (im eingeschwungenen Zustand) ein konstanter F&E-Aufwand und entsprechend auch ein konstantes bilanzielles F&E-Vermögen resultiert. Bei Aktivierungskonzeptionen, bei denen der Beginn der Abschreibung vom Zeitpunkt des Projektendes abhängt, würde sich aus konstanten F&E-Ausgaben nur dann ein konstanter F&E-Aufwand ergeben, wenn die zugrundeliegenden F&E-Projekte spezielle Bedingungen erfüllen. Vgl. dazu auch Kapitel IV.5.1.2 dieser Arbeit.

$$A(t) = A_k \cdot (\sigma(t) - \sigma(t-9))$$

Die Sprungfunktion $\sigma(x)$ ist definiert als:

$\sigma(x) = 1$ für $x \geq 0$
$\sigma(x) = 0$ für $x < 0$

$A(0) = A_k$ und $A(1) = A_k$ sind beispielsweise die F&E-Ausgaben im Jahr 0 (bzw. im Startjahr) und im Jahr 1. Von Jahr 8 auf Jahr 9 fallen die F&E-Ausgaben von dem Wert A_k auf Null. Für $Af_{cap}(t,n)$ und $V_F(t,n)$ ergibt sich daraus:

$$Af_{cap}(t,n) = \frac{A_k}{n} \cdot \sum_{i=1}^{n} [\sigma(t-i) - \sigma(t-i-9)]$$

$$V_F(t,n) = A_k \cdot \sum_{i=0}^{n} [\sigma(t-i) - \sigma(t-i-9)]\left(1 - \frac{i}{n}\right)$$

In Abbildung 2 ist der Verlauf von $A(t)$, $Af_{cap}(t,4)$ und $V_F(t,4)$ graphisch dargestellt. Der Verlauf von $Af_{cap}(t)$ verdeutlicht das dynamisch verzögerte Verhalten, das sich durch die Aktivierung beim F&E-Aufwand ergibt. Der eingeschwungene Zustand ist bei $Af_{cap}(t)$ nach n (hier: 4) Jahren und bei $V_F(t)$ nach n-1 (hier: 3) Jahren erreicht.

Bei konstanten F&E-Ausgaben (A_k) gilt im eingeschwungenen Zustand $A_k = Af_{ex} = Af_{cap}$. Der F&E-Aufwand (bzw. der Jahresüberschuß) ist hierbei also unabhängig von der bilanziellen Behandlung der F&E-Ausgaben. In diesem Fall gilt für $V_F(n)$:

$$V_F(n) = \sum_{i=0}^{n} A_k \left(1 - \frac{i}{n}\right)$$

$$= A_k \cdot \left[\sum_{i=0}^{n} 1 - \frac{1}{n} \cdot \sum_{i=0}^{n} i\right]$$

$$= A_k \cdot \left[n + 1 - \frac{1}{n}\left(\frac{n}{2}(n+1)\right)\right]$$

$$= A_k \cdot \frac{n+1}{2} \qquad \text{II.-1}$$

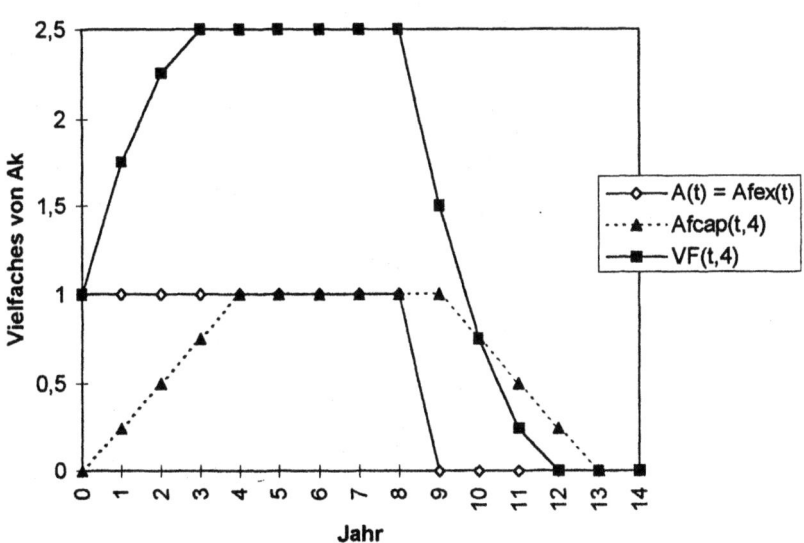

Abbildung 2: Verlauf von Af$_{cap}$(t) und V$_F$(t) bei gegebenem Verlauf der F&E-Ausgaben (A(t)) und einer Abschreibungsdauer von n = 4 Jahren

Das bilanzielle F&E-Vermögen hat also bei der angenommenen Aktivierungskonzeption bei konstanten F&E-Ausgaben und einer Abschreibungsdauer (n) von bspw. fünf Jahren (im eingeschwungenen Zustand) den dreifachen Wert der jährlichen F&E-Ausgaben.

3.2 Analyse bei sinusförmigem Verlauf der F&E-Ausgaben

Im Folgenden wird untersucht, wie die bilanzielle Behandlung der F&E-Ausgaben den dynamischen Verlauf des F&E-Aufwands beeinflußt, wenn die F&E-Ausgaben kontinuierlichen Schwankungen unterliegen. Die übrigen oben getroffenen Annahmen bleiben bestehen.

Für A(t) bzw. für $Af_{ex}(t)$ wird der folgende Verlauf angenommen:

$$A(t) = Af_{ex}(t) = A_{max} \cdot \left(0{,}75 - 0{,}25 \cdot \cos\left(\frac{t \cdot \pi}{4}\right)\right) \cdot \sigma(t)$$

Die F&E-Aktivitäten beginnen wieder in t=0. Die Periodendauer beträgt 8 Jahre. Die zugehörige Funktion $Af_{cap}(t,n)$ lautet:

$$Af_{cap}(t,n) = \frac{A_{max}}{n} \cdot \sum_{i=1}^{n}\left[0{,}75 - 0{,}25 \cdot \cos\left(\frac{(t-i)\pi}{4}\right)\right] \cdot \sigma(t-i)$$

Der Verlauf von $Af_{cap}(t,5)$, $Af_{cap}(t,7)$ und A(t) ist in Abbildung 3 graphisch dargestellt:

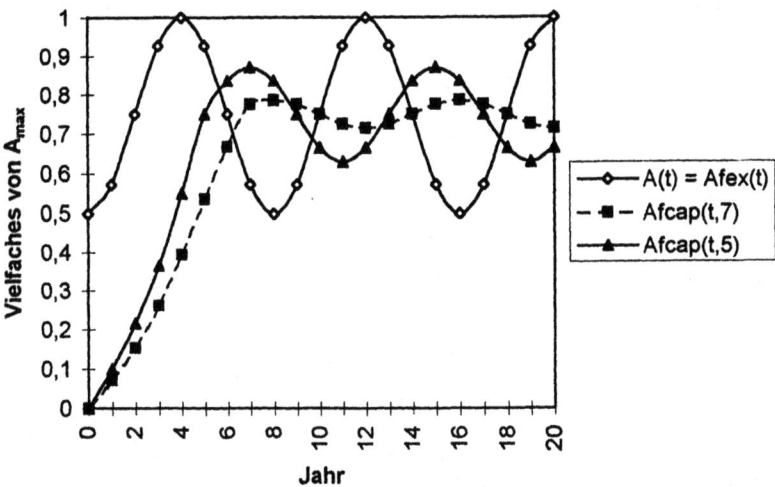

Abbildung 3: Verlauf von $Af_{cap}(t)$ bei gegebenem Verlauf von $A(t)$ und einer Abschreibungsdauer von 5 bzw. 7 Jahren

Im stationären Zustand ($t \geq n$) stellt $Af_{cap}(t)$ gegenüber $A(t)$ eine phasennacheilende Schwingung (gleiche Periodendauer) mit geringerer Amplitude dar. Dabei wird der Nivellierungseffekt deutlich, den die F&E-Aktivierung auf den F&E-Aufwand (und damit prinzipiell auch auf den Jahresüberschuß) ausübt. Eine Analyse der Entwicklung der Amplitude von $Af_{cap}(t)$ in Abhängigkeit der Abschreibungsdauer ergibt für Werte von $n = 2$ bis $n = 16$ folgenden Zusammenhang: Von $n = 2$ bis $n = 8$ sinkt die Amplitude streng monoton. Bei $n = 8$, d.h. bei identischer Abschreibungs- und Periodendauer, ist die Amplitude Null. Danach steigt sie mit zunehmender Abschreibungsdauer wieder leicht an, erreicht bei $n = 12$ ein lokales Maximum und sinkt dann wieder, bis sie bei $n = 16$ (der zweifachen Periodendauer) erneut den Wert Null annimmt.

III. Handelsbilanzielle Behandlung von F&E-Ausgaben und F&E-Freudigkeit: Empirische Befunde

1. Überblick

Um die Diskussion des Zusammenhangs von handelsbilanzieller Behandlung von F&E-Ausgaben und F&E-Freudigkeit börsennotierter Unternehmen in Kapitel IV von der Systematisierung und Analyse einschlägiger empirischer Untersuchungen weitgehend zu entlasten, werden die wesentlichen der für die Diskussion relevanten Bereiche der empirischen Forschung vorab in Kapitel III behandelt.

In Kapitel IV soll u.a. die Frage, inwieweit theoretisch abgeleitete bilanzpolitische Ziele tatsächlich mit bilanzpolitischen Maßnahmen verfolgt werden und inwieweit diese Ziele bei einem Aktivierungsverbot von F&E-Ausgaben das F&E-Investitionsverhalten beeinflussen, auf einer breiten Basis empirischer Befunde diskutiert werden. Als Grundlage hierfür werden im zweiten bis vierten Abschnitt des Kapitels III die Ergebnisse der für die genannte Frage wesentlichen Bereiche der empirischen Forschung ausführlich analysiert.

Der Abschnitt III.2 ist Studien zu den Adressatenreaktionen[1] auf bestimmte Rechnungslegungsinformationen gewidmet. Dabei werden einerseits Studien behandelt, welche die „functional fixation" der Rechnungslegungsadressaten, d.h. die Beeinflußbarkeit der Adressaten durch Bilanzpolitik überprüfen. Andererseits wird auf Untersuchungen zu den Reaktionen von Adressaten auf (nicht aktivierte) F&E-Ausgaben eingegangen. Die Ergebnisse über das Adressatenverhalten liefern indirekt Hinweise auf das Verhalten der Unternehmen.

In Abschnitt III.3 wird der Bereich der empirischen Forschung, der sich direkt dem Rechnungslegungsverhalten der Unternehmen widmet, behandelt. Dabei wird zunächst auf die von *Watts/Zimmerman* initiierte „Positive Accounting Theory" eingegangen. Dort werden unter der Annahme eines informationseffizienten Kapitalmarktes verschiedene Hypothesen zum bilanzpolitischen Verhalten der Unternehmen anhand ökonomischer Theorien abgeleitet und empirisch überprüft. Neben der „Positive Accounting Theory" werden weitere Untersuchungsansätze zum Rechnungslegungsverhalten der Unternehmen behandelt, die nicht von einem informationseffi-

---

[1] In der Regel werden die Reaktionen des Kapitalmarktes untersucht.

zienten Kapitalmarkt ausgehen und bei denen entsprechend auch das Motiv der Kapitalmarktbeeinflussung untersucht wird.

Der Abschnitt III.4 ist den Studien gewidmet, die untersuchen, ob bei einem Aktivierungsverbot von F&E-Ausgaben die Variation der Höhe dieser Ausgaben als bilanzpolitische Maßnahme verwendet wird. Mit den Ergebnissen dieser drei Abschnitte stehen dann zahlreiche, aus verschiedenen Blickwinkeln gewonnene Hinweise zur Verfügung, um die oben genannte Frage in Kapitel IV beantworten zu können.

In die Diskussion in Kapitel IV sind auch die Erkenntnisse der empirischen Untersuchungen zu den Unterschieden hinsichtlich der F&E-Freudigkeit der Unternehmen bei verschiedenen Bilanzierungsvorschriften für F&E-Ausgaben einzubeziehen. Die Systematisierung und Analyse der betreffenden Studien erfolgt im fünften Abschnitt von Kapitel III.

2. Rechnungslegungsinformationen und Adressatenverhalten

2.1 Prüfung der „functional fixation"-Hypothesen

2.1.1 Hypothesen

Durch zahlreiche empirische Untersuchungen konnte eine Entscheidungswirkung von Jahresabschlußinformationen am Kapitalmarkt festgestellt werden.[2] Daneben wird die Frage untersucht, inwieweit der Kapitalmarkt „sophisticated" ist und sich somit nicht von Rechnungslegungsmaßnahmen[3] und Rechnungslegungsunterschieden[4] täuschen läßt. Hierzu existiert ein Theorienstreit.

Gemäß der „mechanistic"- bzw. „(traditional) functional fixation"-Hypothese (FFH) sind alle bzw. eine für die Kursbildung entscheidende Anzahl von Investoren mit dem Einfluß von Rechnungslegungsmaßnahmen und -unterschieden auf Jahresabschlußzahlen nicht vertraut. Sie richten ihr Verhalten nach der Höhe der Jahresabschlußzahlen, ohne deren rechnerische Zusammensetzung in ihr Kalkül mit einzubeziehen.[5] Eine Gegenposition zu diesem Ansatz liefert die „efficient market"-Hypothese (EMH). Bei einer (halb-strengen) Informationseffizienz des Kapitalmarktes sind alle öffentlich verfügbaren Informationen im Marktpreis berücksichtigt, wobei die Marktpreisbildung auf Investoren zurückzuführen ist, die „sophisticated" sind.[6] Dabei erfordert die EMH aber weder, daß alle Investoren rational handeln, noch daß jeder Investor Zugang zu allen verfügbaren Informationen hat.[7]

Neben der FFH und EMH existiert die von *Hand* entwickelte „extended functional fixation"-Hypothese (EFFH), die auf der Vorstellung basiert, daß der Kapitalmarkt sich nicht einheitlich, sondern teilweise im Sinne der FFH und teilweise im Sinne der EMH verhält. Gemäß EFFH wird der Marktpreis einer bestimmten Aktie i durch

---

[2] Vgl. Coenenberg/Haller (1993), S. 570 m.w.N.
[3] Der Wechsel einer Rechnungslegungsmethode wird folgend als „Rechnungslegungsmaßnahme" bezeichnet.
[4] Ein Unterschied bei der verwendeten Rechnungslegungsmethode zwischen Unternehmen wird folgend als „Rechnungslegungsunterschied" bezeichnet.
[5] Vgl. Hand (1990), S. 743. Vgl. auch Foster (1986), S. 443.
[6] Vgl. Hand (1990), S. 741 und S. 743. FFH und EMH sind nicht komplementär. Die Ablehnung der FFH ist eine notwendige aber nicht hinreichende Bedingung für die Informationseffizienz des Marktes.
[7] Vgl. Tinic (1990), S. 782.

einen „Grenzinvestor" bestimmt. Dabei ist zum Zeitpunkt t-1 die Wahrscheinlichkeit p_{it}, daß der „Grenzinvestor" in i zum Zeitpunkt t nicht „sophisticated" ist, zwar positiv, aber kleiner als eins. Im Rahmen dieser Interpretation wäre gemäß FFH $p_{it} = 1$ und gemäß EMH $p_{it} = 0$.[8] Je größer der Anteil der Aktien eines Unternehmens ist, der von Investoren gehalten wird, die nicht „sophisticated" sind, desto größer ist im Sinne der EFFH die Wahrscheinlichkeit, daß der „Grenzinvestor" nicht „sophisticated" ist.[9]

Zur Erkenntnisgewinnung bezüglich der Existenz von „functional fixation" bei Kapitalgebern[10] kann sowohl auf kapitalmarktorientierte als auch auf verhaltensorientierte Untersuchungen zurückgegriffen werden. Im Folgenden wird auf beide Bereiche eingegangen.

2.1.2 Kapitalmarktorientierte Studien

Insbesondere in den USA wurden empirische Untersuchungen durchgeführt, die den Einfluß von Rechnungslegungsmaßnahmen und -unterschieden auf die Aktienkurse analysierten. Das Forschungsziel von einigen der Untersuchungen bestand direkt in der Überprüfung der „functional fixation" des Kapitalmarktes. Daneben existieren Studien, die davon ausgehen, daß der Kapitalmarkt „sophisticated" ist und die zu ergründen versuchen, welche Informationen bzw. Signale der Kapitalmarkt in einem Wechsel der Rechnungslegungsmethode sieht. Aus einem Teil der zweitgenannten Studien lassen sich aber auch Hinweise für bzw. gegen ein mögliches Kapitalmarktverhalten im Sinne von „functional fixation" gewinnen.[11] Es existieren ferner Untersuchungen, die beide Ansätze beinhalten.

---

[8] Vgl. Hand (1990), S. 744.

[9] Vgl. Hand (1990), S. 753. Eine kritische Auseinandersetzung mit den „functional fixation"-Hypothesen findet sich bei Tinic (1990), S. 784-787. Zur Argumentation von *Hand* zur Stützung seiner EFFH vgl. Hand (1990), S. 744.

[10] Die Thematik der Reaktion auf Rechnungslegungsinformationen im Sinne von „functional fixation" ist nicht auf den Kapitalmarkt beschränkt. Unter den verhaltensorientierten Untersuchungen läßt sich auch eine Studie ausmachen, die sich der Frage widmet, inwieweit sich Banken bei der Kreditwürdigkeitsprüfung im Sinne von „functional fixation" verhalten.

[11] Bei den Studien, die sich dem Einfluß eines Wechsels der Rechnungslegungsmethode auf die Entwicklung der Aktienrendite widmen, gilt es zu beachten, daß die untersuchten Änderungen der Rechnungslegungsmethode nicht immer gleichzeitig mit, sondern teilweise auch vor dem Gewinn bekanntgegeben wurden. Während für die Studien, die davon ausgehen, daß der Kapi-

Das methodische Vorgehen der kapitalmarktorientierten Untersuchungen ist (unabhängig von dem primären Forschungsziel) durchaus heterogen. Bei Untersuchungen, die den Einfluß von Rechnungslegungsunterschieden zwischen Unternehmen auf die Aktienbewertung analysieren, kommen bspw. multiple Regressionsrechnungen zum Einsatz. Untersuchungen, die sich dem Einfluß eines Wechsels der Rechnungslegungsmethode auf die Entwicklung der Aktienrendite widmen, verwenden oftmals zur Operationalisierung der Kapitalmarktreaktion den CAR („Cumulative Abnormal Return"). Dazu wird ein aus mehreren Investitionsperioden bestehender Untersuchungszeitraum festgelegt, innerhalb dessen die Kapitalmarktreaktion auf die Ergebnisbeeinflussung des Methodenwechsels vermutet wird. Für die einzelnen Investitionsperioden (bspw. Wochenperioden) des Untersuchungszeitraumes wird jeweils – häufig anhand des Marktmodells – die um Markteinflüsse bereinigte Aktienrendite (Residualrendite) bestimmt:[12]

$$U_{it} = R_{it} - (a_i + b_i * R_{Mt})$$

mit

U_{it} = Residualrendite der Aktie der Unternehmung i in der Investitionsperiode t
R_{it} = Aktienrendite der Unternehmung i in der Investitionsperiode t
R_{Mt} = durchschnittliche Aktienrendite des Marktes in der Investitionsperiode t
a_i, b_i = Regressionsparameter des Marktmodells für die Aktie der Unternehmung i

Der CAR für die Aktie der Unternehmung i wird dann bspw. wie folgt berechnet:

$$CAR_i = \sum_{t=-m}^{0} U_{it}$$

---

talmarkt „sophisticated" ist, als Untersuchungszeitpunkt für die Reaktion des Aktienmarktes der Zeitpunkt der Bekanntgabe des Methodenwechsels relevant ist, konzentrieren sich die direkt zur Überprüfung der FFH angestellten Untersuchungen auf den Zeitpunkt der Bekanntgabe des Gewinns. Entsprechend sind die Studien, die davon ausgehen, daß der Kapitalmarkt „sophisticated" ist, insbesondere dann hinsichtlich der FFH relevant, wenn der Zeitpunkt der Bekanntgabe des untersuchten Methodenwechsels gleichzeitig auch der Zeitpunkt der Bekanntgabe des Gewinns war.

[12] Vgl. stellvertretend für viele Harrison (1977), S. 87.

m ist eine natürliche Zahl. In der Investitionsperiode 0 findet die (erstmalige) Bekanntgabe des durch die Rechnungslegungsmaßnahme beeinflußten Gewinns statt. Der Untersuchungszeitraum beinhaltet hier die Investitionsperioden $t = -m$ bis einschließlich $t = 0$.

Ein signifikant positiver (negativer) CAR bedeutet eine positive (negative), um Markteinflüsse bereinigte Aktienkursreaktion innerhalb des Untersuchungszeitraumes. Diese (eventuell auch ausbleibende) Aktienmarktreaktion darf aber nur dann auf die Rechnungslegungsmaßnahme bezogen werden, wenn Störgrößen ausgeschaltet bzw. kontrolliert wurden. Eine zentrale Störgröße ist die (um den Effekt des Methodenwechsels bereinigte) Revision der Gewinnerwartung. Zur Ausschaltung bzw. Kontrolle von Störgrößen kommen verschiedene Methoden zum Einsatz. Während frühe Studien lediglich mit Kontrollgruppen arbeiten und randomisieren, bedienen sich spätere Studien bspw. der Methode der Paarbildung oder greifen auf (multiple) Regressionsanalysen zurück.[13] Bei letztgenannter Methode repräsentiert bspw. ein Regressor die (bereinigte) Revision der Gewinnerwartung und ein weiterer die Rechnungslegungsmaßnahme. Als Predictor dient der CAR.[14]

Abbildung 4 gibt einen Überblick über empirische Untersuchungen, aus deren Ergebnissen sich Erkenntnisse über die „functional fixation" des Kapitalmarktes ableiten lassen.

Die US-amerikanischen Studien lassen sich danach differenzieren, ob der untersuchte Wechsel bzw. Unterschied der Rechnungslegungsmethode steuerliche Auswirkungen hat.[15] In Tabelle 1 und Tabelle 2 sind die Ergebnisse der genannten US-amerikanischen Untersuchungen zusammengefaßt. Die Untersuchungen berücksichtigen in der Regel große (bspw. keine OTC[16]-)Unternehmen.

---

[13] Vgl. dazu Watts/Zimmerman (1986), S. 98-106 und S. 108f.
[14] Vgl. Watts/Zimmerman (1986), S. 106.
[15] Eine entsprechende Unterscheidung findet sich in der Literatur auch unter der Bezeichnung „real changes versus cosmetic changes". Dabei wird die Frage, ob tatsächliche Geldströme beeinflußt werden, als Unterscheidungsmerkmal genannt. Vgl. etwa Heintges (1997), S. 46f. Diese Festlegung erscheint ungeeignet, da nicht berücksichtigt ist, daß weniger offensichtliche cash flow-Konsequenzen als Steuereffekte, wie bspw. Auswirkungen auf die Managervergütung, auch bei den sogenannten „cosmetic changes" auftreten können.
[16] Unter OTC-Unternehmen werden Unternehmen, die nur an einem Over-The-Counter-Markt gehandelt werden, verstanden.

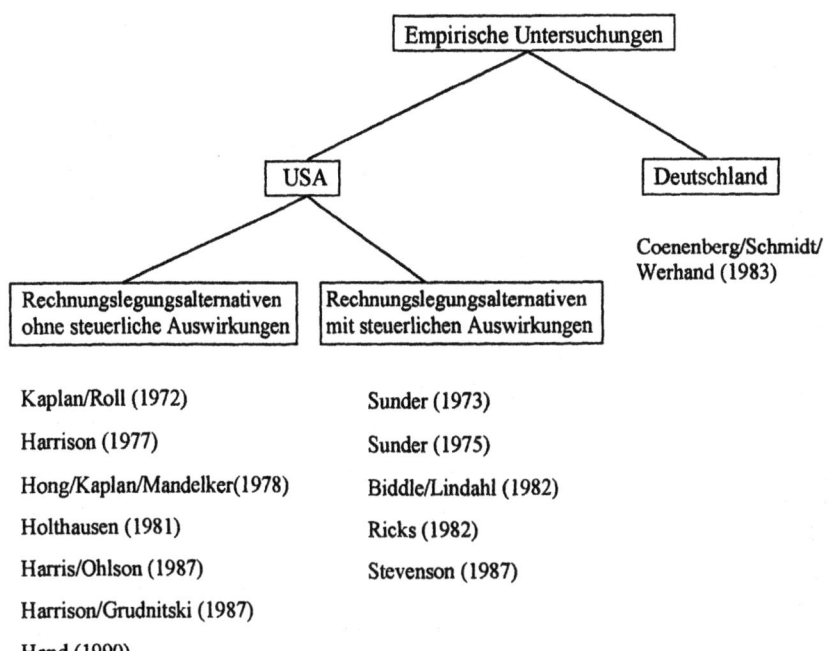

Abbildung 4: Überblick über kapitalmarktorientierte Untersuchungen zur „functional fixation"[17]

---

[17] Vgl. Hines (1984), S. 4-5 für Hinweise auf weitere Untersuchungen zu diesem Thema.

Studie	Rechnungslegungsmaßnahme bzw. -unterschied	Untersuchungsergebnis
Kaplan/Roll (1972)	Gewinnerhöhende Änderungen der Rechnungslegungsmethode, wie bspw. der Wechsel der Abschreibungsmethode von degressiv zu linear	Die teilweise widersprüchlichen Ergebnisse wurden wie folgt zusammengefaßt: „Earnings manipulation may be fun ...We have had difficulty in discerning any statistically significant effect thatit has had on security prices."[18]
Harrison (1977)	Eine Vielzahl verschiedener Änderungen der Rechnungslegungsmethode[19]	Negative Beeinflussung der Aktienrenditen bei gewinnerhöhenden Rechnungslegungsmaßnahmen; keine signifikante Beeinflussung der Aktienrenditen bei gewinnsenkenden Methodenänderungen
Hong/Kaplan/ Mandelker (1978)	Bei Firmenübernahmen: Erwerbsmethode versus Interessenzusammenführungsmethode	Es ergaben sich bei der Ergebnisbekanntgabe bei den Unternehmen, die die Interessenzusammenführungsmethode verwendeten, keine höheren Residualrenditen relativ zu den Unternehmen, die nach der Erwerbsmethode konsolidierten.
Holthausen (1981)	Änderung der Abschreibungsmethode von degressiv zu linear	Keine Beeinflussung der Aktienrenditen
Harris/Ohlson (1987)	„sucessful efforts"- versus „full cost"-Methode bei Unternehmen der Öl- und Gasbranche	Der Aktienmarkt unterscheidet zwischen den beiden Rechnungslegungsmethoden, so daß die unterschiedlichen Methoden c.p. nicht zu einer unterschiedlichen Bewertung führen.

---

[18] Kaplan/Roll (1972), S. 245.
[19] Die Untersuchung beinhaltet mit dem Wechsel zwischen Fifo- und Lifo-Vorratsbewertung zwar auch Rechnungslegungsmaßnahmen mit steuerlicher Auswirkung. Diese stellen aber gegenüber den zahlreichen Rechnungslegungsmaßnahmen ohne steuerliche Auswirkung eine Ausnahme dar und können in der Bedeutung für das Gesamtergebnis vernachlässigt werden.

Studie	Rechnungslegungsmaß-nahme bzw. -unterschied	Untersuchungsergebnis
Harrison/Grudnitski (1987)	Verschiedene gewinnerhöhende Änderungen der Rechnungslegungsmethode	Negative Beeinflussung der Aktienrenditen
Hand (1990)	Buchgewinne durch „debt-equity swaps"	Positiver Zusammenhang von der Höhe der Buchgewinne mit den Residualrenditen der Aktien

Tabelle 1: Ergebnisse von US-amerikanischen Untersuchungen des Aktienmarktverhaltens bezüglich Änderungen/Unterschiede der Rechnungslegungsmethode ohne steuerliche Auswirkungen

Studie	Rechnungslegungsmaßnahme	Untersuchungsergebnis
Sunder (1973)	Wechsel bei der Vorratsbewertung von der Fifo- zur Lifo-Methode, der bei steigenden Preisen zu einem geringeren Jahresüberschuß sowie zu einem Steuerstundungseffekt führt[20]	Positive Beeinflussung der Aktienrenditen
Sunder (1975)		
Ricks (1982)		Negative Beeinflussung der Aktienrenditen
Biddle/Lindahl (1982)		Positiver Zusammenhang zwischen dem Volumen der Steuerersparnis durch den Wechsel in dem Jahr des Wechsels und den Residualrenditen der Aktien
Stevenson (1987)		

Tabelle 2: Ergebnisse von US-amerikanischen Untersuchungen des Aktienmarktverhaltens bezüglich Änderungen der Rechnungslegungsmethode mit steuerlichen Auswirkungen

Die Resultate der kapitalmarktorientierten Untersuchungen sind generell mit Vorsicht zu behandeln, da deren interne Validität aufgrund methodischer Probleme

---

[20] Die steuerliche Vorratsbewertung knüpft an die der Handelsbilanz an. Hierin besteht eine Ausnahme von der generellen Unabhängigkeit der Steuerbilanz von der Handelsbilanz in den USA. Die Kombination einer negativen Wirkung auf den Jahresüberschuß mit einem Steuer-

begrenzt ist.[21] Auch wenn man davon ausgeht, daß bei den empirischen Untersuchungen das tatsächliche Kapitalmarktverhalten bezüglich der Änderungen/Unterschiede der Rechnungslegungsmethoden erfaßt wurde, verbleibt die Schwierigkeit der Interpretation des Kapitalmarktverhaltens. Insbesondere für die Reaktionen auf einen Wechsel der Rechnungslegungsmethode lassen sich vielfältige Erklärungsmöglichkeiten finden, so daß ein Festlegen auf eine bestimmte Erklärung in der Regel nicht möglich ist. In Tabelle 3 sind als Beispiel einige Erklärungsalternativen für Reaktionen des Aktienmarktes auf einen gewinnerhöhenden Wechsel der Rechnungslegungsmethode, der keine steuerliche Auswirkung hat, zusammengefaßt.[22]

Positive Kursreaktion	Keine Kursreaktion	Negative Kursreaktion
• Functional fixation	• Kein Signal/ keine Reichtumsverlagerung	• Signal für ungünstige wirtschaftliche Lage des Unternehmens
• Signal des Managements für eine langfristig positive Einschätzung der Unternehmenssituation	• Kompensation positiver und negativer Implikationen der Bilanzierungsmaßnahme	• Reichtumsverlagerung vom Unternehmen zum Management
• Reichtumsverlagerung von den Fremd- zu den Eigenkapitalgebern		

Tabelle 3: Erklärungsansätze für die Aktienmarktreaktionen auf einen gewinnerhöhenden Wechsel der Rechnungslegungsmethode ohne steuerliche Konsequenzen

---

stundungseffekt eignet sich besonders gut, um Hinweise zur Beantwortung der „functional fixation"-Frage zu erhalten.

[21] Zu methodischen Problemen bei Untersuchungen der Aktienmarktreaktion auf Rechnungslegungsmaßnahmen vgl. Beaver (1998), S. 138-140; Foster (1986), S. 402 m.w.N. Allgemein zu Problemen des kapitalmarktorientierten Forschungsansatzes vgl. Schildbach (1986), S. 35-43. Bezeichnend für die begrenzte Validität der kapitalmarktorientierten Studien sind sich widersprechende Ergebnisse verschiedener Untersuchungen bezüglich des selben Ereignisses. Vgl. dazu auch Hines (1984), S. 5.

[22] Bei einem Wechsel der Rechnungslegungsmethode mit steuerlicher Auswirkung käme die Änderung des Steuerbarwertes als Erklärungsalternative hinzu.

Vor dem Hintergrund der vielfältigen Erklärungsmöglichkeiten des Aktienmarktverhaltens ergibt sich, daß positive Kursreaktionen auf gewinnerhöhende Bilanzpolitik nicht unbedingt auf „functional fixation" zurückzuführen sind. Insofern ist eine entsprechende Kapitalmarktreaktion mit besonderer Vorsicht zu interpretieren. Bei einer ausbleibenden und bei einer negativen Kursreaktion besteht zwar ebenfalls die Problematik der Vielfalt von Erklärungsalternativen, ein solches Ergebnis spricht aber auf jeden Fall gegen ein Kapitalmarktverhalten im Sinne von „functional fixation".[23] Die betrachteten US-amerikanischen Studien sprechen insofern mit Ausnahme der Untersuchungen von *Hand*[24] und *Ricks*[25] gegen eine „functional fixation" des Kapitalmarktes.

In der zu diesem Thema in Deutschland erhobenen Studie[26] analysierten *Coenenberg/Schmidt/Werhand*[27] die Entscheidungswirkungen bilanzpolitisch beeinflußter Ergebnisse anhand von „Abnormal Performance Index" (API)-Kurven. Ähnlich dem CAR läßt sich der API wie folgt berechnen:[28]

$$API_T = \frac{1}{n}\sum_{i=1}^{n}\prod_{t=1}^{T}(1+U_{it})$$

mit

U_{it} = Residualrendite der Unternehmung i in der Investitionsperiode t
n = Anzahl der Unternehmen
T = Anzahl der aufeinanderfolgenden Investitionsperioden t; Beobachtungszeitraum

Die untersuchten Unternehmen wurden einmal auf der Grundlage des „Ergebnisses vor Bilanzpolitik" und einmal auf der Grundlage des „Ergebnisses nach Bilanzpoli-

---

[23] Entsprechend lassen sich auch verschiedene Erklärungsmöglichkeiten für das Aktienmarktverhalten bezüglich eines gewinnsenkenden Methodenwechsels bzw. bezüglich eines Rechnungslegungsunterschiedes finden.
[24] Vgl. Hand (1990).
[25] Vgl. Ricks (1982).
[26] Weitere entsprechende Studien in Deutschland sind nicht bekannt. Ein Überblick über Untersuchungen zur Entscheidungsrelevanz von bestimmten Jahresabschlußinformationen, von Zusatzinformationen und von Bilanzrechtsreformen findet sich bei Coenenberg/Möller/Schmidt (1984), S. 69-72.
[27] Vgl. Coenenberg/Schmidt/Werhand (1983), S. 321-343.
[28] Vgl. bspw. Coenenberg/Schmidt/Werhand (1983), S. 335.

tik" eingeteilt in eine Gruppe mit positiver und eine mit negativer Differenz zwischen dem eingetretenen und dem erwarteten Gewinn. Für die vier Gruppen wurden jeweils die API_T-Kurven für einen 15-wöchigen Gesamtzeitraum (d.h. API_T für T=1 bis T=15) erstellt, innerhalb dessen das Bekanntwerden des Ergebnisses vor und nach Bilanzpolitik angenommen wurde. Es zeigte sich, daß bei Verwendung des „Ergebnisses vor Bilanzpolitik" die API-Kurven für positive und negative Gewinnerwartungsrevisionen deutlicher auseinanderlaufen als die entsprechenden API-Kurven bei Verwendung des „Ergebnisses nach Bilanzpolitik". Daraus läßt sich ableiten, daß am Kapitalmarkt Entscheidungen eher anhand des tatsächlichen Ergebnisses (Gewinn vor Bilanzpolitik) anstatt des regulierten Gewinnausweises (Gewinn nach Bilanzpolitik) getroffen werden, sofern der Einfluß der Bilanzpolitik auf den Ergebnisausweis durch entsprechende Publizität nachvollziehbar ist.[29]

2.1.3 Verhaltensorientierte Studien

2.1.3.1 Überblick

Eine alternative Methode zur Prüfung der „functional fixation"-Hypothesen besteht darin, die Reaktionen von Wertpapier- und Kreditanalysten auf Rechnungslegungsmaßnahmen/-unterschiede zu analysieren. Dabei wird primär auf Experimente zurückgegriffen. Die mit Analysten als Testpersonen durchgeführten Experimente besitzen gegenüber den oben behandelten kapitalmarktorientierten Untersuchungen den Vorteil einer höheren internen Validität. Damit läßt sich isoliert von anderen Einflußfaktoren der Zusammenhang von unabhängiger Variable (Wahl der Rechnungslegungsmethode) und abhängiger Variable (Anlageempfehlung von Analysten) untersuchen. Andererseits sind die Experimente mit Nachteilen bei der externen Validität verbunden. Hierzu gehört die Problematik, daß die stark vereinfachte Testsituation ein anderes Verhalten der Testpersonen als in der Realität hervorbringen könnte. Ferner besteht die Gefahr, daß die Testpersonen die Aufgaben mit einer geringeren Sorgfalt als in der Praxis lösen.[30]

In Abbildung 5 sind die behandelten Studien systematisch dargestellt.

---

[29] Vgl. Coenenberg/Schmidt/Werhand (1983), S. 336-339.
[30] Vgl. Schmidt (1979), S. 52; Vergoossen (1997), S. 591.

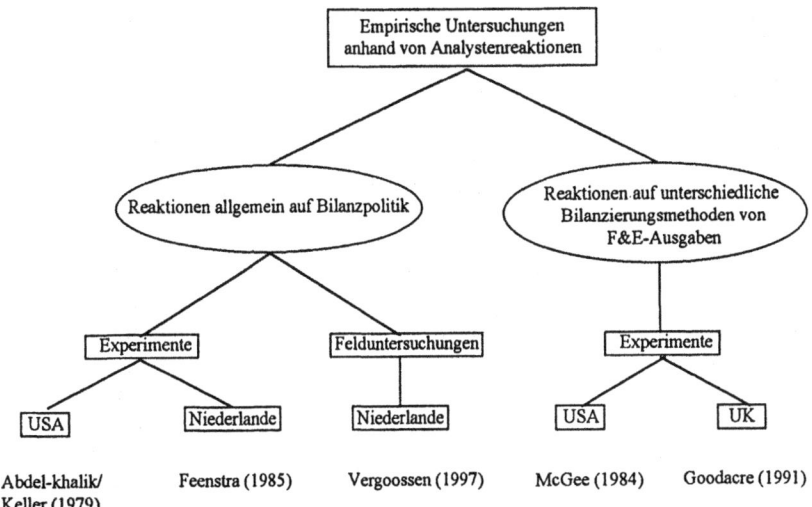

Abbildung 5: Überblick über empirische Untersuchungen mit Analystenreaktionen

Zwei Gruppen von verhaltensorientierten Untersuchungen werden behandelt. Die erste Gruppe besteht aus Studien, die Analystenreaktionen allgemein auf Bilanzpolitik untersuchen. Dabei lassen sich Experimente und Felduntersuchungen unterscheiden. Die zweite Gruppe widmet sich speziell den Analystenreaktionen auf unterschiedliche Bilanzierungsmethoden von F&E-Ausgaben.

2.1.3.2 Allgemeine Untersuchungen zur Entscheidungswirkung von Bilanzpolitik

Abdel-khalik/Keller[31] und *Feenstra*[32] untersuchten anhand von Experimenten den Einfluß von verschiedenen Änderungen der Rechnungslegungsmethode auf die Anlageempfehlungen von Wertpapieranalysten. Die Methodenänderungen waren in den Geschäftsberichten der zu beurteilenden Unternehmen publiziert. Die beiden

---

[31] Vgl. Abdel-khalik/Keller (1979) zit. nach Vergoossen (1997), S. 591 und S. 605.
[32] Vgl. Feenstra (1985) zit. nach Vergoossen (1997), S. 591 und S. 605.

verhaltensorientierten Untersuchungen erbrachten sich widersprechende Ergebnisse. *Abdel-khalik/Keller* sahen in dem Resultat ihrer Untersuchung eine Bestätigung der FFH. Das Experiment von *Feenstra* zeigte dagegen, daß sich die teilnehmenden Wertpapieranalysten nicht durch veränderte Rechnungslegungsmethoden täuschen ließen.[33]

Vergoossen[34] führte anhand von 600 Stellungnahmen von Wertpapieranalysten zu Geschäftsberichten von niederländischen Unternehmen eine Untersuchung durch, die zwar keine unmittelbare Aussage über Fehlbewertungen von Unternehmen im Sinne von „functional fixation" zuläßt, aber Erkenntnisse über den Umgang von Analysten mit Änderungen von Rechnungslegungsmethoden liefert. Dabei wurde anhand von Chi-Quadrat-Tests gezeigt, daß die Häufigkeit, mit der in den Analystenberichten die Methodenänderungen aufgegriffen oder sogar explizit in ihrer Konsequenz für Bilanzkennzahlen diskutiert wurden, einerseits von der Art des Wechsels und andererseits vom Niveau der Berichterstattung des Unternehmens über den Methodenwechsel abhängt. Während ein Großteil der Änderungen der Rechnungslegungsmethode, auf die in den Geschäftsberichten nicht ausführlich eingegangen wurde, auch von den Analysten in ihren Berichten nicht aufgegriffen wurde, wurden fast alle in den Geschäftsberichten ausführlich behandelten Methodenänderungen auch von den Analysten besprochen.[35] Diese Ergebnisse liefern Hinweise darauf, daß bei hohem Publizitätsniveau (bzw. bei bestimmten Änderungen der Rechnungslegungsmethode) die Konsequenzen einer geänderten Rechnungslegungsmethode auf Jahresabschlußzahlen von Analysten erfaßt werden, sie lassen aber offen, ob Analysten bei einem niedrigen Publizitätsniveau (bzw. bei anderen Methodenänderungen) entsprechende Konsequenzen übersehen.

Ausgehend von seinen Ergebnissen liefert *Vergoossen* einen Erklärungsversuch für die unterschiedlichen Resultate der Experimente von *Abdel-khalik/Keller* und *Feenstra*: In den beiden Untersuchungen waren zwar die Änderungen der Rechnungslegungsmethode auf vergleichbarem Niveau offengelegt, es wurden aber unterschiedliche Arten von Methodenänderungen verwendet. Dieser Sachverhalt könnte

---

[33] Ein weiteres Experiment zur Reaktion von Analysten auf Bilanzpolitik wurde von *Falk/Ophir* durchgeführt. Es zeigte sich zwar ein Einfluß der Rechnungslegungsmethoden auf die Anlageentscheidung der teilnehmenden Analysten. Aufgrund des methodischen Vorgehens ermöglicht das Untersuchungsergebnis aber keine eindeutige Aussage hinsichtlich der „functional fixation"-Problematik. Vgl. Falk/Ophir (1973), S. 108-116.
[34] Vgl. Vergoossen (1997), S. 589-607.
[35] Vgl. Vergoossen (1997), S. 600-603.

dazu beigetragen haben, daß die Testpersonen unterschiedlich auf die veränderten Rechnungslegungsmethoden reagierten.[36]

2.1.3.3 Spezielle Untersuchungen zur Entscheidungswirkung unterschiedlicher Bilanzierungsmethoden von F&E-Ausgaben

Mit den Untersuchungen von *McGee*[37] und *Goodacre*[38] liegen Experimente vor, die Aufschluß darüber geben, ob Wertpapier- und Kreditanalysten Unternehmen mit aktivierten F&E-Ausgaben gegenüber solchen bevorzugen, die c.p. ihre F&E-Ausgaben sofort als Aufwand verrechnen.

Gemäß einer Befragung von privaten Softwareherstellern in den USA verbinden 36% der Befragten ein Aktivierungsverbot für Entwicklungskosten mit Nachteilen bei der Kapitalbeschaffung.[39] Zur Überprüfung dieser und ähnlicher Annahmen testete *McGee* in den USA das Verhalten von Banken bei der Kreditvergabe sowie die Empfehlungen von Wertpapieranalysten jeweils in Abhängigkeit von der Bilanzierungsmethode von Ausgaben für Softwareentwicklung der zu beurteilenden Unternehmen.[40] Dazu wurden anhand von Geschäftsberichten von zwei fiktiven Softwareherstellern, die sich ausschließlich durch die bilanzielle Behandlung ihrer Entwicklungsausgaben unterschieden, drei Teiluntersuchungen durchgeführt. Unternehmen C hatte die Entwicklungsausgaben aktiviert, Unternehmen E diese Ausgaben sofort als Aufwand verrechnet.

Bei der ersten Teiluntersuchung wurden die teilnehmenden Banken in zwei Gruppen eingeteilt. Der einen Gruppe wurde der Geschäftsbericht von Unternehmen C, der anderen Gruppe der von Unternehmen E gesandt. Es wurde jeweils der gleiche Kredit angefordert. Dabei zeigte sich, daß der angeforderte Kredit von 50% der Banken,

---

[36] Vgl. Vergoossen (1997), S. 606.
[37] Vgl. McGee (1984), S. 20 und S. 23.
[38] Vgl. Goodacre (1991), S. 78f.
[39] Vgl. McGee (1984), S. 20.
[40] SFAS No. 86 wurde erst 1985 erlassen. Zuvor wurden verschiedene Bilanzierungsalternativen angewandt. Empirische Untersuchungen aus den Jahren 1983 und 1984 zeigen, daß zu der Zeit der Studie von McGee etwa 20% der Unternehmen die Ausgaben zur Herstellung von zur anonymen Vermarktung bestimmter Software aktivierten, während die anderen 80% diese Ausgaben direkt als Aufwand erfaßten. Vgl. Spieler (1987), S. 47f.

die Unternehmen C bearbeiteten, aber nur von 30% der Banken, die Unternehmen E bearbeiteten, gewährt wurde. Der von den Banken geforderte Kreditzins war für Unternehmen E signifikant höher als für Unternehmen C.[41]

Abweichend von dem ersten Untersuchungsansatz wurden auch die Geschäftsberichte beider Unternehmen zusammen an Banken gesandt. Indem 62,2% (11,1%) der Banken Unternehmen C (Unternehmen E) bei der Kreditvergabe bevorzugten und 55% (5%) der Banken Unternehmen C (Unternehmen E) einen niedrigeren Kreditzins anboten, stellte sich ebenfalls ein deutliches Ergebnis zu Gunsten von Unternehmen C ein.[42]

Bei der dritten Teiluntersuchung wurden die Geschäftsberichte beider Unternehmen von Wertpapieranalysten verglichen.[43] Die Wertpapieranalysten zeigten bei ihren Anlageempfehlungen keine eindeutige Bevorzugung[44] eines der beiden Unternehmen.[45]

Goodacre ließ bei seinem in Großbritannien durchgeführten Experiment jeweils eines von drei fiktiven Unternehmen anhand des Geschäftsberichtes von Wertpapieranalysten bewerten. Als Analyseobjekte dienten kleine Unternehmen der elektrotechnischen Industrie, die bis auf eine Ausnahme identisch waren. Unternehmen E tätigte Ausgaben für F&E, die sofort als Aufwand verrechnet wurden. Bei Unternehmen C wurden die identischen F&E-Ausgaben aktiviert und auf vier Jahre abgeschrieben, während bei dem Unternehmen F die äquivalente Summe in materielles Anlagevermögen investiert wurde. Die Auswertung von 69 Bewertungen zeigte, daß die Marktpreisschätzung für Unternehmen F eine deutlich geringere Varianz hatte als die für die Unternehmen mit F&E-Investitionen. Weiterhin waren bei der Marktpreisschätzung die Mittelwerte der Unternehmen C und E identisch, während der

---

[41] Vgl. McGee (1984), S. 20.
[42] Vgl. McGee (1984), S. 20.
[43] Während der Stichprobenumfang der Experimente zur Kreditwürdigkeitsbeurteilung nicht veröffentlicht wurde, war der Stichprobenumfang bei den Wertpapieranalysten mit 15 ausgewerteten Antworten relativ gering.
[44] Indifferent gegenüber den beiden Unternehmen zeigten sich aber nur etwa 40% der Wertpapieranalysten. Etwa ein Drittel der Testpersonen bevorzugte Unternehmen C. Bei dieser Gruppe läßt sich ein Verhalten im Sinne von „functional fixation" nicht ausschließen. Die übrigen Testpersonen bevorzugten Unternehmen E und werteten somit die Aktivierung der Entwicklungsausgaben negativ.
[45] Vgl. McGee (1984), S. 23.

Mittelwert von Unternehmen F signifikant niedriger ausfiel.[46] Die Wertpapieranalysten zeigten also durchschnittlich – ähnlich wie bei dem Experiment von *McGee* – hinsichtlich der bilanziellen Behandlung von F&E-Aktivitäten kein Verhalten im Sinne von „functional fixation".[47]

Sieht man von möglichen Validitätsproblemen der Untersuchungen von *Goodacre* und *McGee* ab, läßt sich den Resultaten entnehmen, daß unterschiedliche Rechnungslegungsmethoden einen deutlich größeren Einfluß auf die Überprüfung der Kreditwürdigkeit der Unternehmen durch Kreditanalysten haben, als auf die Bewertung von Unternehmen durch Wertpapieranalysten.

2.1.4 Fazit

Akzeptiert man die Gültigkeit der empirischen Befunde, dann berechtigt ein Großteil der kapitalmarktorientierten Untersuchungen zu der Annahme, daß der Kapitalmarkt mindestens bei großen Unternehmen in der Regel nicht auf die Höhe der Jahresabschlußzahlen fixiert ist, ohne deren rechnerische Zusammensetzung zu berücksichtigen. Hierzu paßt auch das Ergebnis, das sich aus dem überwiegenden Teil der anhand von Analystenreaktionen durchgeführten Studien (insbesondere aus den Studien hinsichtlich der F&E-Bilanzierung) ableiten läßt: Die Aktienanalysten verhalten sich mindestens im Durchschnitt nicht im Sinne von „functional fixation".

Nachdem die kapitalmarktorientierten Studien in der Regel anhand großer Unternehmen durchgeführt wurden, gelten deren Ergebnisse zunächst nur für diese Unternehmensgruppe. Daran knüpft sich die Frage an, inwieweit sich die Untersuchungsresultate auf kleine Unternehmen übertragen lassen.

Gegen eine solche Übertragung der Ergebnisse spricht einmal, daß die Rechnungslegungsinformationen von großen Unternehmen – im Gegensatz zu denen von kleinen Unternehmen – von einer Vielzahl von Analysten interpretiert und erläutert wer-

---

[46] Vgl. Goodacre (1991), S. 78f.
[47] Goodacre verweist auf weitere Experimente, die zeigten, daß sich Analysten durch Unterschiede bei der bilanziellen Behandlung von Leasinggeschäften nicht täuschen ließen. Vgl. Goodacre (1991), S. 79.

den.⁴⁸ Aus der fehlenden oder nur begrenzt vorhandenen Informationsaufbereitung durch Analysten bei kleinen Unternehmen läßt sich für diese Unternehmen eine mögliche Gefahr von Informationsineffizienz (hier: im Sinne von „functional fixation") des Kapitalmarktes ableiten.⁴⁹

Weiterhin ist in diesem Zusammenhang zu sehen, daß institutionelle Anleger die Aktien von großen Unternehmen gegenüber denen von kleinen favorisieren.⁵⁰ Das läßt sich u.a. damit begründen, daß sich institutionelle Investoren nur bei ausreichender Liquidität einer Aktie engagieren. *Beiker* zeigte für den deutschen Markt, daß zwischen der Größe und der Marktgängigkeit der Aktiengesellschaften ein signifikant positiver Zusammenhang besteht.⁵¹ Unter der Annahme, daß institutionelle Anleger im Gegensatz zu privaten Anlegern in der Regel „sophisticated" sind, spricht das geringere Interesse der institutionellen Anleger an kleinen Unternehmen ebenfalls dafür, daß bei diesen Unternehmen die Wahrscheinlichkeit eines „Grenzinvestors" (im Sinne der EFFH), der nicht „sophisticated" ist, größer ausfällt, als bei großen Unternehmen.⁵²

Wenngleich die genannten Argumente teilweise nicht unumstritten sind, sprechen sie dagegen, aus dem Kapitalmarktverhalten bei großen Unternehmen auf das bei kleinen zu schließen. Nachdem ferner einschlägige empirische Untersuchungen noch ausstehen, bleibt die Frage nach der „functional fixation" des Kapitalmarktes speziell bei kleinen Unternehmen weitgehend ungeklärt.

Hinsichtlich der „functional fixation" von Kreditanalysten zeigte eine Studie⁵³, daß sich die Kreditwürdigkeit von Unternehmen bei Banken durch die Aktivierung von F&E-Ausgaben deutlich erhöhen läßt.

---

[48] Vgl. Beaver (1998), S. 140; Tinic (1990), S. 795.
[49] Die Vorstellung, daß Analysten für die Informationseffizienz des Marktes notwendig sind, ist allerdings nicht unumstritten. Vgl. Beaver (1998), S. 140 und S. 146f. Es läßt sich bspw. gegen diese Vorstellung argumentieren, daß aktuelle und potentielle Eigentümer bei nicht vorhandenen Analysten Rechnungslegungsinformationen wesentlich intensiver analysieren als im Fall der Aufbereitung durch Analysten.
[50] Vgl. Beiker (1993), S. 140; Hand (1990), S. 744.
[51] Vgl. Beiker (1993), S. 372-379.
[52] Vgl. Hand (1990), S. 744.
[53] Vgl. McGee (1984), S. 20 und S. 23.

2.2. Prüfung der Bewertungsrelevanz nicht aktivierter F&E-Ausgaben am Kapitalmarkt

2.2.1 Überblick

Als weitere Grundlage für die Diskussion in Kapitel IV ist zu prüfen, ob der Kapitalmarkt grundsätzlich F&E-Ausgaben – auch bei einem gegenteiligen Vorgehen in der Bilanz – als rentable Investition interpretiert und entsprechend in den Aktienkursen honoriert.

Abbildung 6 gibt einen Überblick über US-amerikanische Studien zur Bewertungsrelevanz von F&E-Ausgaben am Kapitalmarkt. Die Studien lassen sich in drei Gruppen einteilen. Die Untersuchungen der ersten und zweiten Gruppe widmen sich dem Zusammenhang von F&E-Ausgaben bzw. F&E-Vermögen und dem Marktwert der Unternehmen. Die Untersuchungen spiegeln aufgrund des grundsätzlichen Aktivierungsverbotes von F&E-Ausgaben in den USA[54] die Verhältnisse bei nicht aktivierten F&E-Ausgaben wider.

In der dritten Gruppe sind die Studien zusammengefaßt, welche die Marktreaktionen auf die Bekanntgabe zusätzlicher F&E-Ausgaben untersuchen. Mit diesen Studien kann – im Falle entsprechender Marktreaktionen – ebenfalls gezeigt werden, daß F&E-Investitionen nicht in der Bilanz als Vermögen ausgewiesen werden müssen, um vom Kapitalmarkt als wertrelevant erkannt zu werden. Im Folgenden werden die einzelnen Untersuchungen näher betrachtet.

---

[54] Vgl. Kapitel II.2.2 der vorliegenden Arbeit.

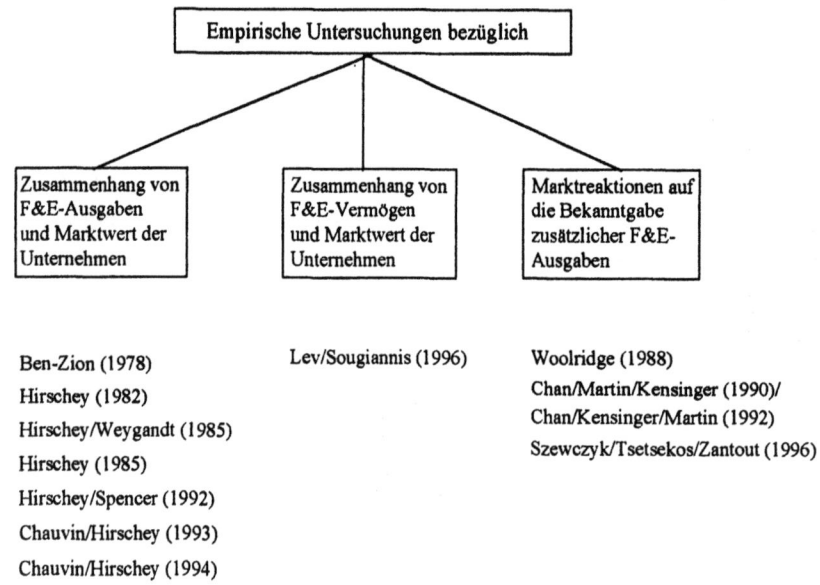

Abbildung 6: **Überblick über US-amerikanische Studien zur Bewertungsrelevanz von F&E-Ausgaben am Kapitalmarkt**

2.2.2 Studien zum Zusammenhang von F&E-Ausgaben/-Vermögen und Marktwert der Unternehmen

Anhand des US-amerikanischen Kapitalmarktes wurden zahlreiche empirische Untersuchungen durchgeführt, die mit Hilfe von multivariaten Regressionsrechnungen den Zusammenhang von F&E-Ausgaben (innerhalb eines Geschäftsjahres) und Marktwert des Unternehmens (in der Regel am Ende des Geschäftsjahres) analysierten.[55] Dabei wurden Unternehmen unterschiedlicher Größenklasse, Branche und F&E-Intensität[56] betrachtet. Diese Untersuchungen sind in Tabelle 4 zusammenge-

---

[55] Als Marktwert des Unternehmens wurde teilweise der Marktwert des Eigenkapitals und teilweise der des Gesamtkapitals verwendet. Beim Marktwert des Gesamtkapitals wurde der Marktwert des Fremdkapitals durch den Buchwert des Fremdkapitals approximiert.

[56] Unternehmen mit sehr kleinen F&E-Intensitäten wurden grundsätzlich nicht berücksichtigt.

faßt. Zur Verringerung von Multikollinearitäts- und Heteroskedastizitätsproblemen wurden die Variablen in den Regressionsmodellen durch bestimmte Größenmerkmale (wie bspw. den Buchwert des Vermögens oder die Umsatzerlöse) dividiert. Neben den F&E-Ausgaben wurden weitere Erklärungsvariablen für den Marktwert der Unternehmen verwendet, die in Tabelle 4 in abstrakter Form wiedergegeben sind und die in den Untersuchungen teilweise durch einfache Maßgrößen nur grob approximiert wurden.

Studie	Predictor	Regressor bezüglich F&E-Ausgaben	Weitere Regressoren	Ergebnis bezüglich F&E-Ausgaben	Größe der Stichprobe (Unternehmensjahre)/ Untersuchungsjahr(e)/ Hauptquelle
Ben-Zion (1978)	$Ln\ Ek_{(M)}$	$\dfrac{F\&E\text{-Ausgaben}}{\text{materielles Vermögen}}_{(B)}$	Materielles Vermögen$_{(B)}$, Werbeausgaben, Gewinn, Risiko	+	71/ 1969/ Forbes Magazine
Hirschey (1982)	$\dfrac{Ek_{(M)} + Fk_{(B)}}{\text{Vermögen}_{(B)}}$	$\dfrac{F\&E\text{-Ausgaben}}{\text{Vermögen}_{(B)}}$	(Absatz)marktsituation, Umsatzwachstum, Risiko, Ertragskraft, Werbeausgaben, Vermögen$_{(B)}$	+	390/ 1977/ Fortune 500
Hirschey/ Weygandt (1985)	„Tobin's q ratio" = $\dfrac{Ek_{(M)} + Fk_{(B)}}{\text{materielles Vermögen}_{(W)}}$	F&E-Intensität = $\dfrac{F\&E\text{-Ausgaben}}{\text{Umsatzerlöse}}$	(Absatz)marktsituation, Umsatzwachstum, Risiko, Werbeausgaben	+	390/ 1977/ Fortune 500
Hirschey (1985)	„Tobin's q ratio" sowie „Thomadakis' relative excess ratio" = $\dfrac{Ek_{(M)} + Fk_{(B)}}{\text{Umsatzerlöse}} - \dfrac{\text{materielles Vermögen}_{(B)}}{\text{Umsatzerlöse}}$	F&E-Intensität	(Absatz)marktsituation, Umsatzwachstum, Risiko, Werbeausgaben	+ gültig für „Tobin's q ratio" und „Thomadakis' relative excess ratio" als Predictor	390/ 1977/ Fortune 500

		F&E-Intensität	Cash Flow, Wachstum (Kombination verschiedener Größen), Risiko, Werbeausgaben	**+** Einfluß bei großen, mittelgroßen und besonders bei kleinen Unternehmen	Keine Angabe/ 1975-1990/ Compustat
Hirschey/ Spencer (1992)	$\dfrac{Ek_{(M)} - Ek_{(B)}}{Umsatzerlöse}$				
Chauvin/ Hirschey (1993)	$\dfrac{Ek_{(M)}}{Umsatzerlöse^{1,5}}$	$\dfrac{F\&E\text{-Ausgaben}}{Umsatzerlöse^{1,5}}$	Cash Flow, Umsatzwachstum, Risiko, Marktanteil, Werbeausgaben	**+** starker Einfluß bei großen und spezialisierten kleinen Unternehmen	4653/ 1988-1990/ Compustat
Chauvin/ Hirschey (1994)	$\dfrac{Ek_{(M)}}{Umsatzerlöse}$	F&E-Intensität	Verwendung eines 3-teiligen rekursiven Gleichungssystems mit insgesamt 10 Erklärungsvariablen	**+**	2693/ 1989-1991/ Compustat

Tabelle 4: US-amerikanische Studien über den Zusammenhang zwischen den aktuellen F&E-Ausgaben der Unternehmen und dem Marktwert der Unternehmen

Erläuterungen zu Tabelle 4:
Ln: Natürliche Logarithmusfunktion
Index (M): Marktwert
Index (B): Buchwert
Index (W): Wiederbeschaffungskosten
+: signifikant positiver Zusammenhang der aktuellen F&E-Ausgaben mit dem Marktwert des Unternehmens

Die aufgeführten Untersuchungen zeigen ausnahmslos, daß bei Unternehmen mit nennenswerten F&E-Aktivitäten die F&E-Ausgaben zu den Determinanten des Marktwertes der Unternehmen gehören. Dieser Zusammenhang gilt offensichtlich für große, mittelgroße und kleine Unternehmen, wobei sich je nach Untersuchung bei großen und insbesondere bei kleinen spezialisierten Unternehmen besonders hohe Werte des entsprechenden Regressionsparameters ergaben.

Um Aufschluß über die Bewertung von aktuellen sowie von vergangenen F&E-Ausgaben am Kapitalmarkt zu erhalten, überprüften *Lev/Sougiannis*[57] in ihrem Regressionsansatz die Wertrelevanz des F&E-Vermögens, das sich bei einer fiktiven Aktivierung der F&E-Ausgaben ergibt.[58] Es zeigte sich ein höchst signifikanter positiver Zusammenhang des fiktiven bilanziellen F&E-Vermögens mit dem Kurswert der Aktie.[59] *Lev/Sougiannis* zeigten anhand eines weiteren Regressionsansatzes, daß auch ein hoch signifikanter positiver Zusammenhang zwischen dem fiktiven bilanziellen F&E-Vermögen und späteren Aktienrenditen besteht.[60] Dieses Ergebnis könnte als Hinweis darauf interpretiert werden, daß das (aktuelle) F&E-Vermögen am Aktienmarkt zu gering bewertet wird. Eine alternative Erklärung wäre, daß in F&E eine zusätzlich zu entgeltende Risikokomponente gesehen wird.[61]

2.2.3 Studien zu Reaktionen auf die Bekanntgabe zusätzlicher F&E-Ausgaben

Die dritte Gruppe von Untersuchungen zur Bewertungsrelevanz von F&E-Ausgaben am Kapitalmarkt widmet sich den Kapitalmarktreaktionen auf die Bekanntgabe von zusätzlichen Investitionen in F&E. *Woolridge*[62] ermittelte positive, anhaltende Marktreaktionen in Folge von Ankündigungen von weiteren Ausgaben für neue und

---

[57] Vgl. Lev/Sougiannis (1996), S. 107-138.
[58] Der Untersuchung liegen insgesamt Daten von mehr als 11.000 Unternehmensjahren aus dem Zeitraum von 1975-1991 zugrunde.
[59] Hierzu wurde der Kurswert drei Monate nach dem Bilanzstichtag verwendet.
[60] Kontrolliert wurde das systematische Risiko (ß), die Unternehmensgröße, das Buch- zu Marktwert-Verhältnis, die Kapitalstruktur und das Verhältnis Gewinn/Kurs.
[61] Vgl. Lev/Sougiannis (1996), S. 134.
[62] Vgl. Woolridge (1988), S. 26-36.

insbesondere für bestehende F&E-Projekte.[63] *Chan/Kensinger/Martin*[64] stellten im Zusammenhang mit der Bekanntgabe von zusätzlichen F&E-Ausgaben signifikant positive CARs von durchschnittlich 1,38 % für einen Zwei-Tages-Zeitraum fest.[65] Für Überreaktionen des Marktes, die wieder korregiert wurden, ergaben sich keine Hinweise. Darüber hinaus nahmen *Chan/Kensinger/Martin* eine Differenzierung nach „high-technology"- und „low-technology"-Unternehmen vor. Es zeigte sich, daß in Folge der Bekanntgabe von zusätzlichen F&E-Ausgaben „high-technology"-Unternehmen eine signifikant positive Kursreaktion aufwiesen, während sich für „low-technology"-Unternehmen eine signifikant negative Kursreaktion ergab.[66]

Dieses Resultat spricht für ein Verhalten des Kapitalmarktes im Sinne der „investment opportunities"-Hypothese, die beinhaltet, daß nur F&E-Investitionen bei Unternehmen mit aussichtsreichen Wachstumsmöglichkeiten als grundsätzlich wertsteigernd gelten.[67] Zur weiteren Überprüfung dieses differenzierten Kapitalmarktverhaltens verwendeten *Szewczyk/Tsetsekos/Zantout*[68] als Maß für die Wachstumsmöglichkeiten „Tobin's q ratio".[69] Dabei zeigte sich, daß in Folge der Bekanntgabe von zusätzlichen F&E-Ausgaben die Unternehmensgruppe mit hohem q-Verhältnis einen signifikant positiven „cumulative average abnormal return" von 0,93 % in einem Zwei-Tages-Zeitraum erzielte, während sich für die Unternehmensgruppe mit niedrigem q-Verhältnis kein statistisch signifikantes Ergebnis einstellte. Mit Hilfe von Regressionsanalysen ermittelten *Szewczyk/Tsetsekos/Zantout* ferner, daß die Überrenditen mit dem Umfang der angekündigten zusätzlichen F&E-Investitionen positiv zusammenhängen.[70]

---

[63] Der Untersuchung waren 45 Ankündigungen von zusätzlichen F&E-Ausgaben aus der Zeit von 1972-1984 zugrunde gelegt.
[64] Vgl. Chan/Kensinger/Martin (1992), S. 59-66; Chan/Martin/Kensinger (1990), S. 255-276.
[65] Der Untersuchung waren 95 Ankündigungen von zusätzlichen F&E-Ausgaben aus der Zeit von 1979-1985 zugrunde gelegt.
[66] Vgl. Chan/Kensinger/Martin (1992), S. 64.
[67] Vgl. Szewczyk/Tsetsekos/Zantout (1996), S. 105.
[68] Vgl. Szewczyk/Tsetsekos/Zantout (1996), S. 105-110.
[69] Bei dieser Untersuchung wurden 121 Ankündigungen von zusätzlichen F&E-Ausgaben aus der Zeit von 1979-1992 berücksichtigt.
[70] Vgl. Szewczyk/Tsetsekos/Zantout (1996), S. 109f.

2.2.4 Fazit

Akzeptiert man die Validität der Ergebnisse, dann zeigen die Resultate einer Vielzahl von Untersuchungen mit einer Vielfalt von Kontrollvariablen und Unternehmensdaten, daß trotz eines Aktivierungsverbotes für F&E-Ausgaben eine positive Korrelation zwischen den F&E-Ausgaben und dem Marktwert der Unternehmen besteht, und daß der Kapitalmarkt auf die Bekanntgabe zusätzlicher F&E-Ausgaben reagiert und dabei nach den Wachstumsaussichten des betreffenden Unternehmens differenziert. Insofern wird deutlich, daß F&E-Investitionen nicht in der Bilanz als Vermögen ausgewiesen werden müssen, um vom Kapitalmarkt als wertrelevant erkannt zu werden. Die Ergebnisse gelten hier für alle Unternehmensgrößen.

Andererseits erlauben die vorliegenden Ergebnisse noch keine Inferenz bezüglich der Effizienz des Kapitalmarktes in der Verarbeitung der Informationen über F&E-Ausgaben. Es ist nicht geklärt, ob F&E angemessen bewertet wird und ob eine Aktivierung von F&E-Ausgaben zu höheren Bewertungen führen würde. Hierzu läßt auch das Untersuchungsergebnis von *Lev/Sougiannis*[71] keine eindeutigen Schlußfolgerungen zu.

---

[71] Vgl. Lev/Sougiannis (1996) bzw. Kapitel III.2.2.2 der vorliegenden Arbeit.

3. Rechnungslegungsverhalten der Unternehmen

3.1 Ansätze mit Annahme informationseffizienter Märkte/Positive Accounting Theory

3.1.1 Grundlagen und Hypothesen

„Positive Accounting Theory" (PAT) ist die Bezeichnung für einen Ende der 70er Jahre in den USA begonnenen Forschungsansatz, dessen Ziel die Entwicklung einer Realtheorie ist, die bilanzpolitisches Verhalten der Unternehmen erklärt. Inhaltlicher Ausgangspunkt der PAT war die Ablehnung der normativen Form der Theoriebildung, die von den Vertretern der PAT (der „Rochester School") als zur Erkenntnisgewinnung inadäquat betrachtet wird.[72] Forschungsinhalt der PAT ist die Erklärung der Auswahl von Rechnungslegungsmethoden sowohl auf Unternehmensebene als auch auf Normensetzungsebene.[73]

Als prominenteste Vertreter der PAT gelten *Watts/Zimmerman*, die diese Forschungsrichtung durch zwei Aufsätze[74] initiierten. Zu den (weiteren) wesentlichen Arbeiten, die sich der PAT subsumieren lassen, gehört einmal eine Fülle von Studien, die durch Rückgriff auf ökonomisches Theoriegut weitgehend übereinstimmende Hypothesen über Einflußfaktoren auf das Rechnungslegungsverhalten der Unternehmen entwerfen und empirisch überprüfen. Als zentraler Beitrag zur PAT ist ferner der Versuch von *Watts/Zimmerman* zu sehen, aus einer Vielzahl dieser Studien ein übergeordnetes Gesamtkonzept (eine „einheitliche Theorie") zu entwickeln.[75]

Eine grundlegende Annahme der PAT betrifft die Verarbeitung von Rechnungslegungsinformationen am Kapitalmarkt. Demnach wird der Kapitalmarkt insofern als effizient angesehen, als er sich durch bilanzpolitische Maßnahmen nicht täuschen läßt und Rechnungslegungsunterschiede nur soweit entscheidungsrelevant sind, als

---

[72] Vgl. Haller (1994), S. 597.
[73] Die Ausführungen sollen sich auf den erstgenannten Bereich der PAT beschränken, der als weitere Grundlage für die Diskussion in Kapitel IV dient. Zu dem zweitgenannten Bereich vgl. bspw. Coenenberg/Haller (1993), S. 577f; Haller (1994), S. 600f und S. 603.
[74] Watts/Zimmerman (1978) und Watts/Zimmerman (1979).
[75] Diese „einheitliche Theorie" findet sich in Watts/Zimmerman (1986), das als Hauptwerk der PAT gilt.

Cash flow-Effekte damit verbunden sind.[76] Entsprechend werden die Motive des Managements für die Wahl von alternativen Rechnungslegungsmethoden auch nicht in einer Beeinflussung des Entscheidungsverhaltens des Kapitalmarktes gesehen.

Zur Erklärung des praktizierten Rechnungslegungsverhaltens des Managements greift die PAT auf die „contracting (cost) theory" und die damit in Verbindung stehende Agency-Theorie zurück. Gemäß „contracting (costs) theory" besteht ein Unternehmen aus einem Konglomerat von Verträgen zwischen Individuen, die ihren eigenen Nutzen maximieren.[77] Bei der PAT stehen die Verträge (Principal-Agent-Beziehungen) zwischen Management und Eigentümer und zwischen Management und Fremdkapitalgeber im Vordergrund. Indem das Management seine Möglichkeit verborgenen Handelns zu seiner Nutzenmaximierung und zum Schaden der Eigen- bzw. Fremdkapitalgeber verwendet, entstehen „contracting (agency) costs"[78]. Zur Reduzierung dieser Kosten werden spezielle Vertragsvereinbarungen getroffen, die eine verhaltenssteuernde Wirkung auf das Management zu Gunsten der Kapitalgeber-Interessen ausüben (sollen). Die Vertragsvereinbarungen basieren häufig auf Rechnungslegungsdaten, die sich damit direkt auf die vertraglichen Ansprüche der Vertragspartner auswirken.[79]

Aus der damit gegebenen Einflußmöglichkeit von Rechnungslegungsmethoden auf „contracting costs" bzw. auf den Reichtum der Vertragspartner leiten „positive accounting theorists" zwei grundlegende (sowie darauf aufbauende) Hypothesen über das bilanzpolitische Verhalten des Managements ab:

1. **Bonusplan-Hypothese:**
Zur Reduzierung der Agency-Kosten des Eigenkapitals werden häufig für Manager Vergütungssysteme eingesetzt, die den Jahresüberschuß als Bemessungsgrundlage verwenden („bonus plans"). Dabei wird angenommen, daß das Management Freiheiten bezüglich der Ausübung von Wahlrechten bei Rechnungslegungsmethoden hat, und daß das Vergütungssystem nicht so ausgestaltet ist und aktualisiert wird, daß die Managemententlohnung unabhängig von der jeweils

---

[76] Vgl. hierzu etwa Watts/Zimmerman (1986), S. 353.
[77] Vgl. Watts/Zimmerman (1986), S. 194f.
[78] Unter „contracting costs" werden die im Zusammenhang mit einem Vertrag anfallenden Kosten verstanden. Hierzu gehören u.a. Agency-Kosten, Informationskosten, Transaktionskosten aber auch Kosten aufgrund von Sanktionen wegen Nichterfüllung von Vertragsbedingungen. Vgl. dazu Watts/Zimmerman (1990), S. 134f.
[79] Vgl. Watts/Zimmerman (1986), S. 196.

gewählten Rechnungslegungsalternative ist.[80] Für das Management besteht damit ein Anreiz, durch geeignete Wahl der Rechnungslegungsmethoden den Barwert der Jahresüberschüsse und damit den Barwert der Vergütungen (seinen Reichtum) zu erhöhen. Entsprechend wurde die Bonusplan-Hypothese aufgestellt:[81]

Manager von Unternehmen mit „bonus plans" neigen ceteris paribus eher dazu, eine gewinnerhöhende Bilanzpolitik zu betreiben, als Manager von Unternehmen ohne „bonus plans".

Diese Basishypothese wurde insofern verfeinert, als unter Berücksichtigung der unterschiedlichen Ausgestaltung von Vergütungsplänen ergänzende bzw. einschränkende Hypothesen erstellt wurden. Dabei wird differenziert, welche Position das „tatsächliche" Ergebnis relativ zu eventuell vorhandenen Gewinnunter- und -obergrenzen, innerhalb derer nur eine Gewinnsteigerung zu einer höheren Managervergütung führt, einnimmt. Eine gewinnerhöhende Bilanzpolitik wird demnach nur dann erwartet, wenn entweder keine Gewinngrenzen eingesetzt werden oder das „tatsächliche" Ergebnis zwischen Ober- und Untergrenze (aber nicht in der Nähe der Obergrenze) liegt. Liegt das „tatsächliche" Ergebnis deutlich unterhalb der Untergrenze, wird das Management gemäß „big bath"-Hypothese zu einer gewinnreduzierenden Bilanzpolitik neigen, um eine größere Wahrscheinlichkeit zu haben, in späteren Jahren die Gewinnuntergrenze zu überschreiten bzw. um später diese Grenze möglichst hoch überschreiten zu können. Für den Fall, daß sich das „tatsächliche" Ergebnis über der Gewinnobergrenze befindet, gilt die Hypothese, daß das Ergebnis (maximal bis zu diesem Grenzwert) bilanzpolitisch gemindert wird, um damit Reserven für die Folgejahre zu bilden.[82]

2. **Verschuldungsgrad-Hypothese:**
In den USA (wie auch anderswo) werden in Kreditverträgen zur Reduzierung der Agency-Kosten des Fremdkapitals restriktive, meist auf Rechnungslegungsdaten basierende Vereinbarungen („restrictive debt covenants") getroffen. Die restriktiven Kreditvereinbarungen lassen sich in untersagende („negative covenants") und einzuhaltende („affirmative covenants") Vereinbarungen einteilen. Untersagende Vereinbarungen, wie etwa Dividendenzahlungsbeschränkungen oder das

---
[80] Vgl. Watts/Zimmerman (1986), S. 204f und S. 207f.
[81] Vgl. Watts/Zimmerman (1986), S. 208.
[82] Vgl. Watts/Zimmerman (1986), S. 209.

Verbot einer neuen Fremdkapitalaufnahme bei Erreichen eines kritischen Wertes einer Bilanzkennzahl, können vom Management – zumindest durch Unterlassen der untersagten Aktion – grundsätzlich erfüllt werden. Dagegen liegt bei einzuhaltenden Vereinbarungen – wie bspw. ein Mindest- bzw. Höchstwert einer Bilanzkennzahl – bei Verfehlung des kritischen Wertes bereits ein Vertragsbruch vor.[83] Bei beiden Formen der Darlehensvereinbarungen ergeben sich bei Nichterfüllung kritischer Rechnungslegungswerte in der Regel „contracting costs", die insbesondere bei einzuhaltenden Vereinbarungen bedeutend sein können, da der Kredit zurückgezahlt werden muß bzw. neue Verhandlungen erforderlich und verschlechterte Kreditkonditionen wahrscheinlich sind.[84]

Ausgehend von restriktiven Kreditvereinbarungen besteht ein Anreiz für das Management, ein Verfehlen bestimmter Rechnungslegungswerte zu vermeiden. Da in Kreditverträgen ferner aus Kostengründen nicht der komplette bilanzpolitische Spielraum zur Ermittlung dieser Werte eliminiert werden kann,[85] ergibt sich hiermit gemäß PAT eine Erklärung für bilanzpolitisches Verhalten der Unternehmen. Je größer die Gefahr eines Unternehmens ist, vereinbarte kritische Rechnungslegungswerte zu verfehlen, desto größer wird die Wahrscheinlichkeit gesehen, daß eine gewinnerhöhende Bilanzpolitik betrieben wird.[86] Zur Überprüfung dieses Zusammenhangs wurde die Verschuldungsgrad-Hypothese aufgestellt:[87]

Je größer der Verschuldungsgrad eines Unternehmens ist, desto höher ist die Wahrscheinlichkeit, daß das Management eine gewinnerhöhende Bilanzpolitik wählt.

Der Hypothese liegt die Annahme zugrunde, daß mit dem Verschuldungsgrad sowohl das Vorhandensein von restriktiven Kreditvereinbarungen als auch die relative Nähe zu kritischen Werten von relevanten Jahresabschlußkennzahlen mo-

---

[83] Vgl. Haller/Park (1995), S. 106.
[84] Vgl. dazu Watts/Zimmerman (1986), S. 215.
[85] In Kreditverträgen wird teilweise vorgeschrieben, für die Ermittlung der einzuhaltenden Rechnungslegungswerte bestimmte US-GAAP-Wahlrechte zu Gunsten der vorsichtigeren Rechnungslegungsmethode auszuüben bzw. bestimmte von den US-GAAP abweichende, vorsichtige Regelungen anzuwenden. Vgl. Watts/Zimmerman (1986), S. 214f.
[86] Vgl. Watts/Zimmerman (1986), S. 213-216 und S. 220f.
[87] Vgl. Watts/Zimmerman (1986), S. 216.

delliert wird.[88] Neben der Verschuldungsgrad-Hypothese werden auch dazu verwandte Hypothesen formuliert, bei denen die Funktion des Verschuldungsgrades vom „Verhältnis von Periodenertrag zu Zinsaufwendungen" oder vom „Verhältnis von Dividendenzahlungen zu freien Gewinnrücklagen" übernommen wird. Entsprechend beinhalten die Hypothesen, daß die Wahrscheinlichkeit einer gewinnerhöhenden Bilanzpolitik umso größer ist, je geringer das Verhältnis von Periodenertrag zu Zinsaufwendungen bzw. je höher das Verhältnis von Dividendenzahlungen zu freien Gewinnrücklagen ist.[89]

Basierend auf dem Einfluß von Rechnungslegungsdaten auf politische Kosten leiten „positive accounting theorists" eine dritte Basishypothese über das bilanzpolitische Verhalten des Managements ab. Politische Kosten ergeben sich für ein Unternehmen insbesondere dadurch, daß ein hohes (handelsrechtliches) Ergebnis zusätzliche Ansprüche und Auflagen gegenüber dem Unternehmen hervorruft. Hierzu gehören u.a. zusätzliche Steuern, Forderungen der Gewerkschaften und Auflagen der Kartellbehörden. Dem „political costs"-Ansatz liegt die Vorstellung zugrunde, daß die Öffentlichkeit nur die Höhe der ausgewiesenen Unternehmensgewinne, aber nicht die Gründe für deren Zustandekommen wahrnimmt, da die Vorteile einer entsprechenden Information die Informationskosten nicht rechtfertigen. Weiterhin wird davon ausgegangen, daß die Öffentlichkeit u.a. von Politikern und Behördenverantwortlichen Konsequenzen auf hohe ausgewiesene Unternehmensgewinne erwartet, und daß die jeweiligen Verantwortlichen zur Maximierung ihres eigenen Nutzens den Erwartungen Folge leisten.[90]

Für das Management ergibt sich daraus ein Anreiz, durch gewinnreduzierende Bilanzpolitik politische Kosten zu vermeiden bzw. zu reduzieren. Zur Überprüfung des Einflusses von politischen Kosten auf die Bilanzpolitik wurde die **Größen-Hypothese** aufgestellt:[91]

---

[88] Diese Annahme wird von den Ergebnissen der empirischen Arbeiten von Duke/Hunt (1990) und Press/Weintrop (1990) für einige häufig verwendete Beschränkungen von Jahresabschlußkennzahlen gestützt.
[89] Vgl. Haller/Park (1995), S. 92f.
[90] Vgl. Watts/Zimmerman (1986), S. 223 und S. 226f.
[91] Vgl. Watts/Zimmerman (1986), S. 235.

Je größer ein Unternehmen ist, desto höher ist die Wahrscheinlichkeit, daß das Management eine gewinnreduzierende Bilanzpolitik wählt.

Die Verwendung der Unternehmensgröße als Stellvertretervariable für politische Kosten wird auch von *Watts/Zimmerman* als problematisch gesehen. Bei diesem Vorgehen wird weder die Gewinnsituation noch die branchenspezifische Empfindlichkeit für politische Kosten berücksichtigt.[92] Dennoch wird die Größen-Hypothese in zahlreichen empirischen Untersuchungen getestet und der Zusammenhang von Unternehmensgröße und gewinnreduzierender Bilanzpolitik mit politischen Kosten erklärt.

3.1.2 Untersuchungsergebnisse und Kritik

Zur Überprüfung der oben dargelegten Zusammenhänge werden zwei verschiedene Arten von Tests angewandt: Kapitalmarktorientierte Tests und Tests, die direkt das Rechnungslegungsverhalten der Unternehmen analysieren.[93]

Mit kapitalmarktorientierten Tests lassen sich die obigen Hypothesen nur indirekt überprüfen. Dabei werden Aktienkursreaktionen auf eine veränderte Rechnungslegungsnorm (die eine Veränderung der Möglichkeiten der materiellen Bilanzpolitik zur Folge hat) untersucht, wobei nach Unternehmensgröße, Verschuldungsgrad und dem Vorhandensein von „bonus plans" differenziert wird. Aus der veränderten Rechnungslegungsnorm bzw. aus den damit veränderten bilanzpolitischen Möglichkeiten ergeben sich unter der Annahme, daß Manager sich im Sinne der obigen Hypothesen verhalten, Konsequenzen für den Reichtum der Eigner. Diese sich in Abhängigkeit der Unternehmensgröße, des Verschuldungsgrades und des Vorhandenseins von „bonus plans" ergebenden Konsequenzen für den Reichtum der Eigner werden mit den ermittelten Aktienkursreaktionen verglichen. Übereinstimmungen werden als Bestätigung der jeweils zugehörigen Hypothese gesehen.[94] Die kapitalmarktorientierten Tests führen insgesamt zu keinem einheitlichen Ergebnis.[95]

---

[92] Vgl. Ball/Foster (1982), S. 182-184; Watts/Zimmerman (1986), S. 238-240. Vgl. dazu auch Watts/Zimmerman (1990), S. 140.
[93] Vgl. Watts/Zimmerman (1990), S. 138.
[94] Es wird bspw. untersucht, ob die Ankündigung der Abschaffung eines Wahlrechtes zu Gunsten der vorsichtigeren Rechnungslegungsmethode bei Unternehmen mit hohem Verschuldungsgrad

Auf eine weitergehende Behandlung der kapitalmarktorientierten Tests soll hier zu Gunsten der zweiten Gruppe von Tests verzichtet werden. Die zweite Gruppe besteht aus einer Fülle empirischer Arbeiten, welche die oben genannten Hypothesen direkt überprüfen und deren Aussagekraft nicht durch die Integration der methodischen Probleme kapitalmarktorientierter Studien[96] geschwächt ist.

Den Arbeiten, die obige Hypothesen direkt testen, liegt eine im wesentlichen einheitliche Untersuchungsmethodik zugrunde. Es wird versucht, durch uni- und multivariate Verfahren (Korrelations- und Regressionsverfahren sowie Diskriminanzanalysen) einen Zusammenhang zwischen einer oder mehrerer Erklärungsvariablen (wie bspw. dem Verschuldungsgrad) und der Wahl einer Rechnungslegungsmethode (abhängige Variable) nachzuweisen.[97] Die jeweilige Erklärungsvariable ergibt sich aus der zu testenden Hypothese.

Zu den als abhängige Variable verwendeten Ansatz- und Bewertungswahlrechten gehören:[98]

- Aktivierung von F&E-Ausgaben (vor dem seit 1975 gültigen SFAS No. 2),
- „sucessful efforts"- versus „full cost"-Methode bei der Behandlung von Erschließungs- und Bohrkosten in der Öl- und Gasindustrie,
- Aktivierung von Zinsaufwendungen,
- Abschreibungsmethoden und
- Verbrauchsfolgeverfahren bei der Bewertung der Vorräte.

Die Untersuchungen, die sich der Überprüfung der **Bonusplan-Hypothese** widmen, liefern keine eindeutigen Ergebnisse. Von fünf betrachteten Untersuchungen können nur zwei den Zusammenhang zwischen der Existenz von „bonus plans" im Unter-

---

zu sinkenden Aktienkursen führt. Vgl. hierzu Collins/Rozeff/Dhaliwal (1981) und Lys (1984), die hier zu unterschiedlichen Resultaten kommen.
[95] Vgl. dazu Watts/Zimmerman (1986), S. 308f und S. 311; Watts/Zimmerman (1990), S. 138.
[96] Vgl. dazu etwa Schildbach (1986), S. 35-43 m.w.N.
[97] Vgl. Haller (1994), S. 602.
[98] Vgl. dazu auch Haller (1994), S. 602.

nehmen und der Wahl von gewinnerhöhenden Rechnungslegungsmethoden signifikant bestätigen.[99]

Eine mögliche Erklärung für die mangelnde Verifizierung der Bonusplan-Hypothese liegt darin, daß bei dieser Hypothese Gewinnunter- und -obergrenzen, die in Vergütungsplänen häufig verwendet werden, nicht berücksichtigt sind. *Healy* testete die oben dargelegten „Verfeinerungen" dieser Hypothese und zeigte, daß bei Überschreitung der Obergrenze und bei Unterschreitung der Untergrenze das Management eher eine gewinnreduzierende Bilanzpolitik wählt.[100] *Holthausen/Larcker/Sloan* konnten das Ergebnis von *Healy* bezüglich der gewinnreduzierenden Bilanzpolitik bei Überschreitung der Obergrenze, nicht aber bezüglich der gewinnreduzierenden Bilanzpolitik bei Unterschreitung der Untergrenze bestätigen.[101]

Die **Verschuldungsgrad-Hypothese** kann in 16 von 20 diesbezüglichen Untersuchungen bestätigt werden.[102] Bei Verwendung anderer Erklärungsvariablen (Stellvertretervariablen für das Vorhandensein von und die Nähe zu Beschränkungen aus Kreditvereinbarungen) als dem Verschuldungsgrad ergeben sich dagegen keine eindeutigen Ergebnisse. Eine mit sinkendem Verhältnis von Periodenertrag zu Zinsaufwendungen wachsende Neigung des Managements zur gewinnerhöhenden Bilanzpolitik verifizieren vier von sieben entsprechenden Untersuchungen.[103] Der positive Zusammenhang von dem Verhältnis „Dividendenzahlungen zu freien Gewinnrücklagen" und der Neigung des Managements zu einer gewinnerhöhenden Bilanzpolitik wird dreimal nachgewiesen und fünfmal verneint.[104] *DeFond/ Jiambalvo* gelingt es, die Problematik der Stellvertretervariable für das Vorhandensein von und die Nähe zu Beschränkungen aus Kreditvereinbarungen zu umgehen, indem sie Unternehmen untersuchen, die eine Beschränkung aus einer Kreditvereinbarung gebrochen haben. Diese Studie stellt insofern eine Ausnahme dar. Als Resul-

---

[99] Eine Bestätigung der Bonusplan-Hypothese findet sich bei El-Gazzar/Lilien/Pastena (1986) und Zmijewski/Hagerman (1981). Diese Hypothese konnte von Holthausen (1981), Hunt (1985) und Morse/Richardson (1983) nicht verifiziert werden.

[100] Vgl. Healy (1985).

[101] Vgl. Holthausen/Larcker/Sloan (1995).

[102] Ein Überblick über die einzelnen Studien findet sich bei Haller/Park (1995), S. 94-99.

[103] Dieser Zusammenhang wird von Ayres (1986), Bowen/Noreen/Lacey (1981), Hunt (1985) und Wong (1988) verifiziert und von Daley/Vigeland (1983), Johnson/Ramanan (1988) und Morse/ Richardson (1983) verneint.

[104] Diese Hypothese kann von Ayres (1986), Bowen/Noreen/Lacey (1981) und Daley/Vigeland (1983) bestätigt werden, nicht aber von Elliot/Richardson/Dyckman/Duke (1984), Healy/ Palepu (1990), Hunt (1985), Johnson/Ramanan (1988) und Morse/Richardson (1983).

tat ergibt sich, daß insbesondere im Jahr vor dem Vertragsbruch eine gewinnerhöhende Bilanzpolitik betrieben wird.[105]

Die **Größen-Hypothese** kann überwiegend bestätigt werden. Vier von sechs diesbezüglichen Untersuchungen weisen einen positiven Zusammenhang von Unternehmensgröße und Neigung des Managements zur gewinnreduzierenden Bilanzpolitik nach.[106]

Obgleich ein Großteil der empirischen Untersuchungen die Hypothesen der PAT bestätigt, gibt der Ansatz der „Rochester School" Anlaß zu umfassender Kritik. Dabei lassen sich Einwände sowohl auf Ebene des wissenschaftstheoretischen Grundkonzepts als auch auf Ebene der Forschungsmethoden vorbringen.[107] Zu den aus Sicht dieser Arbeit besonders relevanten Schwächen und Problemen der PAT gehören:

- Im Rahmen der PAT wird nur ein kleiner Teil der möglichen Einflußfaktoren auf das bilanzpolitische Verhalten der Manager untersucht. Viele mögliche Einflußfaktoren, die sich aus den finanz- und publizitätspolitischen Zielen der Unternehmung ergeben, bleiben gänzlich unberücksichtigt.

- Die verwendeten Erklärungsvariablen sind jeweils nur ein sehr grober Stellvertreter für den aus der ökonomischen Theorie hergeleiteten Einflußmechanismus auf das bilanzpolitische Verhalten des Managements. Gleichzeitig sind insbesondere die Erklärungsvariablen Verschuldungsgrad und Unternehmensgröße auch Stellvertreter für andere Größen und Merkmale (bspw. Branchenzugehörigkeit), die möglicherweise ebenfalls mit dem Rechnungslegungsverhalten im Zusammenhang stehen, so daß ohne Kontrolle dieser Größen und Merkmale Confounding-Effekte wahrscheinlich sind.

- Die meisten der betrachteten Untersuchungen verwenden als abhängige Variable nur eine einzige Rechnungslegungsalternative. Die Wahl einer einzelnen Rech-

---

[105] Vgl. DeFond/Jiambalvo (1994).
[106] Die Größen-Hypothese wird von Daley/Vigeland (1983), Lilien/Pastena (1982), Morse/Richardson (1983) und Zmijewski/Hagerman (1981) bestätigt und von Bowen/Noreen/Lacey (1981) und El-Gazzar/Lilien/Pastena (1986) verneint.
[107] Einen Überblick über verschiedene Kritikpunkte an der PAT liefern Ballwieser (1993b), S. 127f; Boland/Gordon (1992), S. 142-170 und Haller (1994), S. 604f. Eine Stellungnahme zu einigen Kritikpunkten findet sich bei Watts/Zimmerman (1990), S. 140-149.

nungslegungsmethode ist aber nur ein grober Stellvertreter für die gesamte Bilanzpolitik.[108]

- „Positive accounting theorists" beschränken sich auf die empirische Forschungsform der Felduntersuchung und auf die Inhaltsanalyse als Datensammlungstechnik. Dabei würde gerade bei der Erforschung von Verhaltensmotiven der Einsatz von Experimenten bzw. Befragungen und Beobachtungen einen wichtigen Erkenntnisbeitrag liefern.

Trotz der vielfältigen Probleme und Schwächen der PAT erbringt dieser Forschungsansatz Erkenntnisbeiträge über das Rechnungslegungsverhalten der Unternehmen und die dahinterstehenden Motive. Mit der Managervergütung, restriktiven Kreditvereinbarungen und politischen Kosten werden drei grundlegende Erklärungsansätze für bilanzpolitisches Verhalten hergeleitet. Erkennt man die Validität der Untersuchungen der Hypothesen an, so liefert die PAT ferner die empirische Bestätigung für einen positiven Zusammenhang von Verschuldungsgrad und gewinnerhöhender Bilanzpolitik. Ein positiver Zusammenhang von Unternehmensgröße und gewinnreduzierender Bilanzpolitik wird empirisch zumindest überwiegend bestätigt. Diese Ergebnisse dürfen aber nicht als Bestätigung, sondern nur als Hinweis auf den jeweiligen (eigentlich zu untersuchenden) Zusammenhang von restriktiven Kreditvereinbarungen und gewinnerhöhender Bilanzpolitik und von politischen Kosten und gewinnsenkender Bilanzpolitik gewertet werden.

---

[108] Zu den Ausnahmen hinsichtlich dieser Problematik gehören die Untersuchungen von Healy/Palepu (1990) und Zmijewski/Hagerman (1981). Zmijewski/Hagerman (1981) berücksichtigen die Wahlentscheidung der Unternehmen bezüglich vier bestimmter Rechnungslegungsalternativen. Die 16 Kombinationsmöglichkeiten der vier Rechnungslegungsalternativen werden in fünf Bereiche eingeteilt, wobei Bereich 1 einer stark gewinnreduzierenden und Bereich 5 einer stark gewinnerhöhenden Bilanzpolitik entspricht. Die abhängige Variable ist dann eine Größe mit Werten von 1 bis 5. Healy/Palepu (1990) verwenden sechs bilanzpolitische Variablen jeweils einzeln als abhängige Variable.

3.2 Ansätze ohne Annahme informationseffizienter Märkte

3.2.1 Untersuchung des Gewinnglättungsverhaltens

3.2.1.1 Gewinnglättungshypothese und Systematisierung der Untersuchungen

Bereits 1953 konstatierte *Hepworth* das Bestreben von Managern, Gewinne zu glätten.[109] Inzwischen war die Gewinnglättungshypothese (insbesondere in den USA) Gegenstand zahlreicher empirischer Untersuchungen. Gewinnglättung im Sinne der Gewinnglättungshypothese läßt sich als den bewußten Versuch der Unternehmensleitung definieren, die Schwankungen der veröffentlichten Gewinne bezüglich eines bestimmten Ziel- oder Sollgewinns durch bilanzpolitische Maßnahmen zu reduzieren.[110] Glättungsobjekt kann dabei neben dem Jahresüberschuß auch das Betriebsergebnis oder das Ergebnis aus gewöhnlicher Geschäftstätigkeit sein.[111] Bei den bilanzpolitischen Instrumenten zur Glättung der Gewinne wird allgemein zwischen Maßnahmen der Sachverhaltsabbildung („accounting smoothing") und Maßnahmen der Sachverhaltsgestaltung („real smoothing") unterschieden.[112]

Empirische Untersuchungen zur Gewinnglättungshypothese sind Tests einer verbundenen Hypothese, bestehend aus den beiden Einzelhypothesen:[113]

1. Die Gewinne vor Bilanzpolitik folgen einem bestimmten Trend.
2. Manager versuchen, durch Bilanzpolitik die Abweichungen von diesem Trend zu reduzieren.

Folglich liegt eines der zentralen methodischen Probleme der Gewinnglättungsstudien in der Bestimmung des Zielgewinns, von dem man glaubt, daß ihn die Manager bei ihren bilanzpolitischen Maßnahmen anstreben.[114] Dieser wird regelmäßig in Form von Gleichungen festgelegt, die den Gewinn als eine Funktion bspw. von Vorjahresgewinnen oder aber auch von Branchenkennziffern beschreiben.[115] Um die

---

[109] Vgl. Hepworth (1953) zit. nach Koch (1981), S. 574.
[110] Vgl. Koch (1981), S. 574.
[111] Vgl. Schmidt (1979), S. 61f.
[112] Vgl. bspw. Fischer/Haller (1993), S. 36; Hinz (1994), S. 65f.
[113] Vgl. Watts/Zimmerman (1986), S. 135.
[114] Vgl. Fischer/Haller (1993), S. 42.
[115] Vgl. Fischer/Haller (1993), S. 42.

Existenz von Gewinnglättung nachzuweisen, ist zu zeigen, daß folgende Beziehung gilt:[116]

$$|GvBP - ZG| > |GnBP - ZG|$$

mit

GvBP = Gewinn vor Bilanzpolitik
GnBP = Gewinn nach Bilanzpolitik
ZG = Zielgewinn

Wird der Zusammenhang zwischen Gewinnglättung und anderen Größen überprüft, wird als Maß der Gewinnglättung bspw. die folgende Variable verwendet:[117]

$$\frac{|GvBP - ZG| - |GnBP - ZG|}{Umsatzerlöse}$$

Die Überprüfung des Zusammenhangs erfolgt dann bspw. anhand einer Regressionsanalyse.

In Abbildung 7 sind für diese Arbeit wesentliche Gewinnglättungsstudien systematisch dargestellt.[118] Es bietet sich an, die Untersuchungen zunächst hinsichtlich ihrer Forschungsform in Felduntersuchungen und Experimente zu untergliedern. Die Vielzahl der Felduntersuchungen läßt sich je nach Untersuchungsschwerpunkt einteilen in Studien bezüglich der Existenz und der Gestaltung der Gewinnglättung und Studien bezüglich der Beweggründe der Gewinnglättung.

---

[116] Vgl. Fischer/Haller (1993), S. 42.
[117] Vgl. Moses (1987), S. 362.
[118] Ein Überblick über ältere Gewinnglättungsuntersuchungen findet sich bei Schmidt (1979), S. 66-109.

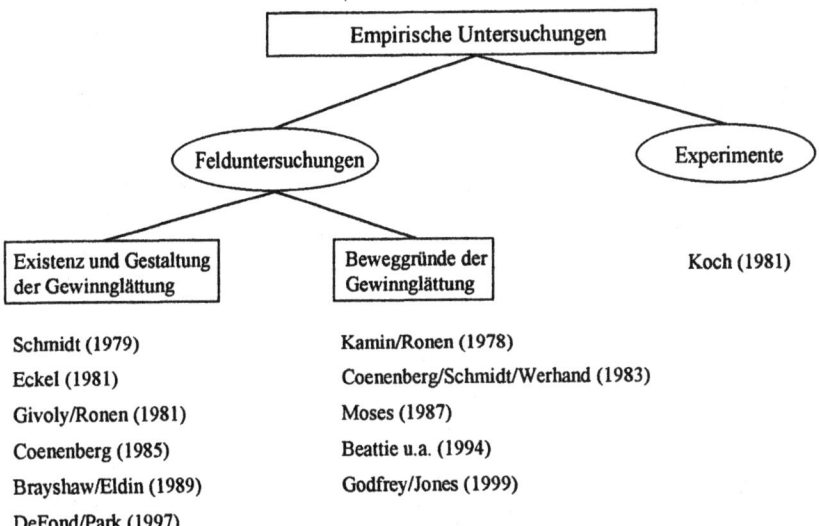

Abbildung 7: Überblick über einschlägige Gewinnglättungsstudien

3.2.1.2 Felduntersuchungen

3.2.1.2.1 Existenz und Gestaltung der Gewinnglättung als Untersuchungsschwerpunkt

Die hier betrachtete Gruppe von Glättungsstudien widmet sich der Frage, ob von Unternehmen Gewinnglättung betrieben wird und wie ggf. die Gewinnglättung gestaltet ist. In Tabelle 5 sind die wesentlichen Aspekte und Ergebnisse der Untersuchungen zusammengefaßt. Dabei wird deutlich, daß in der Regel geglättete Unternehmensergebnisse nachgewiesen werden können und daß zur Glättung sowohl sachverhaltsgestaltende als auch sachverhaltsabbildende Maßnahmen eingesetzt werden.

Studie	Glättungsobjekt	Glättungsdimension	Stichprobenumfang/Untersuchungszeitraum/Standort der Unternehmen	Methode	Ergebnisse
Schmidt (1979)	Jahresüberschuß	„real", „accounting"	114 Unternehmen/ 1967-1976/ Deutschland	Chi²-Test	Glättungsnachweis; positiver Zusammenhang von Gewinnglättung und Abweichung des Jahresüberschusses vom Sollgewinn.
Eckel (1981)	„operating income"	„accounting"	62 Unternehmen/ 1951-1970/ USA	Variationskoeffizient	Glättung nicht nachweisbar.
Givoly/Ronen (1981)	„sales", „earnings per share"	„real", „accounting"	50 Unternehmen/ 1947-1972/ USA	t-Test	Ergebnisglättung im 4. Quartal, im Sinne der aus den Ergebnissen der ersten drei Quartale abgeleiteten Erwartungen.
Coenenberg (1985)	Jahresüberschuß, Jahresüberschuß pro Aktie, Eigenkapitalrendite	„real", „accounting"	83 Unternehmen/ 1961-1975/ Deutschland	Chi²-Test	Gewinnglättungsnachweis; Glättung insbesondere durch Erhöhung/Auflösung von Rückstellungen und Einstellungen in/Auflösung von Sonderposten mit Rücklageanteil, aber auch durch Sachverhaltsgestaltung.

Studie	Glättungsobjekt	Glättungsdimension	Stichprobenumfang/Untersuchungszeitraum/Standort der Unternehmen	Methode	Ergebnisse
Brayshaw/Eldin (1989)	„ordinary income"	„accounting"	40 Unternehmen/ 1975-1980/ Großbritannien	Wilcoxon-Rangsummen-Test	Glättung des „ordinary income" durch Einstellen von Kursdifferenzen (die deutlichen Schwankungen unterliegen) in die außerordentlichen Posten.
DeFond/Park (1997)	„ordinary income"	„accounting"	13.297 Unternehmensjahre/ 1984-1994/ USA	t-Test/ Wilcoxon-Rangsummen-Test	Gewinnglättung unter Berücksichtigung der Gewinnaussichten für die folgende Periode (es ist nicht auszuschließen, daß dieses Ergebnis auf Selektionsbias zurückzuführen ist).

Tabelle 5: Studien zur Existenz und Gestaltung der Gewinnglättung

3.2.1.2.2 Beweggründe der Gewinnglättung als Untersuchungsschwerpunkt

Kamin/Ronen[119] untersuchten anhand einer Stichprobe von 310 US-amerikanischen Unternehmen die Hypothese, daß in managerkontrollierten Unternehmen gewinnglättendes Verhalten im stärkeren Maße auftritt als in eigentümerkontrollierten Unternehmen.[120] *Coenenberg/Schmidt/Werhand*[121] führten eine entsprechende Untersuchung mit 142 deutschen Unternehmen durch. Die untersuchte Hypothese basiert auf der Überlegung, daß die Unternehmensleitung ihren eigenen Nutzen maximiert und bei managerkontrollierten Unternehmen die Eigentümer leichter durch Betreiben einer Gewinnglättungspolitik über die wahre Lage der Gesellschaft und die Managementleistung getäuscht werden können als die Großaktionäre bei eigentümerkontrollierten Unternehmen.[122] Beide Untersuchungen konnten die genannte Hypothese (anhand von Chi^2-Tests) bestätigen.

Eine ausführliche Studie, die mehrere Begründungsfaktoren für das Phänomen der Gewinnglättung untersucht, wurde von *Moses*[123] in den USA durchgeführt. Dabei wurden zunächst für mögliche Glättungsmotive Stellvertretervariablen festgelegt. Das untersuchte Glättungsmotiv „politische Kosten" wurde durch die Variablen „Umsatzerlöse", „Marktanteil" und „Einfluß der Gewerkschaften" vertreten, für die jeweils ein positiver Zusammenhang mit der Gewinnglättung vermutet wurde.[124] Als weiteren möglichen Begründungsfaktor für das Gewinnglättungsverhalten der Manager sah *Moses* deren Bestreben, ihren eigenen Wohlstand zu maximieren. Als Stell-

---

[119] Vgl. Kamin/Ronen (1978), S. 141-157.

[120] Managerkontrollierte und eigentümerkontrollierte Unternehmen werden im Schrifttum nicht einheitlich definiert. Hier sei der Klassifikation von *Coenenberg/Schmidt/Werhand* gefolgt. Demnach gilt ein Unternehmen als managerkontrolliert, wenn wenigstens 75% des Grundkapitals gestreut sind, d.h., daß von keiner natürlichen Person, Personengruppe oder anderen Gesellschaft bekannt ist, mehr als 25% der ausgegebenen Aktien zu besitzen. Von eigentümerkontrollierten Unternehmen wird dann gesprochen, wenn mehr als 25% des Grundkapitals in den Händen einer Person oder Personengruppe liegt und zur gleichen Zeit kein anderes Unternehmen mit mehr als 25% daran beteiligt ist. Vgl. Coenenberg/Schmidt/Werhand (1983), S. 330. Abweichend davon wurde bei der Untersuchung von Kamin/Ronen (1978) festgelegt, daß sich bei managerkontrollierten Unternehmen mindestens 90% der Aktien im Streubesitz befinden müssen; sonst galt das Unternehmen als eigentümerkontrolliert. Vgl. Kamin/Ronen (1978) S. 147.

[121] Vgl. Coenenberg/Schmidt/Werhand (1983), S. 325-333.

[122] Vgl. Coenenberg/Schmidt/Werhand (1983), S. 324.

[123] Vgl. Moses (1987), S. 358-377.

[124] Im Gegensatz zu dem Ansatz der PAT sieht *Moses* politische Kosten nicht nur als Motiv, hohe Gewinne bilanzpolitisch zu senken, sondern auch als Grund für gewinnerhöhende Bilanzpolitik bei niedrigen Gewinnen, da deutlich verringerte Gewinne ebenfalls unerwünschte Regulierungen zur Folge haben können. Vgl. Moses (1987), S. 363.

vertreter für dieses Glättungsmotiv wurde eine (dichotome) Variable verwendet, die die Existenz von „bonus plans" berücksichtigt, da bei einer gewinnabhängigen Managervergütung durch Gewinnglättung der eigene Wohlstand des Managers erhöht werden kann.[125]

Einen weiteren Grund für das Gewinnglättungsverhalten sah *Moses* in dem Bestreben von Managern, durch verringerte Ergebnisschwankungen das dokumentierte systematische Risiko des Unternehmens zu reduzieren und somit den Aktienkurs zu erhöhen. Als Stellvertretervariable für dieses Motiv wurde die „Variabilität der vergangenen Gewinne" verwendet, für die ein positiver Zusammenhang mit der Gewinnglättung vermutet wurde.[126]

Moses verwendete als Glättungsobjekt das „ordinary income". Als Glättungsinstrument wurden verschiedene sachverhaltsabbildende Maßnahmen berücksichtigt. Die Stichprobe bestand aus 212 Unternehmen. Als Zielgewinn wurde der jeweilige Vorjahreswert (des „ordinary income") verwendet.[127] Anhand von Regressionsrechnungen und t-Tests ergab sich für die Variable „Umsatzerlöse" und die Variable „Existenz von 'bonus plans'" jeweils ein signifikant positiver Zusammenhang mit einem gewinnglättenden Verhalten.[128] Der jeweilige Zusammenhang von „Umsatzerlösen" bzw. der „Existenz von 'bonus plans'" mit der Gewinnglättung war umso deutlicher, je größer die Abweichungen des Gewinns vor Bilanzpolitik vom Zielgewinn waren.[129]

---

[125] *Moses* verweist bei seiner Argumentation auf die häufig bei „bonus plans" verwendeten Gewinnober- und -untergrenzen. Damit verbunden sei einerseits ein Gewinnglättungsverhalten um die Obergrenze. Andererseits sei für den Fall, daß das „tatsächliche" Ergebnis die Gewinnuntergrenze deutlich unterschreitet, nicht mit einer gewinnerhöhenden Bilanzpolitik zu rechnen. Entsprechend wurden die Unternehmen der Stichprobe, für die diese Situation zutraf, bei den statistischen Tests nicht berücksichtigt. Vgl. Moses (1987), S. 364, dort Fußnote 9. Vgl. dazu auch Kapitel III.3.1 der vorliegenden Arbeit. Als weitere Argumente für eine Anreizwirkung von „bonus plans" zu einem gewinnglättenden Verhalten anstatt zu einem grundsätzlich gewinnerhöhenden Verhalten werden die Steuerprogression sowie die Funktion des aktuellen Ergebnisses als Benchmark für zukünftige Zielvereinbarungen genannt. Vgl. Moses (1987), S. 364.

[126] Vgl. Moses (1987), S. 366. Der Schritt, einen möglichen Zusammenhang zwischen einer hohen Variabilität der vergangenen Gewinne und einer verstärkten Gewinnglättung speziell auf das Motiv der Beeinflussung des Kapitalmarktes zu beziehen, muß als problematisch eingestuft werden.

[127] Vgl. Moses (1987), S. 360-362.

[128] Vgl. Moses (1987), S. 367f.

[129] Vgl. Moses (1987), S. 374.

Während die Untersuchung als Bestätigung dafür gesehen werden kann, daß die Maximierung des eigenen Wohlstandes des Managements ein Motiv für Gewinnglättung darstellt, darf aufgrund der Vielzahl von Korrelationen, die die Variable „Umsatzerlöse" besitzt, das Untersuchungsergebnis nur als Hinweis auf das Glättungsmotiv „politische Kosten" gesehen werden.[130]

Eine vergleichbare Untersuchung wurde von *Beattie u.a.*[131] mit 228 britischen Unternehmen durchgeführt. *Beattie u.a* stellten einen signifikant negativen Zusammenhang zwischen Gewinnglättung und dem Dividenden-Deckungsgrad fest, sowie einen signifikant positiven Zusammenhang zwischen Gewinnglättung und den Variablen „Variabilität der vergangenen Gewinne", „Anzahl der Aktienoptionen des Managements/Gesamtzahl der ausgegebenen Aktien" und „Streuungsgrad der Aktien".[132] Die Ergebnisse können als Hinweis darauf interpretiert werden, daß Manager versuchen, durch Gewinnglättung eine positive Kapitalmarktwirkung zu erzielen (etwa indem Dividendenstabilität erreicht wird) und zwar insbesondere dann, wenn die Aktienkursentwicklung unmittelbar mit ihrem eigenen Wohlstand verknüpft ist. Weiterhin deutet das Untersuchungsergebnis darauf hin, daß managerkontrollierte Unternehmen in stärkerem Ausmaß eine Gewinnverstetigung anstreben, als eigentümerkontrollierte Unternehmen.

Godfrey/Jones[133] führten eine ähnliche Untersuchung mit 58 australischen Unternehmen durch. Diese Studie widmete sich primär dem Glättungsmotiv der Senkung politischer Kosten. *Godfrey/Jones* stellten einen signifikant positiven Zusammenhang zwischen Gewinnglättung und der Variable „Anteil der Gewerkschaftsmitglieder im Unternehmen" fest. Ferner ergab sich ein signifikant positiver Zusammenhang zwischen Gewinnglättung und dem Streuungsgrad der Aktien.[134] Sieht man sowohl die Unternehmensgröße als auch den Anteil der Gewerkschaftsmitglieder als Stellvertretervariable für die Gefahr politischer Kosten, ist das Ergebnis dieser Untersuchung mit den obigen Ergebnissen gut zu vereinbaren.

---

[130] Die Untersuchung unterscheidet nicht, ob die Variable „Umsatzerlöse" im Zusammenhang mit gewinnerhöhender und/oder gewinnsenkender Bilanzpolitik steht. Vor dem Hintergrund der im Rahmen der PAT dargelegten, deutlichen Untersuchungsergebnisse ist hier primär von einer gewinnreduzierenden Bilanzpolitik auszugehen.
[131] Vgl. Beattie u.a. (1994), S. 791-811.
[132] Vgl. Beattie u.a. (1994), S. 801-805.
[133] Vgl. Godfrey/Jones (1999), S. 229-254.
[134] Vgl. Godfrey/Jones (1999), S. 246-249.

3.2.1.3. Experimente

Die Gewinnglättungsuntersuchung von *Koch*[135] unterscheidet sich insofern deutlich von den zuvor behandelten Studien, als hier die Forschungsform des Feldexperiments gewählt wurde. In die Untersuchung wurden 74 Rechnungslegungsspezialisten aus 31 verschiedenen US-amerikanischen Unternehmen einbezogen. Den Testpersonen wurden unterschiedliche Versionen von sechs-periodigen Gewinnreihen vorgelegt. Für die Gewinnreihen gab es jeweils vorgegebene quantitative Beeinflussungsmöglichkeiten gemäß den untersuchten bilanzpolitischen Instrumenten. Die Gewinnreihen unterschieden sich hinsichtlich der Ausprägung des „trade off" zwischen der Minimierung der Variabilität der Gewinne und der Maximierung des Totalergebnisses der sechs Perioden. Steuerliche Motive zur Bilanzpolitik waren in dem Experiment nicht gegeben.[136]

Die Auswertung der Untersuchungsdaten anhand von Varianzanalysen zeigte deutlich, daß Gewinne geglättet wurden und zwar insbesondere in den Fällen, bei denen die Glättungsmaßnahmen zu keinen oder nur geringen Einbußen bei dem Totalergebnis der sechs Perioden führten. Hinsichtlich der Instrumente der Gewinnglättung ergab sich, daß die Testpersonen sowohl sachverhaltsabbildende als auch sachverhaltsgestaltende Maßnahmen einsetzten, wenngleich sich ein Übergewicht der sachverhaltsabbildenden Maßnahmen einstellte.[137]

In einem an das Experiment angeschlossenen Interview begründeten die Manager ihr Bestreben, Gewinne zu glätten, insbesondere mit der Intention, das Verhalten von aktuellen und potentiellen Eigentümern und Fremdkapitalgebern positiv zu beeinflussen.[138]

---

[135] Vgl. Koch (1981), S. 574-586.
[136] Vgl. Koch (1981), S. 575-580.
[137] Vgl. Koch (1981), S. 582.

3.2.2 Befragung der Unternehmen zu Zielgrößen und Zielgruppen der Bilanzpolitik

Scheld befragte große[139] deutsche Industrie- und Handelsunternehmen zu verschiedenen Aspekten ihres Rechnungslegungsverhaltens.[140] Der Fragebogen wurde von 73 Unternehmen ausgefüllt zurückgesandt.[141] Die Befragung widmete sich der Konzernbilanzpolitik; die für diese Arbeit relevanten Teile der Befragung lassen sich aber als allgemein die Bilanzpolitik betreffend interpretieren.

Folgende Ergebnisse der Befragung sind für die vorliegende Arbeit von Bedeutung:[142]

1. Die Auswirkungen des Konzernabschlusses auf die Verhaltensweisen der Konzernabschlußadressaten wurden von einem Großteil der Aktiengesellschaften als stark bis sehr stark bezeichnet.[143]

2. Bezüglich der Rangfolge der einzelnen Zielgruppen der Konzernabschlußpolitik wurden deutlich an erster Stelle die Anteilseigner genannt, gefolgt von den Kreditgebern. Mit weiterem Abstand folgten die Öffentlichkeit, Mitarbeiter und andere Adressaten.[144]

3. Dem Konzerneigenkapital wurde als Zielgröße der Konzernbilanzpolitik von einem Großteil der Aktiengesellschaften eine große oder sehr große Bedeutung zugemessen.[145]

4. Dem Konzernergebnis wurde als Zielgröße der Konzernbilanzpolitik von fast allen Aktiengesellschaften eine große oder sehr große Bedeutung beigemessen.[146]

---

[138] Vgl. Koch (1981), S. 584.
[139] Als Kriterium galt hier: Umsatz > 1 Mrd. DM und Mitarbeiterzahl > 5.000 Arbeitnehmer.
[140] Vgl. Scheld (1994), S. 660.
[141] Vgl. Scheld (1994), S. 668. Über die Anzahl der befragten Unternehmen liegt keine Angabe vor.
[142] Es werden hier nur die Antworten von Unternehmen der Rechtsform der Aktiengesellschaft dargelegt, die aber den weitaus größten Anteil ausmachten.
[143] Vgl. Scheld (1994), S. 71.
[144] Vgl. Scheld (1994), S. 51.
[145] Vgl. Scheld (1994), S. 73.
[146] Vgl. Scheld (1994), S. 76.

3.3 Fazit

Es läßt sich konstatieren, daß die Ergebnisse einer Vielzahl von – insbesondere in den USA durchgeführten – empirischen Untersuchungen zum Rechnungslegungsverhalten der Unternehmen dafür sprechen, daß Bilanzpolitik betrieben wird. Vielfach konnte ein Gewinnglättungsverhalten der Unternehmen nachgewiesen werden. Während dieser Nachweis bereits mit methodischen Problemen wie der Ermittlung des Zielgewinns behaftet ist, gestaltet sich die Erforschung der Motive noch schwieriger. Hier sind aus einem komplexen Verhalten die einzelnen Motive zu ermitteln, die aber keine direkt erfahrbaren bzw. meßbaren Größen darstellen. Folglich muß (außer bei einer direkten Befragung der Manager) mit Stellvertretervariablen gearbeitet werden. Die in den Untersuchungen verwendeten Stellvertretervariablen sind häufig nur begrenzt geeignet, das jeweilige bilanzpolitische Motiv zu repräsentieren. Entsprechend gering ist dann die Validität der Aussage über das Motiv.[147]

In mehreren Untersuchungen konnte gezeigt werden, daß in managerkontrollierten Unternehmen in stärkerem Maße Gewinne geglättet werden als in eigentümerkontrollierten Unternehmen. Dieses Resultat spricht dafür, daß Gewinnglättungspolitik betrieben wird, um das Urteil der Eigentümer über die Managementleistung positiv zu beeinflussen. Weiterhin läßt sich dem Ergebnis, daß verstärkt bei einer leistungsabhängigen Entlohnung der Manager Gewinne geglättet werden, entnehmen, daß Gewinnglättungspolitik mit dem Ziel betrieben wird, das persönliche Einkommen der Manager zu erhöhen. Insofern stellen die Eigeninteressen der Manager ein wichtiges Motiv der Bilanzpolitik dar. Weitere Studienergebnisse deuten darauf hin, daß insbesondere große Unternehmen – falls der Gewinn vor Bilanzpolitik den Wert, der sich aus dem Gewinntrend ergibt, deutlich überschreitet – gewinnsenkende Bilanzpolitik betreiben, um politische Kosten zu vermeiden bzw. zu reduzieren. Darüber hinaus ergaben sich Hinweise, daß eine gewinn- bzw. eigenkapitalerhöhende Bilanzpolitik eingesetzt wird, um die Verletzung von restriktiven Kreditvereinbarungen zu verhindern. Aus Befragungen der Unternehmen wurde schließlich deutlich, daß die Beeinflussung von Eigen- und Fremdkapitalgebern ein wichtiges bilanzpolitisches Ziel darstellt. Auch die Felduntersuchung von *Beattie u.a.*[148] spricht für die Beeinflussung des Kapitalmarktes als Motiv der Bilanzpolitik.

---

[147] Eine ausführliche Auseinandersetzung mit der begrenzten Validität von Gewinnglättungsstudien findet sich bei Fischer/Haller (1993), S. 51 und S. 54f.
[148] Vgl. Beattie u.a. (1994), S. 791-811.

Die Untersuchungen liefern zwar Hinweise auf einzelne Motive der Bilanzpolitik, es existiert aber keine Realtheorie, die umfassend das Rechnungslegungsverhalten der Unternehmen erklärt. Dieses Ziel erreicht auch die von *Watts/Zimmerman* initiierte PAT nicht.

4. F&E-Investitionsverhalten der Unternehmen bei einem Aktivierungsverbot von F&E-Ausgaben

Neben den Studien zum Rechnungslegungsverhalten der Unternehmen lassen sich auch Untersuchungen ausmachen, die sich der Frage widmen, inwieweit Manager in bestimmten Situationen Investitionsausgaben, die nicht aktivierbar sind, variieren, um bilanzpolitischen Zielen Rechnung zu tragen. Davon werden hier die Untersuchungen, die sich auf F&E-Ausgaben beziehen, näher betrachtet. Abbildung 8 gibt dazu einen Überblick. Alle Untersuchungen wurden in den USA durchgeführt.

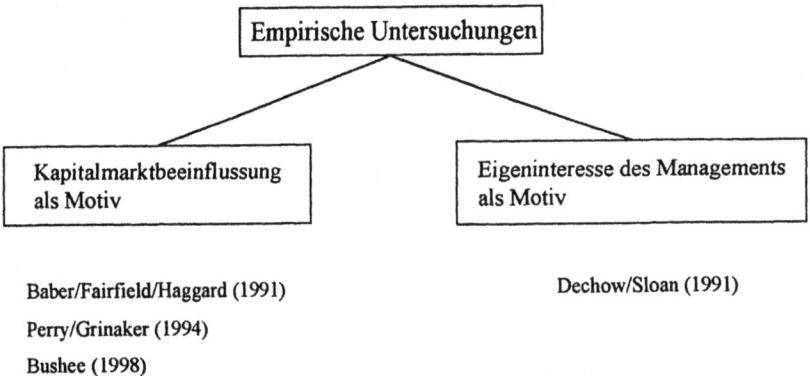

Abbildung 8: Empirische Untersuchungen zum F&E-Investitionsverhalten der Unternehmen bei einem Aktivierungsverbot von F&E-Ausgaben

Baber/Fairfield/Haggard[149] (B/F/H) überprüften, ob unter dem gemäß SFAS No. 2 bestehenden Aktivierungsverbot für F&E-Ausgaben diese Ausgaben insbesondere dann gekürzt werden, wenn sich dadurch das Ergebnisziel des Unternehmens erreichen läßt. Unter Verwendung der Daten von 438 in der COMPUSTAT-Datenbank geführten Produktionsunternehmen (4.818 Unternehmensjahre aus dem Zeitraum von 1977-1987) erstellten B/F/H multiple Regressionsrechnungen mit dem Verhältnis „F&E-Ausgaben im Jahr t/F&E-Ausgaben im Jahr t-1" als Predictor. Zu den Regressoren (wie bspw. „F&E-Ausgaben im Jahr t-1/F&E-Ausgaben im Jahr t-2" und „Umsatzerlöse im Jahr t/F&E-Ausgaben im Jahr t-1") wurden Dummy-

---

[149] Vgl. Baber/Fairfield/Haggard (1991), S. 818-829.

Variablen zur Unterscheidung verschiedener Ergebnissituationen hinzugefügt. Die Unternehmensjahre wurden je nach Ergebnissituation in drei Gruppen eingeteilt:[150]

1. Unternehmensjahre, bei denen das Ergebnis vor F&E das Ergebnisziel um mehr als die Vorjahres-F&E-Ausgaben übertraf.
2. Unternehmensjahre, bei denen das Ergebnis vor F&E höher war als das Ergebnisziel, die Differenz zwischen diesen beiden Größen aber kleiner war als die F&E-Ausgaben des Vorjahres.
3. Unternehmensjahre, bei denen das Ergebnis vor F&E niedriger als das Ergebnisziel war.

Als Untersuchungsresultat ergab sich, daß das Verhältnis von F&E-Ausgaben zu Vorjahres-F&E-Ausgaben bei Gruppe 2 niedriger ist als bei Gruppe 3 und Gruppe 1. Nachdem bei Gruppe 2, nicht aber bei Gruppe 3 durch eine Reduzierung der F&E-Ausgaben das Ergebnisziel erreicht werden kann und bei Gruppe 1 keine Reduzierung der F&E-Ausgaben nötig ist, um das Ergebnisziel zu erreichen, spricht dieses Resultat dafür, daß bei einem Aktivierungsverbot F&E-Ausgaben verringert werden, um das Ergebnisziel zu erreichen. Das Untersuchungsergebnis wiederholte sich bei einer Kontrolluntersuchung mit aktivierbaren Investitionen anstatt F&E-Investitionen nicht. Eine weitere Kontrolluntersuchung erbrachte Hinweise, daß das Untersuchungsresultat unabhängig von der Existenz einer am Ergebnis orientierten Managerentlohnung gilt. Entsprechend sahen *B/F/H* in ihrer Studie eine Bestätigung dafür, daß bei einem Aktivierungsverbot teilweise F&E-Ausgaben gekürzt werden, um den Kapitalmarkt mit dem ausgewiesenen Ergebnis nicht zu enttäuschen.[151]

Die Validität des Untersuchungsresultates setzt neben der Gültigkeit des Regressionsmodells die Gültigkeit weiterer Vereinfachungen bzw. Annahmen voraus. Hierzu gehören die für die Gruppeneinteilung vorgenommene Approximation der F&E-Investitionsmöglichkeiten durch die Vorjahres-F&E-Ausgaben und die Annahmen bezüglich des Ergebnisziels.

Perry/Grinaker[152] untersuchten anhand der Daten von 99 in der COMPUSTAT-Datenbank geführten Unternehmen (591 Unternehmensjahre aus der Zeit von 1972-1990) den Zusammenhang von „Abweichungen des Ergebnisses gegenüber den

---

[150] Vgl. Baber/Fairfield/Haggard (1991), S. 819f.
[151] Vgl. Baber/Fairfield/Haggard (1991), S. 820-828.
[152] Vgl. Perry/Grinaker (1994), S. 43-51.

entsprechenden Analystenschätzungen" und „Planabweichungen bei den F&E-Ausgaben". Als Ergebnisgröße diente der „Gewinn vor Steuern, F&E und außerordentlichen Erträgen/Aufwendungen"[153]. Zur Ermittlung der jeweiligen Planwerte für die F&E-Ausgaben wurde auf ein Regressionsmodell zurückgegriffen, das die Höhe der F&E-Ausgaben anhand von unternehmensspezifischen Variablen (bspw. F&E-Ausgaben des Vorjahres), branchenspezifischen Variablen (bspw. „Industry R&D Index") und einer volkswirtschaftlichen Variable (Bruttosozialprodukt) erklärt.[154] Die Gültigkeit dieses Modells hat einen wesentlichen Einfluß auf die Validität der folgenden Resultate.

Anhand einer Regressionsanalyse zeigten *Perry/Grinaker*, daß ein höchst signifikanter positiver Zusammenhang von „Abweichungen des Ergebnisses gegenüber den entsprechenden Analystenschätzungen" und „Planabweichungen bei den F&E-Ausgaben" besteht. Dieses Resultat gilt sowohl im Bereich negativer als auch im Bereich positiver Abweichungen des Ergebnisses von den Analystenschätzungen. Insofern werden bei positiven Abweichungen des Ergebnisses von den Analystenschätzungen zusätzliche F&E-Investitionen durchgeführt, während bei negativen Abweichungen weniger F&E-Ausgaben getätigt werden als geplant. Weiterhin wurden für die Unternehmensjahre mit positiven und die mit negativen Abweichungen des Ergebnisses von den Analystenschätzungen jeweils eigene Regressionsanalysen durchgeführt.[155] Dabei ergab sich im Fall der negativen Abweichungen ein eindeutig höherer Wert des Steigungsparameters als im Fall der positiven Abweichungen. Demnach bewirken also negative Abweichungen des Ergebnisses von den Analystenschätzungen eine deutlichere Korrektur bei den F&E-Ausgaben als entsprechende positive Abweichungen.[156]

Bushee[157] untersuchte das F&E-Investitionsverhalten von Managern bei einer drohenden Ergebnisverschlechterung unter Berücksichtigung der Eigentümerstruktur der jeweiligen Unternehmen. Der Untersuchungsschwerpunkt galt der Frage, ob ein Verhalten der Manager, die F&E-Ausgaben zu reduzieren, um eine Gewinneinbuße

---

[153] Der Begriff „Ergebnis" in der weiteren Darstellung dieser Untersuchung bezieht sich immer auf die hier genannte Ergebnisgröße.
[154] Vgl. Perry/Grinaker (1994), S. 45.
[155] Predictor war die Variable „Planabweichungen bei den F&E-Ausgaben", Regressor war die Variable „Abweichungen des Ergebnisses gegenüber den entsprechenden Analystenschätzungen".
[156] Vgl. Perry/Grinaker (1994), S. 47-49.
[157] Vgl. Bushee (1998), S. 305-333.

zu vermeiden, durch einen hohen Anteil von institutionellen Investoren am Unternehmenseigentum eher verhindert oder begünstigt wird. Für den erstgenannten Fall spricht die These, daß institutionelle Investoren „sophisticated" sind und umfassende Informationen über die jeweiligen Unternehmen berücksichtigen und somit einen Verzicht auf profitable F&E-Investitionen, der zu Gunsten eines kurzfristigen Ergebnisziels unternommen wird, negativ beurteilen würden.[158] In entgegengesetzter Richtung wird teilweise argumentiert, daß institutionelle Investoren sich aufgrund der hohen Anzahl von beobachteten Aktien aus Kostengründen auf die aktuellen Unternehmensergebnisse konzentrieren. In diesem Fall würden institutionelle Anleger das Verhalten der Unternehmen begünstigen, F&E-Ausgaben zu verringern, um enttäuschende Unternehmensgewinne zu vermeiden.[159]

Methodisch bediente sich *Bushee* eines Logit-Modells, das den Zusammenhang zwischen einer Kürzung der F&E-Ausgaben (gegenüber den F&E-Ausgaben des Vorjahres) und dem Anteil institutioneller Investoren am Unternehmenseigentum sowie zahlreicher Kontrollvariablen herstellt. Zu den Kontrollvariablen gehörten u.a. die Veränderung der Höhe der F&E-Ausgaben im Vorjahr, die Veränderung der branchenspezifischen F&E-Intensität sowie die Entwicklung der Umsätze und der materiellen Investitionen.[160] Als zugrundeliegendes Datenmaterial standen 13.944 Unternehmensjahre (vom Zeitraum 1983-1994) von Unternehmen, die an der NYSE, ASE oder NASDAQ gehandelt werden, zur Verfügung. Daraus wurden – ähnlich wie bei der Untersuchung von *B/F/H* – drei Gruppen gebildet:[161]

1. Unternehmensjahre, bei denen der Gewinn vor Steuern und F&E (EBTRD) geringer war als der Vorjahreswert, wobei durch Verringerung der F&E-Ausgaben ein Gewinnrückgang verhinderbar war.
2. Unternehmensjahre, bei denen der EBTRD geringer war als der Vorjahreswert, wobei ein Gewinnrückgang durch Verringerung der F&E-Ausgaben nicht verhinderbar war.
3. Unternehmensjahre, bei denen der EBTRD größer war als der Vorjahreswert.

Für jede der drei Gruppen wurde die Logitanalyse durchgeführt. Als Ergebnis ergab sich für die erste Gruppe (und nur für diese) ein höchst signifikanter negativer Zu-

---

[158] Vgl. Bushee (1998), S. 309f.
[159] Vgl. Bushee (1998), S. 308f.
[160] Vgl. Bushee (1998), S. 311-316.
[161] Vgl. Bushee (1998), S. 317f.

sammenhang zwischen dem Anteil institutioneller Investoren am Unternehmenseigentum und einer Kürzung der F&E-Ausgaben gegenüber dem Vorjahreswert. Damit zeigt sich, daß Manager bei einem „tradeoff" zwischen Erhalt des Ergebnisses und Erhalt der Höhe der F&E-Ausgaben bei einem hohen Anteil an institutionellen Investoren nicht dazu tendieren, die F&E-Ausgaben zu verringern, um einen Gewinnrückgang zu verhindern.[162]

In einem zweiten Schritt wurde hinsichtlich der institutionellen Investoren weiter differenziert. Für die Untergruppe der institutionellen Investoren, die durch einen hohen Portfolio-Umsatz, eine hohe Sensitivität gegenüber die aktuelle Gewinnentwicklung betreffenden Informationen sowie durch stark diversifizierte Portfolios gekennzeichnet war, ergab sich ein dem obigen Resultat entgegengesetztes Ergebnis: Bei einem hohen Anteil von institutionellen Investoren dieser speziellen Untergruppe am Unternehmenseigentum tendieren Manager dazu, F&E-Ausgaben zu reduzieren, um einen Gewinnrückgang zu verhindern.[163]

Zusammenfassend läßt sich konstatieren, daß durch institutionelle Investoren grundsätzlich eher verhindert wird, daß F&E-Ausgaben zu Gunsten des aktuellen Ergebnisses gekürzt werden. In dem besonderen Fall von hohem Anteilsbesitz von stark „trading"-orientierten institutionellen Investoren veranlaßt deren Konzentration auf das aktuelle Ergebnis hingegen die Unternehmen, das aktuelle Ergebnis über die langfristige Entwicklung zu stellen.

Im Gegensatz zu den zuvor behandelten Studien widmet sich die Untersuchung von *Dechow/Sloan*[164] dem F&E-Investitionsverhalten von Unternehmen in der speziellen Situation des Abschiedsjahres des CEOs. Dazu wurden 58 Wechsel an der Unternehmensspitze, die in der Zeit von 1979 bis 1989 bei US-Unternehmen verschiedener Branchen stattfanden, untersucht. Die Entlohnung des Top-Managements war jeweils eine Funktion des Jahresüberschusses. Anhand von Regressionsanalysen zeigten *Dechow/Sloan*, daß Top-Manager insbesondere im Jahr ihres Abschieds, aber auch bereits in den unmittelbar davor gelagerten Jahren die F&E-Ausgaben reduzie-

---

[162] Vgl. Bushee (1998), S. 319-322.
[163] Vgl. Bushee (1998), S. 324-330.
[164] Vgl. Dechow/Sloan (1991), S. 51-89.

ren.[165] Eine Kontrolluntersuchung ergab, daß aktivierungspflichtige Investitionen zu der gleichen Zeit nicht reduziert wurden.[166]

Die Validität der Untersuchung vorausgesetzt, wird dabei einerseits deutlich, daß im Falle eines Aktivierungsverbotes für F&E-Ausgaben die Gestaltung der Höhe dieser Ausgaben für bilanzpolitische Zwecke genutzt wird. Darüber hinaus bestätigt sich das Eigeninteresse von Managern als Motiv für Bilanzpolitik.

Zusammenfassend läßt sich festhalten, daß die empirischen Untersuchungen für ein Verhalten der Manager sprechen, die F&E-Ausgaben bei einem Aktivierungsverbot – falls erforderlich – zu Gunsten des aktuellen Gewinns zu reduzieren, um damit dem Eigeninteresse oder dem Ziel der Beeinflussung des Kapitalmarktes Rechnung zu tragen. Das Verhalten, zur Beeinflussung des Kapitalmarktes F&E-Ausgaben zu reduzieren, nimmt mit zunehmendem Anteil von institutionellen Investoren am Unternehmenseigentum ab. Ferner ergaben sich Hinweise, daß bei einem Aktivierungsverbot für F&E-Ausgaben diese teilweise auch erhöht werden, wenn der Gewinn sonst über einem angenommenen Sollwert liegen würde. Weitergehende Differenzierungen bzw. Aussagen etwa über den Einsatz der F&E-Ausgaben als bilanzpolitischen Aktionsparameter in Relation zu der Verwendung anderer bilanzpolitischer Maßnahmen sind den Studien aber nicht zu entnehmen.[167]

---

[165] Vgl. Dechow/Sloan (1991), S. 61-65.
[166] Vgl. Dechow/Sloan (1991), S. 75-77.
[167] Allgemein sind die tatsächlichen Determinanten der Auswahl der bilanzpolitischen Aktionsparameter weitgehend unerforscht. Vgl. Jiambalvo (1996), S. 41f.

5. Konsequenzen unterschiedlicher Rechnungslegungsnormen für die F&E-Freudigkeit

5.1 Überblick

Im Rahmen der empirischen Forschung im Bereich des externen Rechnungswesens lassen sich auch Untersuchungen ausmachen, die direkt die Auswirkungen unterschiedlicher Rechnungslegungsvorschriften für F&E-Ausgaben auf die F&E-Freudigkeit der Unternehmen analysieren. Diese Untersuchungen unterscheiden sich sowohl bezüglich der empirischen Forschungsform als auch bezüglich der Datensammlungsmethode. Weiterhin wurden sie in unterschiedlichen Ländern durchgeführt. Abbildung 9 gibt einen Überblick über die Studien.

Es bietet sich an, die Untersuchungen zunächst nach ihrer Forschungsform in Feldstudien und Laborexperimente einzuteilen. Da die Feldstudien auf den Rechnungslegungsregeln für F&E-Ausgaben des jeweiligen Landes aufbauen und somit verschiedene Ausgangssituationen bestehen, werden sie nach ihrem Bezugsland – also USA, Großbritannien und Deutschland – differenziert. Damit werden weitreichendere Eigenschaften unterschieden, als dies etwa bei der Datensammlungsmethode der Fall wäre.

Die zahlreichen US-amerikanischen Studien untersuchen alle die Folgen der Einführung eines Aktivierungsverbotes von F&E-Ausgaben für die F&E-Freudigkeit der Unternehmen. Sie lassen sich einteilen in solche, die sich direkt den Unternehmensreaktionen widmen,[168] und solche, die indirekt, anhand von Kapitalmarktreaktionen die Folgen für die F&E-Freudigkeit der Unternehmen zu ergründen versuchen.

Die beiden indirekten Untersuchungen (Vigeland (1981) und Wasley/Linsmeier (1992) – Teil 2) führen zu ähnlichen Ergebnissen wie die direkten Untersuchungen; sie sind aber mit noch deutlich größeren methodischen Problemen behaftet und besitzen eine wesentlich geringere Validität als die direkten Untersuchungen. Daher wird auf eine weitere Behandlung der beiden indirekten Untersuchungen verzichtet.

---

[168] Diese Studien sind nach ihrer Untersuchungsmethode sortiert.

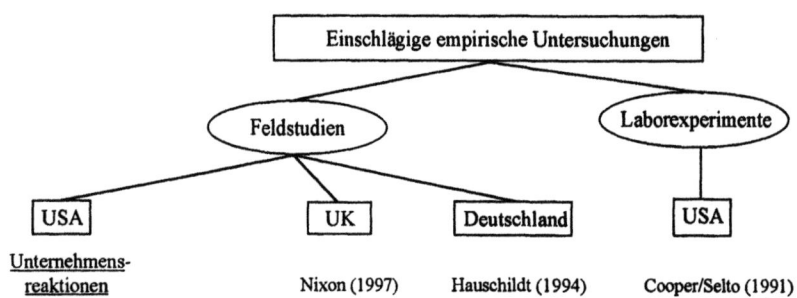

Abbildung 9: Überblick über empirische Untersuchungen zu den Auswirkungen unterschiedlicher Rechnungslegungsvorschriften für F&E-Ausgaben auf die F&E-Freudigkeit der Unternehmen

5.2 Felduntersuchungen

5.2.1 US-amerikanische Forschungsergebnisse

Die bilanzielle Behandlung von F&E-Ausgaben ist in den USA grundsätzlich durch SFAS No. 2 geregelt.[169] Der Entwurf dieser Norm wurde im Juni 1974, die Norm selbst im Oktober 1974 veröffentlicht. Sie ist gültig für alle Rechnungslegungsperi-

---

[169] Vgl. Kapitel II.2.2 der vorliegenden Arbeit.

oden, die seit dem Januar 1975 beginnen. Im Oktober 1975 wurde die Norm von der SEC aufgenommen (Accounting Series Release No. 178).[170] Materiell wurde durch SFAS No. 2 die zuvor erlaubte Aktivierung von F&E-Ausgaben verboten.[171]

Die Einführung dieser Rechnungslegungsnorm stellt einen geeigneten Rahmen dar, um mögliche Konsequenzen von unterschiedlichen Bilanzierungsmethoden für F&E-Ausgaben hinsichtlich der F&E-Freudigkeit von Unternehmen empirisch zu überprüfen. Entsprechend wurden in den USA mehrere Feldstudien durchgeführt, die durch Inhaltsanalysen von Geschäftsberichten und durch Befragungen die Hypothese überprüften, daß der Wegfall der Aktivierungsmöglichkeit von F&E-Ausgaben mit einer verringerten F&E-Intensität bei den betroffenen Unternehmen verbunden sei.

Eine 1975 vom US-amerikanischen Wirtschaftsministerium anhand von Befragungen durchgeführte Studie kam zu dem Ergebnis, daß SFAS No. 2 voraussichtlich keine signifikanten[172] Auswirkungen auf Unternehmen habe, die zuvor F&E-Ausgaben aktiviert hatten.[173] Der Studie läßt sich entnehmen, daß aufgrund der Einführung von SFAS No. 2 vier der 11 befragten Unternehmen eine Erhöhung ihrer Kapitalkosten erwarteten und drei der befragten Unternehmen eine Verringerung ihrer F&E-Ausgaben ankündigten. Berücksichtigt man ferner, daß nur vier der befragten Unternehmen von der Umstellung der Bilanzierungsmethode tatsächlich betroffen waren, so erscheint die Validität des Ergebnisses sehr zweifelhaft, da anzunehmen ist, daß die betroffenen Unternehmen und die drei bzw. vier Unternehmen, die ökonomische Konsequenzen erwarteten, identisch waren.[174]

Für die geringe Validität des oben genannten Ergebnisses sprechen ferner zahlreiche Stellungnahmen der von der Umstellung betroffenen Unternehmen gegenüber dem FASB. Darin wurde ein Aktivierungsverbot für F&E-Ausgaben abgelehnt und eine verringerte F&E-Freudigkeit als Folge des SFAS No. 2 angekündigt.[175]

---

[170] Vgl. FASB, SFAS No. 2, Abs. 15; Horwitz/Kolodny (1980), S. 38.
[171] Gemäß amerikanischem Steuerrecht ist seit 1954 eine sofortige Verrechnung der F&E-Ausgaben als Aufwand möglich, unabhängig von der Bilanzierungsmethode in der Handelsbilanz. Vgl. Horwitz/Kolodny (1981), S. 252, dort Fußnote 4.
[172] Die Bezeichnung „signifikant" wurde dabei nicht konkretisiert.
[173] Vgl. U.S. Department of Commerce (1975), S. 3 zit. nach Horwitz/Kolodny (1981), S. 255.
[174] Vgl. Horwitz/Kolodny (1981), S. 254-256.
[175] Vgl. Dukes/Dyckman/Elliot (1980), S. 3; Selto/Clouse (1985), S. 700.

Horwitz/Kolodny[176] *(H/K)* untersuchten die ökonomischen Konsequenzen des Aktivierungsverbotes bei Unternehmen anhand von Befragungen und Geschäftsberichtsanalysen. Die Befragung von 380 F&E-intensiven OTC-Unternehmen hatte eine Rücklaufquote von 34%. Die Ergebnisse zeigten, daß in den Folgeperioden der Einführung von SFAS No. 2 Unternehmen, die von der Umstellung betroffen waren, eine (statistisch signifikant) geringere F&E-Freudigkeit aufwiesen als Unternehmen, die auch vor 1975 auf eine Aktivierung verzichteten und damit von der Umstellung nicht betroffen waren. Ein Großteil der von der Änderung betroffenen und etwa die Hälfte der nicht betroffenen Unternehmen bestätigten mindestens die Möglichkeit von erhöhten Kapitalkosten und verringerten F&E-Ausgaben bei kleinen Unternehmen als Folge des Aktivierungsverbotes. Nur 7,5% der betroffenen und 24,6% der nicht betroffenen Unternehmen verneinten die Gefahr von Fehlinterpretationen aufgrund SFAS No. 2 bei der Bilanzanalyse von kleinen Unternehmen durch Kapitalgeber, die nicht „sophisticated" sind.[177]

Im zweiten Teil ihrer Studie analysierten *H/K* Geschäftsberichtsinformationen. Dabei untersuchten sie das Verhalten von 43 F&E-intensiven OTC-Unternehmen (Umsatz bis $ 100 Millionen), die zunächst F&E-Ausgaben aktiviert und dann ab 1974 oder 1975 gemäß SFAS No. 2 umgestellt hatten (Aktivierungsgruppe). Dazu wurde eine Kontrollgruppe von 43 jeweils vergleichbaren Unternehmen verwendet, die bereits vor 1974 F&E-Ausgaben sofort als Aufwand verrechnet hatten. Anhand des Vorzeichen-Rang-Tests von Wilcoxon zeigten *H/K*, daß die Unternehmen der Aktivierungsgruppe in den Perioden nach der Umstellung gegenüber den Perioden vor der Umstellung signifikant niedrigere (relative) F&E-Ausgaben hatten.[178] Der entsprechende Test bei der Kontrollgruppe ergab keine signifikante Veränderung bei dieser Gruppe.

Bei einem dritten Wilcoxon-Test wurden Wertepaare gebildet, indem jedem Unternehmen der Aktivierungsgruppe und seinem Partnerunternehmen der Kontrollgruppe jeweils die Differenz seiner (relativen) F&E-Ausgaben vor und nach der Umstellung zugeordnet wurde. Dabei bestätigte sich (mit der Ausnahme einer von drei Testvariablen) eine im Vergleich zur Kontrollgruppe signifikant verringerte F&E-

---

[176] Vgl. Horwitz/Kolodny (1980), S. 38-74; Horwitz/Kolodny (1981), S. 249-262.
[177] Vgl. Horwitz/Kolodny (1980), S. 52f; Horwitz/Kolodny (1981), S. 259-262.
[178] Es wurden vier Testvariablen – u.a. die F&E-Intensität – verwendet. Dabei wurden jeweils die Durchschnittswerte von drei, vier oder fünf Jahren (je nach Umstellungszeitpunkt) vor bzw. nach der Umstellung bestimmt.

Freudigkeit bei der Aktivierungsgruppe in den Folgeperioden der Umstellung der Bilanzierungsmethode.[179] Die Ergebnisse der Geschäftsberichtsanalysen und der Befragungen waren insofern konsistent.

Dukes/Dyckman/Elliott[180] (D/D/E) überprüften in einer ähnlichen Untersuchung die Auswirkungen des SFAS No. 2 auf das F&E-Investitionsvolumen von 24 an der NYSE oder ASE notierten, F&E-intensiven Unternehmen, die vor 1975 F&E-Ausgaben aktiviert hatten. Anhand verschiedener Tests zur Überprüfung von Unterschiedshypothesen[181] zeigten sie, daß die F&E-Intensitäten der betrachteten Unternehmen zwischen 1974 und 1976 gegenüber den F&E-Intensitäten von Unternehmen einer Kontrollgruppe nicht verringert wurden. In einem weiteren Ansatz untersuchten D/D/E, ob bei multiplen Regressionsgleichungen mit der F&E-Intensität als Predictor, die für 1974 und 1976 erstellt wurden, strukturelle Unterschiede auszumachen waren. Die hierzu verwendeten Kovarianzanalysen ergaben sowohl bei den Unternehmen der Aktivierungsgruppe als auch bei denen der Kontrollgruppe keine signifikante Veränderung.[182]

Aufgrund der unterschiedlichen Ergebnisse von H/K und D/D/E überprüften Elliott/Richardson/Dyckman/Dukes[183] (E/R/D/D) beide Untersuchungen. Die beiden Studien unterscheiden sich u.a. darin, welche (und wieviele) Rechnungslegungsperioden als „vor der Umstellung" bzw. als „nach der Umstellung" verwendet wurden. E/R/D/D führten anhand beider Methoden Wilcoxon-Tests durch, sowohl mit 43 OTC-Unternehmen als auch mit 34 NYSE/ASE-notierten Unternehmen, die alle von SFAS No. 2 betroffen waren, und ihren jeweiligen Kontrollunternehmen, die bereits vor der Normeinführung auf eine F&E-Aktivierung verzichteten. Für die OTC-Unternehmen bestätigte sich eindeutig das Ergebnis von H/K. Bei den NYSE/ASE-notierten Unternehmen führte nur die Methode von H/K zu dem Ergebnis einer gegenüber den

---

[179] Vgl. Horwitz/Kolodny (1980), S. 55-59; Horwitz/Kolodny (1981), S. 258f. H/K sahen in dem Ergebnis, daß sich bei einer von drei Testvariablen kein signifikanter Unterschied zwischen den beiden Gruppen ergab, keine Gefährdung ihres Resultates, da die betroffene Kennzahl grundsätzlich sehr starken Schwankungen unterworfen war.

[180] Vgl. Dukes/Dyckman/Elliot (1980), S. 1-26.

[181] Neben dem Wilcoxon-Test verwenden D/D/E hier den U-Test von Mann-Whitney und den Kolmogoroff-Smirnoff-Test.

[182] Vgl. Dukes/Dyckman/Elliot (1980), S. 4-10 und S. 12-18.

[183] Vgl. Elliot/Richardson/Dyckman/Dukes (1984), S. 85-102.

Kontrollunternehmen signifikant verringerten F&E-Intensität der von der Umstellung betroffenen Unternehmen.[184]

Vor dem Hintergrund der Ergebnisse von *H/K*, *D/D/E* und *E/R/D/D* starteten *Wasley/ Linsmeier*[185] *(W/L)* eine weitere Untersuchung - sowohl von NYSE/ASE-notierten als auch von OTC-Unternehmen. Dabei wurden 56 NYSE/ASE-notierte und 43 OTC-Unternehmen, die alle von SFAS No. 2 betroffen waren, hinsichtlich der Veränderung ihrer F&E-Intensitäten aufgrund des Aktivierungsverbotes untersucht. Von den einzelnen Unternehmen wurde für jeweils ein drei- bis fünfjähriges Zeitintervall vor und nach der Umstellung der Bilanzierungsmethode die Differenz zwischen F&E-Intensität und dem zugehörigen Branchendurchschnitt dieser Größe bestimmt. Während der Vorzeichen-Rang-Test von Wilcoxon für die NYSE/ASE-notierte Unternehmensgruppe keine signifikante Verringerung der F&E-Intensitäten gegenüber dem Branchendurchschnitt anzeigte, ergab sich diesbezüglich bei den OTC-Unternehmen eine höchst signifikante Reduktion.[186] Damit bestätigten sich grundsätzlich die Ergebnisse der oben genannten Untersuchungen.

Für die oben betrachteten empirischen Untersuchungen lassen sich zahlreiche Anhaltspunkte für Zweifel an der Validität der Resultate finden. Ein zentrales Problem bei der angewandten Forschungsmethode ist in den unvermeidlichen Selektionsbias- und Confounding-Effekten zu sehen. Idealerweise müssten die Test- und Kontrollgruppen[187] – mit Ausnahme der bilanziellen Behandlung der F&E-Ausgaben – identisch oder zumindest randomisiert sein. Entscheidend dabei ist, daß zwischen den Gruppen keine weiteren systematischen Unterschiede bestehen, die direkt oder indirekt für den dynamischen Verlauf der F&E-Ausgaben relevant sind.

Unerwünschte systematische Unterschiede zwischen Test- und Kontrollgruppen ergeben sich aber zwangsläufig, da die Entscheidung der Unternehmen über die Bilanzierung von F&E-Ausgaben nicht zufällig getroffen, sondern durch verschiedene Faktoren beeinflußt wird. Entsprechend sind Unternehmen – je nach angewandter

---

[184] Vgl. Elliot/Richardson/Dyckman/Dukes (1984), S. 87-90.
[185] Vgl. Wasley/Linsmeier (1992), S. 156-164.
[186] Vgl. Wasley/Linsmeier (1992), S. 157f.
[187] W/L bezogen die F&E-Intensitäten der von SFAS No. 2 betroffenen Unternehmen anstatt auf Vergleichswerte von explizit ausgewählten Kontrollunternehmen auf Branchendurchschnittswerte. Die hier diskutierte Selektionsbias-Problematik gilt aber für diesen Ansatz entsprechend.

Bilanzierungsmethode – mit unterschiedlichen Merkmalsausprägungen verbunden.[188] Da bei diesen systematischen Unterschieden zwischen den Gruppen eine Auswirkung auf den dynamischen Verlauf der F&E-Ausgaben nicht auszuschließen ist, stellen sie potentielle Störgrößen dar.

Um konkret festlegen zu können, welche systematischen Unterschiede zwischen den Gruppen die Validität der Untersuchungsergebnisse beeinträchtigen, müsste ein Modell bekannt sein, das die vielfältigen Einflüsse – oder zumindest die Einflüsse erster Ordnung – auf die unternehmerischen F&E-Aktivitäten erfaßt. Das Fehlen eines solchen Modells verhindert die gezielte und sichere Identifikation von Störgrößen.[189]

Anhaltspunkte für potentielle Störvariablen und damit Alternativerklärungen liefert ein Untersuchungsresultat von *Shehata*. Er ermittelte anhand von COMPUSTAT-Daten für 1973, daß Unternehmen, die F&E-Ausgaben aktivierten, durchschnittlich kleiner waren, einen höheren Verschuldungsgrad, stärker schwankende, im Verhältnis zum Ergebnis höhere F&E-Ausgaben und eine unregelmäßigere Ergebnisverteilung sowie geringere Cash-flows besaßen als die Unternehmen, die auf eine F&E-Aktivierung verzichteten.[190]

Vor diesem Hintergrund wird deutlich, daß bei den oben genannten Untersuchungen offenbar zahlreiche nicht kontrollierte potentielle Störgrößen existieren. Es wurde bei den Untersuchungen lediglich versucht, die Test- und Kontrollgruppen durch „matching" bezüglich weniger, leicht zu kontrollierender potentieller Störvariablen – wie etwa Unternehmensgröße und Branche – zu parallelisieren.

E/R/D/D stellten bei der Suche nach nicht kontrollierten Störgrößen bei den Unternehmen der Aktivierungsgruppen eine systematisch ungünstige Finanz- und Ertragslage fest. Eine Analyse der Kontrollgruppen ergab ferner, daß auch innerhalb dieser Gruppen Unternehmen mit einer angespannten Finanz- und Ertragslage in der Zeit nach der Einführung des SFAS No. 2 ihre F&E-Intensität reduzierten. *E/R/D/D* verifizierten zwar mit ihrer Untersuchung, daß Unternehmen (insbesondere OTC-Unternehmen), die vor der Einführung von SFAS No. 2 F&E-Ausgaben aktiviert hatten, eine relativ verringerte F&E-Intensität in der Zeit nach der Einführung dieser

---

[188] Vgl. Shehata (1991), S. 769f.
[189] Vgl. Wolfson (1980), S. 78f.
[190] Vgl. Shehata (1991), S. 774f.

Norm aufzeigten. Sie sahen aber den kausalen Zusammenhang mit der Norm dadurch nicht bestätigt, sondern in einer angespannten Finanz- und Ertragslage eine alternative Erklärung für ihren Befund.[191]

Eine Kontrolle (auch nur) der genannten potentiellen Störgrößen anhand der Methode der Paarbildung, die bei den bisher betrachteten Untersuchungen primär angewandt wurde, ist aber nicht möglich.[192] Unternehmenspaare, die bezüglich einer Vielzahl von Einflußgrößen auf die Bilanzierung der F&E-Ausgaben übereinstimmen, aber trotzdem diese Ausgaben unterschiedlich bilanzieren, sind in der Regel nicht auszumachen.[193]

Um die „self-selection bias"-Probleme zu lösen, verwendete *Shehata*[194] in seiner Untersuchung der Konsequenzen von SFAS No. 2 ein zweistufiges multiples Regressionsmodell, das zur Erklärung der Höhe der F&E-Ausgaben Einflußvariablen auf die bevorzugte F&E-Bilanzierungsmethode der Unternehmen mitberücksichtigte. Die Einflußvariablen wurden aus den oben genannten, systematischen Unterschieden zwischen den Unternehmen „mit F&E-Aktivierung" und denen „ohne F&E-Aktivierung" abgeleitet. Die Aktivierungsgruppe bestand bei dieser Untersuchung aus 121, die Kontrollgruppe aus 228 NYSE/ASE-notierten und OTC-Unternehmen. Die Unternehmen galten als zufällig aus der COMPUSTAT-Datenbank ausgewählt.

Shehata ermittelte sowohl für die Aktivierungs- als auch die Kontrollgruppe die Koeffizienten des Regressionsmodells mit den Daten von 1973 und dann mit den Daten von 1975-1978. Anhand des Wald-Tests zeigten sich bei beiden Gruppen bei den Regressionsgleichungen strukturelle Unterschiede zwischen „vor der Einführung" und „nach der Einführung" von SFAS No. 2. Ein Vergleich der strukturellen Unterschiede bei der Aktivierungsgruppe mit denen bei der Kontrollgruppe führte zu dem Ergebnis, daß die nach 1974 verringerte F&E-Freudigkeit von Unternehmen der Aktivierungsgruppe neben anderer Faktoren auch auf das Aktivierungsverbot für F&E-Ausgaben zurückzuführen ist.[195]

---

[191] Vgl. Elliot/Richardson/Dyckman/Dukes (1984), S. 94-99.
[192] Die Methode der Randomisierung ist dabei von vornherein ausgeschlossen, weil die Gruppierungen bereits durch die Entscheidung der Unternehmen vorgegeben sind, die Unternehmen sich also nicht zufällig den Bilanzierungsmethoden zuordnen lassen.
[193] Vgl. dazu auch Wolfson (1980), S. 78.
[194] Vgl. Shehata (1991), S. 768-787.
[195] Vgl. Shehata (1991), S. 781-784.

Shehata zeigte damit, daß sich ein (begrenzter) negativer Effekt von SFAS No. 2 auf die F&E-Freudigkeit der betroffenen Unternehmen auch dann ergibt, wenn bei der Untersuchung zusätzlich potentielle Störgrößen, wie der Verschuldungsgrad und die Ertragslage kontrolliert werden. Die Validität des Untersuchungsresultates hängt allerdings entscheidend von der Gültigkeit des Regressionsmodells ab.[196]

Selto/Clouse[197] *(S/C)* untersuchten die Konsequenzen von SFAS No. 2 auf das F&E-Investitionsverhalten von Unternehmen unter der Annahme, daß Manager in Abhängigkeit des Ergebnisses des externen Rechnungswesens vergütet werden und daß eine Anpassung des Vergütungssystems an die veränderte Bilanzierungsnorm über den Anreiz zu verringerten F&E-Ausgaben mitentscheidet. Dazu bestimmten sie aus einer Gruppe von 34 NYSE/ASE-notierten und 36 OTC-Unternehmen, die jeweils vor Einführung von SFAS No. 2 F&E-Ausgaben aktiviert hatten, 7 Unternehmen, die das Managervergütungssystem anpaßten (Anpassungsgruppe), und 9 Unternehmen, die auf eine Anpassung verzichteten (Beibehaltungsgruppe).[198] Eine Kontrollgruppe bestand aus 49 größen- und branchenangepaßten Unternehmen.[199]

S/C verwendeten ein multiples Regressionsmodell mit den F&E-Ausgaben als Predictor und dummy-Variablen zur Unterscheidung zwischen Anpassungs-, Beibehaltungs- und Kontrollgruppe (jeweils vor und nach SFAS No. 2).[200] Dabei ergaben sich in den Perioden nach der Einführung des Aktivierungsverbotes im Vergleich zur Kontrollgruppe verringerte F&E-Ausgaben bei der Anpassungs- und der Beibehaltungsgruppe. Hinweise auf verringerte F&E-Ausgaben der Beibehaltungsgruppe gegenüber der Anpassungsgruppe waren zwar vorhanden, der Zusammenhang war aber nicht statistisch signifikant. Die fehlende Signifikanz führten *S/C* u.a. auf Fehlklassifikationsprobleme zurück.[201]

---

[196] Vgl. dazu auch Shehata (1991), S. 784.
[197] Vgl. Selto/Clouse (1985), S. 700-717.
[198] Die Gruppenauswahl erfolgte anhand der Ergebnisse einer Befragung der 70 vorausgewählten Unternehmen. Von den 28 antwortenden Unternehmen hatten aufgrund SFAS No. 2 weniger als die Hälfte ihr Managementvergütungssystem geändert.
[199] Vgl. Selto/Clouse (1985), S. 703-706 und S. 712.
[200] Als Regressoren dienten „Vorjahres-F&E-Ausgaben" und „Umsatzerlöse".

5.2.2 Britische Forschungsergebnisse

Gemäß SSAP 13 dürfen in Großbritannien Entwicklungsausgaben aktiviert werden, wenn die zugrundeliegenden Projekte bestimmte Kriterien erfüllen.[202] Diese Regelung und der ihr inhärente Interpretationsspielraum ermöglichen, anhand des Bilanzierungsverhaltens von Unternehmen Rückschlüsse auf die Bedeutung einer entsprechenden Aktivierungsmöglichkeit für die Unternehmen zu ziehen. Eine ausgeprägte Inanspruchnahme (Nichtinanspruchnahme) der Aktivierungsmöglichkeiten kann als Indikator für die Existenz (Nichtexistenz) negativer ökonomischer Konsequenzen von Aktivierungsbeschränkungen bezüglich F&E-Ausgaben gesehen werden.

Nixon[203] untersuchte anhand einer Befragung sowohl die Umsetzung von SSAP No. 13 als auch explizit die Beurteilung ökonomischer Konsequenzen verschiedener Bilanzierungsmethoden für F&E-Ausgaben von 76 börsennotierten und 33 nichtnotierten Unternehmen.[204] Etwa 80 % dieser Unternehmen verrechneten ihre F&E-Ausgaben sofort als Aufwand. Viele Entwicklungsprojekte, welche die Bedingungen des SSAP No. 13 erfüllten, wurden nicht aktiviert.[205] Zwischen einzelnen Industriesektoren waren dabei aber deutliche Unterschiede vorhanden. Unternehmen der Maschinenbau-Branche sahen ihre F&E-Aktivitäten mit geringeren Risiken versehen als bspw. Unternehmen der Bereiche Gesundheitsfürsorge, Elektronik und Chemie. Entsprechend aktivierten bei der zugrundeliegenden Stichprobe etwa 40 % der Unternehmen der Maschinenbau-Branche F&E-Ausgaben.[206]

Eine weitere Ursache für die insgesamt geringen Bestrebungen zur Aktivierung der F&E-Ausgaben war – neben dem mit diesen Investitionen verbundenen Risiko – die

---

[201] Vgl. Selto/Clouse (1985), S. 702-713.

[202] Vgl. Kapitel II.2.3 der vorliegenden Arbeit, dort Fußnote 93.

[203] Vgl. Nixon (1997), S. 265-277.

[204] 19 der 33 nichtnotierten Unternehmen waren außerhalb des Gültigkeitsbereichs von SSAP 13. Ihre Antworten wurden mitausgewertet, da bei diesen Unternehmen auch F&E-Ausgaben vorlagen und die Antworten denen der übrigen 14 nichtnotierten Unternehmen ähnlich waren. Obgleich der geringen Stichprobengröße repräsentierten die betrachteten 109 Unternehmen über 70% der 1992 von der Wirtschaft Großbritanniens unternommenen F&E. Dieser Sachverhalt läßt sich durch den hohen Anteil an großen Unternehmen erklären. Die 109 Unternehmen gehörten 17 verschiedenen Industriesektoren an. Vgl. Nixon (1997), S. 269-271.

[205] Ein Großteil der Unternehmensvertreter begründete dieses Vorgehen mit ex ante zu großen Unsicherheiten für eine Aktivierung, bestätigte aber gleichzeitig, daß in der ex post-Betrachtung in der Regel positive Kapitalwerte vorhanden sind. Vgl. Nixon (1997), S. 265 und S. 275, dort Endnote 7.

Antizipation des Urteils von Wertpapieranalysten hinsichtlich dieser Bilanzierungsmaßnahme. Einige Unternehmen verzichteten auf eine F&E-Aktivierung mit der Begründung, damit eine mögliche negative Reaktion des Kapitalmarktes zu vermeiden.[207]

Einen Zusammenhang zwischen der Bilanzierungsmethode für F&E-Ausgaben einerseits und Finanzierungsmöglichkeiten und der Höhe der F&E-Ausgaben andererseits sahen nur wenige der antwortenden Unternehmensvertreter. Die bilanzielle Behandlung der F&E-Ausgaben wurde von den meisten dieser Unternehmen als sekundär gegenüber der Veröffentlichung von Informationen über F&E gesehen.[208] Da bei dieser Befragung große Unternehmen dominierten und bei den Antworten nicht weiter differenziert wurde, darf dieses Ergebnis aber nicht grundsätzlich auch auf kleine Unternehmen übertragen werden.

5.2.3 Deutsche Forschungsergebnisse

Empirische Untersuchungen in Deutschland, die unmittelbar mögliche ökonomische Konsequenzen bei Unternehmen aufgrund verschiedener Bilanzierungsvorschriften für F&E-Ausgaben erforschen, sind m.E. nicht existent. Die Befragung von Vertretern von 100 deutschen Unternehmen durch *Hauschildt*[209] bezüglich ihrer Einstellung zur Behandlung von Innovationen im Rechnungswesen lieferte aber Ergebnisse über das Interesse von Unternehmen an einer Aktivierungsmöglichkeit für Innovationsausgaben[210].

Hauschildt bildete aus den Befragungsergebnissen anhand einer Clusteranalyse drei Hauptgruppen von Unternehmen. Gruppe 1 bestand aus 31 Unternehmen „mit schwach ausgeprägtem Rechnungslegungsbewußtsein zur Innovation"[211]. Dort besaßen Innovationen einen geringen Stellenwert und wurden nicht als eigene Projekte

---

[206] Vgl. Nixon (1997), S. 268-271 und 274.
[207] Vgl. Nixon (1997), S. 272.
[208] Vgl. Nixon (1997), S. 272-274.
[209] Vgl. Hauschildt (1994), S. 173-196.
[210] F&E-Ausgaben gelten als Teilmenge der Innovationsausgaben. Eine Erläuterung verschiedener Innovationsbegriffe findet sich bspw. bei Brockhoff (1999), S. 35-47.
[211] Hauschildt (1994), S. 181.

geführt. Auch das Ausgabenvolumen für Innovationen wurde dort nicht erfaßt. Die Unternehmen dieser Gruppe waren an einer Aktivierung der Innovationsausgaben nicht interessiert.[212]

Gruppe 2 – „Unternehmen mit vornehmlich steuerlicher Orientierung"[213] (31 Fälle) – und Gruppe 3 – „Unternehmen mit tendenziell ausgeprägtem Innovationsbewußtsein"[214] (38 Fälle) – besaßen beide ein starkes Rechnungslegungsbewußtsein bezüglich Innovationen und eine genaue Kenntnis der Innovationsausgaben. Während Unternehmen der dritten Gruppe eine Aktivierung von Innovationsausgaben befürworteten, lehnten Unternehmen der Gruppe 2 eine entsprechende Änderung im Bilanzrecht aus steuerlichen Gründen ab.[215] Etwa die Hälfte der befragten Unternehmen, die Innovationen explizit im Rechnungswesen berücksichtigten, favorisierte also eine Aktivierung der Innovationsausgaben.

Da bei der Untersuchung von *Hauschildt* offenbar keine Differenzierungen vorgenommen wurden, wie eine F&E-Aktivierung handels- und steuerrechtlich konkret gestaltet sein könnte, läßt sich aufgrund der Resultate lediglich konstatieren, daß aus Sicht der befragten Unternehmen Gründe für eine handelsrechtliche und gegen eine steuerrechtliche Aktivierung von F&E-Ausgaben existieren. Eine Gewichtung von handelsrechtlichen Pro- und steuerlichen Contra-Aspekten kann daraus aber nicht entnommen werden. Weiterhin sind keine zwingenden Hinweise auf negative Einflüsse des (handelsrechtlichen) Aktivierungsverbotes auf die F&E-Freudigkeit auszumachen. Die Auswertung der Untersuchungsergebnisse wird dadurch stark eingeschränkt, daß keine weiteren Informationen (Größe, F&E-Intensität, Finanzlage, etc.) über die befragten Unternehmen vorliegen.

5.3 Laborexperimente

Anhand von Laborexperimenten können gezielt und eindeutig interpretierbar einzelne Aspekte des Zusammenhangs von Bilanzierungsmethode und Investitionsverhal-

---

[212] Vgl. Hauschildt (1994), S. 181 und S. 193.
[213] Hauschildt (1994), S. 181.
[214] Hauschildt (1994), S. 181.
[215] Vgl. Hauschildt (1994), S. 181 und S. 193.

ten analysiert werden. Cooper/Selto[216] (C/S) untersuchten in den USA in einem Laborexperiment die Wirkung einer am Periodenergebnis orientierten Managervergütung auf das Investitionsverhalten der Manager in Abhängigkeit verschiedener Bilanzierungsregeln für F&E-Ausgaben. Dabei wurden 51 Versuchspersonen (MBA-Studenten, die zur Hälfte einschlägige Berufserfahrung besaßen) nach einem Zufallsprinzip in 4 Gruppen eingeteilt. Für Gruppe 1 galt für die Gesamtheit von 14 Untersuchungsperioden eine Aktivierungspflicht für F&E-Projekte. Personen der Gruppe 2 wurde für die 14 Perioden ein Aktivierungsverbot für F&E-Ausgaben vorgegeben. Gruppe 3 begann mit einer Aktivierungspflicht, Gruppe 4 mit einem Aktivierungsverbot. Nach 7 Perioden wurde für die beiden Gruppen ein Wechsel auf die jeweils andere Bilanzierungsmethode bekanntgegeben. Die neue Methode galt dann jeweils bis zur Periode 14.[217]

Neben einer Palette von F&E-Investitionen stand den Versuchspersonen noch eine Vielzahl von – für jede Gruppe aktivierungspflichtige – Sachinvestitionen zur Auswahl.[218] Jeder Versuchsperson wurde pro Periode ein einheitliches Budget für Investitionen zur Verfügung gestellt. Finanzierungsaspekte wurden nicht berücksichtigt.[219]

Anhand von (teilweise multivariaten) Varianzanalysen zeigten C/S, daß das F&E-Aktivierungsverbot im Vergleich zu der Aktivierungspflicht zu einem signifikant suboptimalen Investitionsverhalten führte. Sachinvestitionen wurden F&E-Investitionen mit überlegenem Rendite-Risiko-Profil vorgezogen. So verzeichnete am Ende des Experimentes Gruppe 1 für die Gesamtheit ihrer Investitionen den höchsten, Gruppe 2 den geringsten Kapitalwert. Entsprechend ergab sich, daß die Aktivierungspflicht generell mit signifikant höheren F&E-Ausgaben verbunden war als das Aktivierungsverbot. Während bei den Gruppen 1 und 2 die F&E-Ausgaben nahezu konstant blieben, zeigten sich für die Perioden 8-14 bei Gruppe 3 deutlich gesunkene und bei Gruppe 4 deutlich gestiegene F&E-Ausgaben gegenüber den Perioden 1-7.[220]

---

[216] Vgl. Cooper/Selto (1991), S. 227-242.

[217] Weder die Gesamtzahl der Untersuchungsperioden noch die Möglichkeit eines Wechsels der Bilanzierungsmethode für F&E-Projekte war den Versuchspersonen zu Beginn des Experimentes bekannt. Vgl. Cooper/Selto (1991), S. 231.

[218] Zu den Informationen über die einzelnen F&E- und Sachinvestitionen gehörten Investitionsvolumen, erwartete Projektlebensdauer, Renditeerwartung und Risikoklasse.

[219] Vgl. Cooper/Selto (1991), S. 228-231.

[220] Vgl. Cooper/Selto (1991), S. 234-239.

Wenngleich das Resultat dieses Laborexperimentes deutlich und statistisch signifikant ausfiel, lassen sich daraus nur begrenzt Schlußfolgerungen ziehen. In dem vorliegenden Experiment war eine starke Vereinfachung bzw. Verzerrung der realen Situation gegeben. Mit der gewinnabhängigen Vergütung bestand nur ein einziger Einflußfaktor auf das Investitionsverhalten. Die Aussagen sind entsprechend nicht verallgemeinerbar und bleiben auf diesen Einflußfaktor begrenzt.

5.4 Fazit

Jede der betrachteten Untersuchungen gibt Anlaß für Bedenken hinsichtlich der Validität ihres Ergebnisses. Bei dem Laborexperiment erscheint insbesondere die externe Validität aufgrund der ausgeprägten Unnatürlichkeit der Untersuchungssituation sehr begrenzt. Bei den Feldstudien verringert bspw. die Schwierigkeit, Störgrößen sicher zu identifizieren und zu kontrollieren, die interne Validität. Speziell bei der Datensammlungstechnik der Befragung besteht die Unsicherheit, ob die Befragten wahrheitsgemäß antworteten.

Spricht man den betrachteten Untersuchungen die Gültigkeit ihrer Ergebnisse nicht gänzlich ab, lassen sich aus den unterschiedlichen Resultaten einige vereinfachende Schlußfolgerungen ziehen:

Der Einfluß der bilanziellen Behandlung von F&E-Ausgaben auf die F&E-Freudigkeit kann nicht grundsätzlich verneint werden. Für große (gehandelte) Unternehmen konnte dieser Zusammenhang in der Regel nicht beobachtet werden. Bei kleinen (gehandelten) Unternehmen existieren zahlreiche Hinweise, daß ein Aktivierungsverbot einen (begrenzten) negativen Einfluß auf die F&E-Freudigkeit der Unternehmen ausübt.

Ein am Periodenergebnis orientiertes Managervergütungssystem, das im Falle eines Aktivierungsverbotes von F&E-Ausgaben keine anreizverträgliche Verrechnung dieser Ausgaben besitzt, konnte zwar nicht durch ein signifikantes Ergebnis als Ursache für eine verringerte F&E-Freudigkeit nach der Einführung von SFAS No. 2 ausgemacht werden. Im Laborexperiment konnte aber – bei isolierter Betrachtung – der Zusammenhang von einem entsprechenden Vergütungssystem und einem suboptimalen (F&E-)Investitionsverhalten gezeigt werden.

IV. Handelsbilanzielle Behandlung von F&E-Ausgaben und F&E-Freudigkeit: Diskussion des Zusammenhangs unter ausgewählten Bedingungen

1. Diskussionsannahmen

Zu Beginn der Diskussion über den Beitrag einer handelsrechtlichen Aktivierung von F&E-Ausgaben zur F&E-Freudigkeit börsennotierter Unternehmen sind einige vereinfachende Annahmen vorzunehmen:

1. Die Diskussion bezieht sich auf Deutschland. Die meisten einschlägigen empirischen Untersuchungen wurden aber in anderen Ländern (insbesondere in den USA) durchgeführt. Es soll unterstellt werden, daß die Ergebnisse dieser Untersuchungen – von explizit genannten Ausnahmen abgesehen – auf Deutschland übertragbar sind.

2. Die spezielle Situation des Übergangs und die Übergangsregelung von dem Aktivierungsverbot zu einer Aktivierung von F&E-Ausgaben wird ausgeblendet. Bei einem Vergleich des Aktivierungsverbotes mit einer Aktivierungskonzeption werden die Regelungen als jeweils bereits seit mehreren Perioden bestehend betrachtet.

3. Die Diskussion konzentriert sich auf die Frage der Aktivierung der F&E-Ausgaben. Unterschiede der betrachteten Regelungen im Publizitätsumfang zu F&E-Ausgaben sollen so weit möglich nicht bestehen bzw. vernachlässigt werden.

4. Es wird jeweils von einer einheitlichen Regelung für Einzel- und Konzernabschluß ausgegangen.

5. Es wird unterstellt, daß jeweils die Unternehmensleitung alleiniger Träger der Bilanz- und F&E-Politik ist. Weiterhin konzentriert sich die Betrachtung auf managerkontrollierte Unternehmen.

2. Bilanzpolitische Ziele und F&E-Investitionsverhalten bei einem Aktivierungsverbot für F&E-Ausgaben

2.1 Ermittlung der bilanzpolitischen Ziele

Als erster Schritt der Diskussion des Beitrags einer handelsrechtlichen Aktivierung von F&E-Ausgaben zur F&E-Freudigkeit börsennotierter Unternehmen ist der Einfluß zu untersuchen, der von bilanzpolitischen Zielen bei einem Aktivierungsverbot von F&E-Ausgaben auf die F&E-Investitionen ausgeht. Zur Ermittlung der bilanzpolitischen Ziele soll zunächst dem in der Literatur üblichen Weg gefolgt werden, bilanzpolitische Ziele aus unternehmenspolitischen Zielen sowie dem Eigeninteresse der Manager abzuleiten:

Bilanzpolitik gilt als derivative Teilpolitik der Unternehmenspolitik.[1] Sie dient insbesondere der Beeinflussung der finanzwirtschaftlichen Situation der Unternehmung, sowie der Selbstdarstellung der Unternehmung durch gezielte Informationspolitik.[2] Daraus lassen sich konkrete bilanzpolitische Ziele ableiten. Davon ist für die folgende Betrachtung aber nur ein Teil wesentlich. Das ist in erster Linie das Ziel der Beeinflussung der Eigen- und Fremdkapitalgeber. Es gilt, anhand des Bilanzbildes ein sicheres, erfolgreiches, kredit- und emissionswürdiges Unternehmen zu präsentieren und damit Volumen und Konditionen der zur Unternehmenssicherung erforderlichen Kapitalaufbringung positiv zu beeinflussen („Akquisitionsfunktion" der Bilanzpolitik).[3] Weiterhin ist das Ziel relevant, Mitarbeiter/Gewerkschaften, Öffentlichkeit und Behörden zu beeinflussen, um politische Kosten zu minimieren.[4]

Geht man davon aus, daß die Träger der Bilanzpolitik (die Manager) – als im wirtschaftswissenschaftlichen Sinne rationale Entscheidungsträger – eine Maximierung

---

[1] Vgl. ausführlich hierzu Krog (1998), S. 48f.
[2] Vgl. Freidank (1998), S. 91f.
[3] Vgl. bspw. Hauschildt (1976), Sp. 191; Waschbusch (1993), S. 239.
[4] Vgl. bspw. Klein (1989), S. 76; Sieben/Coenenberg (1997), S. 1047. Das bilanzpolitische Ziel der Begrenzung/Senkung des Abflusses erwirtschafteter Mittel aus der Unternehmung (vgl. dazu bspw. Freidank (1998), S. 92) wird hier ausgeblendet. Das liegt einerseits daran, daß zur Begrenzung des ausschüttungsbedingten Liquiditätsabflusses eine Veränderung der Höhe der F&E-Ausgaben eine wenig geeignete Maßnahme darstellt, da hierbei einer Verringerung der Ausschüttung zusätzliche Ausgaben gegenüberstehen würden. Andererseits ist das (durch das Maßgeblichkeitsprinzip auch handelsbilanzpolitische) Ziel der Steuerbarwertminimierung hier nicht

ihres persönlichen Wohlstandes bzw. Nutzens anstreben,[5] dann gilt auch für die Bilanzpolitik, daß Manager ihre individuellen Ziele verfolgen.[6] Insofern sind bei den Zielen der Bilanzpolitik auch die individuellen Ziele der Manager zu berücksichtigen.[7]

Für jedes einzelne der genannten bilanzpolitischen Ziele ist im Folgenden anhand empirischer Befunde zu diskutieren, inwieweit tatsächlich dieses Ziel durch bilanzpolitische Mittel zu erreichen versucht wird und inwieweit sich bei einem Aktivierungsverbot ein Einfluß des Ziels auf die Höhe der F&E-Ausgaben ableiten läßt.

2.2 Beeinflussung der Kapitalgeber

2.2.1 Beeinflussung des Aktienmarktes

2.2.1.1 F&E-Ausgaben als bewertungsrelevante Größe

Dauerhaft günstige Bedingungen zur Außenfinanzierung durch Beteiligungskapital (sowie die Reduzierung des Risikos feindlicher Übernahmen) erfordern eine Kurspflege mit dem Ziel, Unterbewertungen zu vermeiden bzw. dauerhaft relativ hohe Bewertungen zu erreichen.[8] Insofern bedeutet das bilanzpolitische Ziel „Beeinflussung des Aktienmarktes": aktuelle und potentielle Anteilseigner durch die jeweilige Bilanz zu bewegen, den Wert der Unternehmensanteile so einzuschätzen, daß sich dauerhaft relativ hohe Aktienkurse ergeben.[9]

---

relevant, da die zu diskutierende handelsrechtliche Bilanzierungsmethode von F&E-Ausgaben unabhängig von der steuerrechtlichen sein soll.

[5] Vgl. dazu Schumann (1992), S. 12 und S. 103.
[6] Vgl. Krog (1998), S. 62f. Vgl. dazu auch Franke/Hax (1999), S. 443f.
[7] Selbst wenn Manager nur im Eigeninteresse Bilanzpolitik betreiben, bleiben die aus den unternehmenspolitischen Zielen abgeleiteten bilanzpolitischen Ziele relevant, da das persönliche Ansehen des Managements untrennbar mit dem Erfolg des Unternehmens verbunden ist. Vgl. dazu auch Freidank (1998), S. 91 sowie Kapitel IV.2.4 der vorliegenden Arbeit.
[8] Vgl. Link (1993), S. 117-119. Vgl. dazu auch Beaver (1998), S. 153.
[9] Vgl. dazu auch Heintges (1997), S. 181 und S. 186; Klein (1989), S. 64-66. Das Ziel der Beeinflussung des Aktienmarktes läßt sich durch empirische Befunde bestätigen. Vgl. dazu die Betrachtung auf Gewinnebene im folgenden Abschnitt (Kapitel IV.2.2.1.2).

Aufgrund dieses Ziels könnten sich bei einem Aktivierungsverbot für F&E-Ausgaben nicht nur über den Gewinn und das Eigenkapital, sondern auch in Verbindung mit der Bewertungsrelevanz von F&E-Ausgaben Konsequenzen für das F&E-Investitionsverhalten ergeben. Es ist a priori nicht auszuschließen, daß die Methode, F&E-Investitionen im Gegensatz zu materiellen Investitionen sofort als Aufwand zu verrechnen und nicht als immaterielles Vermögen auszuweisen, dazu führt, daß das den F&E-Investitionen inhärente Ertragspotential übersehen wird. Eine so weitgehende Fehlbewertung von F&E-Investitionen bzw. Fehlinterpretation von Rechnungslegungsinformationen wäre mit einem entsprechenden negativen Anreiz für F&E-Investitionen verbunden.

Die Analyse der Studien zur Bewertungsrelevanz von F&E-Ausgaben am Kapitalmarkt (Kapitel III.2.2) hat jedoch unstrittig gezeigt, daß F&E-Investitionen als Investitionen wahrgenommen werden und in die Marktbewertung der Unternehmen einfließen, auch wenn diese Investitionen nicht in der Bilanz als Vermögen ausgewiesen werden. Dieses Ergebnis gilt sowohl für große als auch für kleine (F&E-intensive) Unternehmen.

Es bleibt aber ungeklärt, ob das Ertragspotential der F&E-Aktivitäten angemessen berücksichtigt wird bzw. ob eine Bilanzierung des F&E-Vermögens zu höheren Bewertungen führen würde. Laborexperimente zeigten zwar, daß Aktienanalysten Unternehmen aufgrund unterschiedlicher Rechnungslegungsmethoden für F&E-Ausgaben nicht unterschiedlich bewerten.[10] Dieses Ergebnis gilt aber nicht unbedingt für den gesamten Kapitalmarkt.

Nachdem zumindest keine deutliche Mißachtung nicht bilanzierten F&E-Vermögens vorliegt, sei angenommen, daß Manager mindestens in der Regel den Kapitalmarkt in dieser Hinsicht als ausreichend „sophisticated" wahrnehmen und in diesem Zusammenhang auch keine F&E-Investitionen unterlassen. Insofern sind aus dem Ziel der Beeinflussung des Aktienmarktes in Verbindung mit einem Aktivierungsverbot für F&E-Ausgaben auf dieser Ebene keine entscheidenden Konsequenzen für das F&E-Investitionsverhalten ableitbar.

---

[10] Vgl. Kapitel III.2.1.3.3 der vorliegenden Arbeit.

2.2.1.2 Jahresüberschuß als bewertungsrelevante Größe

Die zentrale Betrachtungsebene für einen möglichen Einfluß des Ziels der Beeinflussung des Aktienmarktes auf die Höhe der F&E-Ausgaben ist die Gewinnebene. Aus dem Ziel der Beeinflussung des Aktienmarktes wird allgemein das Subziel eines kontinuierlich, ohne große Schwankungen wachsenden Gewinns abgeleitet.[11] Es gilt sowohl Gewinneinbußen als auch zu hohe Gewinnsteigerungen, die später zu Gewinneinbußen führen, zu vermeiden. Dieses Subziel läßt sich dadurch erklären, daß sowohl die Höhe und der zurückliegende Verlauf des Gewinns als Anhaltspunkt für seine weitere Entwicklung bzw. die der Dividenden gelten[12] als auch seine Variabilität das systematische Risiko[13] des Unternehmens dokumentiert.

Es gilt im Folgenden zu prüfen, inwieweit Manager in diesem Zusammenhang versuchen, durch bilanzpolitische Maßnahmen[14] ein kontinuierlich, ohne große Schwankungen wachsendes Ergebnis sicherzustellen, und dabei – bei einem Aktivierungsverbot für F&E-Ausgaben – auch auf die Variation der Höhe der F&E-Ausgaben zurückgreifen. Eine Reduzierung der Höhe der F&E-Ausgaben mit dem Ziel, eine Gewinneinbuße zu vermeiden und damit den Aktienkurs zu pflegen, muß nicht im Widerspruch mit den oben besprochenen Untersuchungsergebnissen zur Bewertungsrelevanz von F&E-Ausgaben am Kapitalmarkt stehen, die gezeigt haben, daß die F&E-Ausgaben auch bei einem Aktivierungsverbot bewertungsrelevant sind. Es genügt, daß die Manager davon ausgehen, daß im Falle einer drohenden Verfehlung des Ergebnisziels ein Verzicht auf einen bestimmten Betrag von F&E-Ausgaben insgesamt auf den Aktienkurs des Unternehmens positiv wirken würde, weil die positive Wirkung dadurch, daß das Ergebnisziel nicht verfehlt wird, eine mögliche negative Wirkung von entsprechend geringeren F&E-Ausgaben überkompensiert.

---

[11] Vgl. Heintges (1997), S. 181 und 186; Klein (1989), S. 68; Sieben/Coenenberg (1997), S. 1047.

[12] Zu dem grundsätzlichen Vorgehen, aus vergangenen Gewinnen und dem aktuellen Gewinn auf zukünftige Gewinne zu schließen, daraus auf zukünftige Dividenden und daraus wiederum auf den Wert der Aktien zu schließen, vgl. Beaver (1998), S. 69-76.

[13] Die Investment-Branche berücksichtigt bei der Ermittlung des fundamentalen Beta auch die Variabilität des Gewinns. Vgl. Foster (1986), S. 353. Ein Überblick zu empirischen Untersuchungen, die den positiven Zusammenhang von Gewinnschwankungen und historischen Betawerten bestätigen, findet sich bei Beaver (1998), S. 119. *Bauer* zeigte für Deutschland, daß die Jahresüberschußvariabilität und das accounting-beta signifikant positiv mit den historischen Betawerten zusammenhängen. Vgl. Bauer (1992), S. 180-182. Vgl. auch Kapitel IV.2.2.1.3 der vorliegenden Arbeit.

[14] Die Betrachtung richtet sich hier und im Folgenden grundsätzlich auf erkennbare Maßnahmen der Bilanzpolitik.

Der Kapitalmarkt würde insofern in seiner Eigenschaft, Rechnungslegungsinformationen zu verarbeiten, als nicht effizient gesehen werden, da er der (bilanzpolitisch beeinflußbaren) Höhe des Ergebnisses einen aus theoretischer Sicht nicht zu rechtfertigenden Einfluß auf den Unternehmenswert zukommen ließe.

Um festzustellen, inwieweit zur Kurspflege tatsächlich Gewinne durch Bilanzpolitik geglättet werden, und inwieweit dazu auf die F&E-Ausgaben zurückgegriffen wird, steht mit den in Kapitel III dargestellten empirischen Arbeiten eine Vielzahl von Studien zur Verfügung, die hierzu direkt oder indirekt über die Analyse der Beeinflußbarkeit des Aktienmarktes durch Bilanzpolitik Hinweise liefern.

Es existieren einige Untersuchungen bezüglich der Kapitalmarktreaktion auf verschiedene Rechnungslegungsmaßnahmen und auf Rechnungslegungsunterschiede. Diese in Kapitel III.2.1 behandelten Studien haben gezeigt, daß am Kapitalmarkt (mindestens) für große Unternehmen durch gewinnerhöhende Bilanzierungsmaßnahmen meist kein positiver Bewertungseffekt zu erzielen ist und daß Rechnungslegungsunterschiede c.p. meist nicht zu Bewertungsunterschieden führen. Diese Ergebnisse sprechen für ein hohes Maß an „sophistication" des Kapitalmarktes bei der Interpretation von Rechnungslegungsinformationen.

In scheinbarem Widerspruch zu diesen Ergebnissen zeigen die Studien, die sich dem bilanzpolitischen Verhalten der Unternehmen widmen, daß durchaus Gewinne geglättet werden. Dabei wird auf verschiedene bilanzpolitische Maßnahmen – einschließlich der Variation der F&E-Ausgaben – zurückgegriffen.[15]

Zunächst ist zu sehen, daß die Kapitalmarktwirkung nur eine von mehreren möglichen Erklärungen für Gewinnglättung darstellt. Der Verweis auf alternative Beweggründe für Gewinnglättung genügt aber als Erklärung der unterschiedlichen Ergebnisse nicht, da die Studien zu den Motiven der Bilanzpolitik darauf hinweisen, daß die Beeinflussung des Kapitalmarktes durchaus zu diesen Motiven gehört.[16]

Als weiterer Aspekt ist zu berücksichtigen, daß die empirischen Arbeiten zur Kapitalmarktreaktion auf Bilanzpolitik in der Regel nur die unmittelbare Marktreaktion untersuchen. Damit ist nicht auszuschließen, daß Glättungsmaßnahmen eine hier

---

[15] Vgl. Kapitel III.3.2 und Kapitel III.4 der vorliegenden Arbeit.
[16] Vgl. Kapitel III.3.2 der vorliegenden Arbeit.

nicht untersuchte langfristige Wirkung erzielen, indem durch die Glättungsmaßnahme in späteren Perioden die im Rückblick betrachtete Gewinnvariabilität geringer erscheint. Werden die dann vergangenen Maßnahmen bei der Ermittlung der Gewinnvariabilität nicht eliminiert, können sich entsprechend geringere Risikoprämien ergeben. Allerdings dürfte gerade eine den Ergebnistrend erhaltende Verringerung der F&E-Ausgaben nicht mit dem Ziel einer langfristigen Reduzierung der Risikoprämie durchgeführt werden, sondern mit dem Ziel, eine unmittelbare negative Marktreaktion auf eine Gewinneinbuße zu verhindern, da sich (mindestens) langfristig die ausgelassenen F&E-Investitionen negativ auf den Aktienkurs auswirken dürften.

Eine weitere Erklärung für die unterschiedlichen Ergebnisse der empirischen Forschung ergibt sich bei einer Analyse der Voraussetzungen für die Existenz einer kapitalmarktorientierten Bilanzpolitik. Entscheidend ist die Einschätzung der Manager über die Verarbeitung der jeweiligen bilanzpolitischen Maßnahme durch den Kapitalmarkt. Es genügt insofern, daß die jeweilige Unternehmensleitung von der Wirksamkeit der Bilanzpolitik überzeugt ist. Wenngleich nicht anzunehmen ist, daß die Einstellung der Manager völlig unabhängig von dem tatsächlichen Kapitalmarktverhalten ist, besteht doch die Möglichkeit, daß Manager vom Kapitalmarkt ein geringeres Maß an „sophistication" erwarten, als tatsächlich vorhanden ist.[17]

Darüber hinaus muß der Kapitalmarkt hinsichtlich seiner Informationseffizienz nicht notwendig eine homogene Einheit darstellen. Es ist möglich, daß Unterschiede im Maß der „sophistication" des Kapitalmarktes bestehen[18] bzw. daß sich Unterschiede bei der von Managern angenommenen „sophistication" des Kapitalmarktes ergeben. Wegweisend ist hier das Untersuchungsresultat von *Bushee*[19]: Das Verhalten, durch Reduzierung von F&E-Ausgaben eine Gewinneinbuße zu verhindern, nimmt mit sinkendem Anteil von institutionellen – und als „sophisticated" anzusehenden – Investoren am Unternehmenseigentum zu.[20]

Ferner ist zu berücksichtigen:

---

[17] Vgl. dazu auch Heintges (1997), S. 42f.
[18] Vgl. dazu auch die EFFH in Kapitel III.2.1.1 der vorliegenden Arbeit.
[19] Vgl. Bushee (1998) bzw. Kapitel III.4 der vorliegenden Arbeit.
[20] Dieser grundsätzliche Zusammenhang besteht trotz der Ausnahme der stark „trading"-orientierten institutionellen Investoren.

1. Institutionelle Investoren bevorzugen die Aktien großer Unternehmen gegenüber denen kleiner Unternehmen.[21]
2. Die Rechnungslegungsinformationen von großen Unternehmen werden von einer Vielzahl von professionellen Analysten interpretiert.[22]
3. Bei großen Unternehmen wird Investoren und Analysten neben den Rechnungslegungsinformationen im Rahmen von ausgeprägten Investor Relations-Aktivitäten[23] eine Fülle weiterer bewertungsrelevanter Informationen zur Verfügung gestellt. Dabei werden häufig auch konkrete Informationen zu den F&E-Ausgaben gegeben,[24] während bei kleinen Unternehmen „...größtenteils die gesetzliche und freiwillige Publizität zu wünschen übrig läßt..."[25]. Entsprechend zeigen auch die in Kapitel II.2.1 behandelten empirischen Befunde zur Berichterstattung über F&E im Lagebericht, daß hinsichtlich konkreter und quantitativer Informationen zum F&E-Bereich die Publizitätsfreudigkeit mit steigender Unternehmensgröße deutlich zunimmt. Insofern dürfte bei großen Unternehmen der Höhe des Ergebnisses eine niedrigere und den F&E-Investitionen eine höhere Bedeutung bei der Aktienkursfindung zukommen als bei kleinen.[26]

Damit läßt sich folgendes Ergebnis rechtfertigen, von dem in der weiteren Diskussion ausgegangen werden soll: Unternehmen betreiben auch in der hier besonders berücksichtigten Form der Reduzierung der F&E-Ausgaben eine auf die „functional fixation" des Aktienmarktes zielende gewinnerhöhende Bilanzpolitik, wobei dieses Verhalten bei großen Unternehmen deutlich weniger auftreten dürfte als bei kleinen. Bei großen Unternehmen wäre von einer den Ergebnistrend erhaltenden Reduzierung der F&E-Ausgaben auch kurzfristig eine negative Wirkung auf den Aktienkurs zu erwarten. Dieses Ergebnis kann aber nur als Tendenzaussage gesehen werden. Es lassen sich dabei keine scharfen Grenzen zwischen großen und kleinen Unternehmen ziehen.[27]

---

[21] Vgl. Kapitel III.2.1.4 der vorliegenden Arbeit.
[22] Vgl. Kapitel III.2.1.4 der vorliegenden Arbeit.
[23] Zu den Investor Relations-Aktivitäten eines großen deutschen Industrieunternehmens (Beispiel BASF AG) vgl. Paul (1991), insbesondere S. 936-941.
[24] Vgl. Nixon (1997), S. 273f.
[25] Beiker (1993), S. 141.
[26] Vgl. dazu auch Jacobson/Aaker (1993), S. 384; Tinic (1990), S. 795.
[27] Zu den großen Unternehmen gehören aber auf jeden Fall die 30 DAX-Gesellschaften (wobei hier nur die Industrieunternehmen relevant sind).

Die Studie von *Perry/Grinaker*[28] spricht nicht nur dafür, daß auf einen Teil der sonst vorgesehenen F&E-Ausgaben verzichtet wird, um ein Verfehlen des Sollgewinns (bspw. der von Analysten geschätzte Gewinn) zu vermeiden, sondern auch dafür, daß in umgekehrter Richtung bei einem entsprechend hohen Gewinn vor F&E mehr F&E-Ausgaben durchgeführt werden als sonst vorgesehen, damit der Gewinn dem Sollwert (hier: von oben) angenähert wird. Sofern tatsächlich F&E-Projekte realisiert werden, die ohne die unmittelbar gewinnreduzierende Wirkung (wie es bei einer Aktivierung von F&E-Ausgaben der Fall wäre) unterlassen worden wären, bestünde bei entsprechend hohen Gewinnen ein positiver Effekt des Aktivierungsverbotes hinsichtlich der Höhe der F&E-Ausgaben. Ob im Zusammenhang mit der Erhöhung der F&E-Ausgaben als gewinnreduzierende Maßnahme ggf. auch F&E-Projekte mit negativem Nettokapitalwert durchgeführt werden und inwieweit sich in diesem Zusammenhang in Abhängigkeit der Unternehmensgröße Unterschiede ergeben, kann aufgrund der bestehenden empirischen Untersuchungen nicht geklärt werden. Das weitere Ergebnis von *Perry/Grinaker*, daß die (betragsmäßige) Änderung der F&E-Ausgaben bei möglichen negativen Abweichungen vom Sollgewinn größer ist als bei entsprechenden möglichen positiven Abweichungen, zeigt aber, daß die Bereitschaft, zusätzliche F&E-Ausgaben als gewinnreduzierende Maßnahme zu verwenden, auf jeden Fall begrenzt ist.

2.2.1.3 Bilanzieller Verschuldungsgrad als bewertungsrelevante Größe

Weiterhin ist zu prüfen, inwieweit sich aus dem Ziel der Beeinflussung des Aktienmarktes auch Bestrebungen von Unternehmen ableiten lassen, durch bilanzpolitische Maßnahmen – und somit auch durch eine Veränderung der Höhe der F&E-Ausgaben – die Höhe des bilanziellen Eigenkapitals zu erhalten bzw. zu steigern.

Eine Annäherung über die Untersuchung des Zusammenhangs von bilanziellem Verschuldungsgrad und historischen Betawerten führt zu keinem eindeutigen Ergebnis. In US-amerikanischen Studien wurde zwar teilweise nicht nur für den entsprechend der Kapitaltheorie zu Marktwerten ermittelten Verschuldungsgrad, sondern auch für den bilanziellen Verschuldungsgrad ein signifikant positiver Zusammen-

---

[28] Vgl. Perry/Grinaker (1994) bzw. Kapitel III.4 der vorliegenden Arbeit.

hang mit historischen Betawerten nachgewiesen.[29] Der gesuchte Zusammenhang konnte bspw. von *Bowman*[30] gezeigt werden. Für den deutschen Markt ergab sich aber gemäß den Studien von *Bauer*[31] und *Zimmermann*[32] in der Regel kein signifikanter Zusammenhang von bilanziellem Verschuldungsgrad und historischen Betawerten. Es konnten aber auch zwischen anderen fundamentalen Unternehmenskennzahlen (inklusive dem Marktwert-Verschuldungsgrad, aber mit Ausnahme von aus Gewinn- und Umsatzgrößen aufgebauten Risikomaßen[33]) und den historischen Betawerten deutscher Aktien keine ökonomisch erklärbaren, stabilen signifikanten Zusammenhänge festgestellt werden.[34] Eine mögliche Ursache hierfür ist die in Deutschland – im Gegensatz zu den USA – vorhandene Illiquidität einer großen Anzahl von Aktien, die zu verzerrten Beta-Schätzungen führt und damit auch die Schätzungen der fundamentalen Zusammenhänge beeinträchtigt.[35] Darüber hinaus könnten die funktionalen Zusammenhänge nicht linear sein und somit mit den eingesetzten linearen Analyseverfahren nicht (korrekt) erfaßt worden sein.[36]

Ein Blick auf das Vorgehen der Investment-Branche zur Schätzung von Betawerten zeigt wiederum, daß zur Ermittlung des fundamentalen Betas auch Kennzahlen, wie ein mit bilanziellen Größen erstellter Verschuldungsgrad verwendet werden.[37] Sofern die Manager davon ausgehen, daß die in den Aktienkursen enthaltene Risikoprämie auch von dem bilanziellen Verschuldungsgrad abhängt, ist es möglich, daß zur Aktienkurspflege auch das ausgewiesene Eigenkapital beeinflußt wird. Unterstellt man weiter, daß (zumindest aus Sicht der Manager) dahingehend eine Nichtlinearität besteht, daß bei hohen (bilanziellen) Verschuldungsgraden die Renditeforderungen der Eigenkapitalgeber mit dem Verschuldungsgrad progressiv zunehmen, dürften

---

[29] Ein Überblick über die Ergebnisse einschlägiger Untersuchungen findet sich bei Bauer (1992), S. 105-111.
[30] Vgl. Bowman (1980), S. 242-254.
[31] Vgl. Bauer (1992), S. 129, 167f, 171f und S. 176.
[32] Vgl. Zimmermann (1997), S. 290-308.
[33] Bauer zeigte, daß bilanzielle Marktrisikomaße wie Jahresüberschußvariabilität, accounting-beta oder Umsatz-Beta signifikant positiv mit den Betawerten zusammenhängen. Vgl. Bauer (1992), S. 180-182.
[34] Vgl. Bauer (1992), S. 237-240; Zimmermann (1997), S. 290-308 und S. 331.
[35] Vgl. Zimmermann (1997), S. 333.
[36] Vgl. Zimmermann (1997), S. 333.
[37] Vgl. Foster (1986), S. 352 f.

Unternehmen insbesondere den Ausweis entsprechend hoher Verschuldungsgrade[38] zu vermeiden versuchen.

Als Hinweis für ein entsprechendes Verhalten der Unternehmen kann das Befragungsergebnis von *Scheld*[39] gewertet werden, das dem Eigenkapital als Zielgröße der Bilanzpolitik eine hohe Bedeutung bescheinigt.[40] Demzufolge ist es auch möglich, daß bei einem hohen Verschuldungsgrad die bei einem Aktivierungsverbot gegebene unmittelbar eigenkapitalreduzierende Wirkung von F&E-Investitionen dazu führt, daß auf einige F&E-Investitionen verzichtet wird.

Die bei der Betrachtung auf Gewinnebene genannten Argumente gegen eine Reduzierung von F&E-Ausgaben zur Beeinflussung des Aktienmarktes bei großen Unternehmen gelten hier gleichermaßen. Insofern ist es insbesondere bei kleinen Unternehmen möglich, daß aufgrund der unmittelbar eigenkapitalreduzierenden Wirkung von F&E-Investitionen bei einem hohen Verschuldungsgrad F&E-Ausgaben reduziert bzw. nicht erhöht werden.[41]

---

[38] Als wichtige Bezugsgrößen für die Beurteilung des Verschuldungsgrades gelten diesbezügliche Branchendurchschnittswerte sowie Vergangenheitswerte des betreffenden Unternehmens. Vgl. dazu auch Greth (1996), S. 108; Klein (1989), S. 69.

[39] Vgl. Scheld (1994) bzw. Kapitel III.3.2.2 der vorliegenden Arbeit.

[40] Wenngleich bei der Frage nach den Zielgruppen der (Konzern)bilanzpolitik die Anteilseigner an erster Stelle genannt wurden, muß aber offen bleiben, ob dies auch speziell für die Zielgröße Eigenkapital gilt.

[41] Ein solches Verhalten von Managern von kleinen Unternehmen ist mit den Ergebnissen zur Bewertungsrelevanz von F&E-Ausgaben am Kapitalmarkt vereinbar. Analog zu der Argumentation auf Gewinnebene genügt es, daß die Manager davon ausgehen, daß bei einem hohen Verschuldungsgrad und der Gefahr einer weiteren Verschlechterung des Wertes ein Verzicht auf einen bestimmten Betrag von F&E-Ausgaben insgesamt positiv auf den Aktienkurs wirkt, weil die positive Wirkung dadurch, daß sich der Wert nicht weiter verschlechtert, eine mögliche negative Wirkung von entsprechend geringeren F&E-Ausgaben überkompensiert.

2.2.2 Beeinflussung von Fremdkapitalgebern

2.2.2.1 Kreditinstitute

Als weiteres, aus den Unternehmenszielen abgeleitetes bilanzpolitisches Ziel ergibt sich die Beeinflussung der (aktuellen und potentiellen) Kreditgeber. Es soll insbesondere erreicht werden, daß Kreditgeber

♦ gewährte Kredite nicht vorzeitig fälligstellen,
♦ neue Kredite gewähren und
♦ günstige Kreditkonditionen einräumen.[42]

Es gilt im Folgenden zu untersuchen, inwieweit tatsächlich diese Ziele mit bilanzpolitischen Mitteln zu erreichen versucht werden und inwieweit sich aus diesen Zielen bei einem Aktivierungsverbot für F&E-Ausgaben die Verwendung der Höhe der F&E-Ausgaben als bilanzpolitischer Aktionsparameter ableiten läßt.

Um hierfür neben den Studien zum bilanzpolitischen Verhalten der Unternehmen (Kapitel III.3) und der Untersuchung zur Reaktion von Kreditinstituten auf unterschiedliche Bilanzierungsmethoden für F&E-Ausgaben (Kapitel III.2.1.3.3) weitere empirisch gesicherte Hinweise zu erhalten, sollen auch Erkenntnisse einbezogen werden, die sich aus der Analyse von Kreditwürdigkeitsprüfungen ergeben. Damit werden die für Kreditgeber entscheidungsrelevanten Kriterien bzw. Kennzahlen ermittelt, die die Schuldnerunternehmen berücksichtigen müssen, um die Kreditgeber in ihrem Sinne zu beeinflussen. Da für die vorliegende Arbeit aber letztlich nur die Sicht und das Verhalten der Schuldnerunternehmen relevant ist, und der von Kreditgebern verwendete und der von Schuldnerunternehmen angenommene Beurteilungsmaßstab für die Kreditwürdigkeit nicht zwingend kongruent ist, dürfen die aus der Analyse von Kreditwürdigkeitsprüfungen resultierenden Erkenntnisse nur als indirekte Hinweise gewertet werden.

Der Sinn und Zweck einer Kreditwürdigkeitsprüfung besteht darin, eine Aussage über den Risikogehalt einer Kreditgewährung und somit über die Vertretbarkeit des Kredits zu erhalten.[43] Wesentliches Element der Kreditrisiken ist das Bonitätsrisi-

---

[42] Vgl. Klein (1989), S. 70.
[43] Vgl. bspw. Jährig/Schuck (1989), S. 335; Schierenbeck (1998), S. 432.

ko.⁴⁴ Dieses setzt sich aus dem Verlustrisiko (das Risiko, daß der Kreditbetrag und/oder die Zinsen nicht oder nur teilweise zurückgezahlt werden können) und dem Liquiditätsrisiko (das Risiko, daß der Kreditbetrag und/oder die Zinsen nicht termingemäß zurückgezahlt werden) zusammen.⁴⁵ Üblicherweise werden die überprüften Unternehmen entsprechend ihrer Bonität in ein System von abgestuften Risikoklassen eingeordnet, das einer risikoorientierten Vergütung, Bearbeitung und Steuerung der Kredite dient.⁴⁶

Für die Kreditwürdigkeitsprüfung gilt, daß Kreditinstitute gemäß §18 Satz 1 KWG einen Kredit von insgesamt mehr als DM 500.000 nur gewähren dürfen, wenn sie sich von dem Kreditnehmer die wirtschaftlichen Verhältnisse, insbesondere durch Vorlage der Jahresabschlüsse, offenlegen lassen.⁴⁷ Der Jahresabschluß (und Lagebericht) informiert aber nur sehr begrenzt über die zukünftige Fähigkeit zur Zinszahlung und Kredittilgung des jeweiligen Unternehmens.⁴⁸ Dennoch sind Jahresabschlußkennzahlen bei der Kreditwürdigkeitsprüfung nicht nur entscheidungsrelevant, sondern sie spielen dabei meist sogar eine dominierende Rolle, wie aus den Ergebnissen der in Deutschland durchgeführten Befragungen von *Betsch/Brümmer/ Hartmann/Wittberg*⁴⁹, *Drukarczyk/Duttle/Rieger*⁵⁰ und *Krag/Schmelz/Seekamp*⁵¹ hervorgeht.⁵² Die große Bedeutung von Jahresabschlußkennzahlen bei der Kreditwür-

---

⁴⁴ Vgl. bspw. Dicken (1997), S. 9; Schierenbeck (1998), S. 432f.
⁴⁵ Vgl. bspw. Dicken (1997), S. 9; Schierenbeck (1998), S. 432f.
⁴⁶ Vgl. Dicken (1997), S. 13f.
⁴⁷ Das Bundesaufsichtsamt für Kreditwesen überwacht die Einhaltung des § 18 KWG sehr genau. Darüber hinaus sind die Wirtschaftsprüfer, die den Jahresabschluß eines Kreditinstituts testieren, verpflichtet, die Einhaltung des § 18 KWG zu prüfen und zu bestätigen. Vgl. Steinmetz (1999), S. 1216.
⁴⁸ Zu den Grenzen der Jahresabschlußanalyse vgl. bspw. Ballwieser (1989), S. 19-24; Coenenberg (2000), S. 876-879; Küting/Weber (2000), S. 48-54.
⁴⁹ Vgl. Betsch/Brümmer/Hartmann/Wittberg (1997), S. 151f. Die Stichprobe bestand aus 106 Kreditinstituten.
⁵⁰ Vgl. Drukarczyk/Duttle/Rieger (1984), S. 138 und S. 144. Die Stichprobe bestand aus 284 Kreditinsituten.
⁵¹ Vgl. Krag/Schmelz/Seekamp (1998), S. 6f. Die Stichprobe bestand aus 93 der 150 größten Kreditinstitute Deutschlands.
⁵² Vgl. dazu auch Dicken (1997), S. 22 dort Fußnote 98 und Koberg (1991), S. 78-80, jeweils m.w.N.

digkeitsprüfung ist wohl nicht zuletzt darauf zurückzuführen, daß Kreditinstituten häufig nicht genügend aussagefähigere verläßliche Daten zur Verfügung stehen.[53]

Hinsichtlich der Bedeutung einzelner Kennzahlen im Rahmen der Jahresabschlußanalyse gibt eine von *Dicken*[54] durchgeführte Befragung der 500 größten deutschen Kreditinstitute (Rücklaufquote 28,4 %) Hinweise. Den Untersuchungsergebnissen ist zu entnehmen, daß die Eigenkapitalquote, der cash flow, die Liquidität 1./2./3. Grades sowie das Betriebsergebnis zu den wichtigsten Kennzahlen gehören, die bei der Jahresabschlußanalyse eingesetzt werden.[55]

Meyer untersuchte die Systeme der Jahresabschlußanalyse von neun großen deutschen Kreditinstituten.[56] Dabei wurde deutlich, daß unter der Vielzahl verwendeter Kennzahlen regelmäßig dem cash flow und dem Ergebnis bzw. verschiedenen Rentabilitätskennzahlen die höchste Priorität zugemessen wurde.[57]

Weiteren Aufschluß über die für die Bonitätsbeurteilung besonders bedeutsamen Jahresabschlußkennzahlen kann auch ein Blick auf die in der Kreditwürdigkeitsprüfung zunehmend eingesetzten diskriminanzanalytischen Verfahren liefern.[58] Die Diskriminanzanalyse ist ein mathematisch-statistisches Klassifikationsverfahren zur Trennung einer Gesamtheit von Objekten (hier: kreditsuchenden Unternehmen) mit dem Ziel einer Zuordnung der Objekte zu bestimmten Teilgesamtheiten (hier: „kreditwürdige" und „nicht kreditwürdige" Unternehmen).[59] Die Trennung erfolgt dabei anhand einer Diskriminanzfunktion, die aus einer oder mehreren Jahresabschlußkennzahl(en) bestehen kann.[60] Die bei verschiedenen Untersuchungen ermittelten Diskriminanzfunktionen zeigen übereinstimmend, daß die Eigenkapitalquote einen

---

[53] Gemäß der Untersuchung von *Krag/Schmelz/Seekamp* stufen 60% der Banken die Kooperationsbereitschaft der Unternehmen als mittelmäßig bis gering ein. Vgl. Krag/Schmelz/Seekamp (1998), S. 11. Vgl. dazu auch Schierenbeck (1998), S. 441.
[54] Vgl. Dicken (1997), S. 90-120.
[55] Vgl. Dicken (1997), S. 92f.
[56] Vgl. Meyer (1989), S. 79-212.
[57] Vgl. Meyer (1989), insbesondere S. 198f.
[58] Zur zunehmenden Verbreitung von diskriminanzanalytischen Verfahren in der Kreditwürdigkeitsprüfung vgl. bspw. Schierenbeck (1998), S. 443. Vgl. dazu auch Betsch/Brümmer/Hartmann/Wittberg (1997), S. 153.
[59] Vgl. Königsmeier (1999), S. 222.
[60] Vgl. Königsmeier (1999), S. 222.

hohen Trennbeitrag besitzt.[61] Entsprechend ist davon auszugehen, daß die Eigenkapitalquote oder eine andere Kapitalstrukturkennzahl ein wichtiger Bestandteil der in praxi verwendeten Diskriminanzfunktionen darstellt. Eine bei der Deutschen Bank verwendete Diskriminanzfunktion ist bspw. aus den drei Kennzahlen „Verschuldungsgrad", „betriebliche Rendite" und „Umschlagsdauer des Umlaufvermögens" aufgebaut.[62]

In diesem Zusammenhang sind auch die Kennzahlen zu nennen, die vom Bundesaufsichtsamt für das Versicherungswesen (BAV) zur Beurteilung der Deckungsstockfähigkeit[63] von Schuldscheindarlehen an Industrieunternehmen herangezogen werden. Die Kennzahlen sind in dem sogenannten Kreditleitfaden (Bald u.a. (1994)) dargelegt.[64] Sie haben über Versicherungsdarlehen hinaus weitgehend Normencharakter erlangt.[65] In Tabelle 6 sind die Kennzahlen des Kreditleitfadens in Kurzform dargestellt. Sie gelten branchenunabhängig.

Die einzelnen Befunde haben gezeigt, daß bei der Kreditwürdigkeitsprüfung der Eigenkapitalanteil von großer Bedeutung ist, sowie die Ertragskraft, ausgedrückt durch den cash flow und verschiedene Ergebniszahlen (insbesondere das Betriebsergebnis), die jeweils sowohl absolut als auch als Element einer Rentabilitätskennzahl verwendet werden.

Als nächster Schritt ist zu klären, inwieweit sich Kreditinstitute im Sinne von „functional fixation" verhalten und somit ihr Bonitätsurteil durch Rechnungslegungsmaßnahmen zu beeinflussen ist. Im Gegensatz zu der Vielzahl diesbezüglicher empirischer Untersuchungen im Bereich des Aktienmarktes ist hier nur eine empirische Untersuchung auszumachen. Darin zeigte sich, daß c.p. im Fall mit Aktivierung von F&E-Ausgaben eher der gewünschte Kredit gewährt wurde und niedrigere Kreditzinsen verlangt wurden als im Fall ohne Aktivierung der F&E-Ausgaben.[66]

---

[61] Vgl. dazu Greth (1996), S. 112f m.w.N.
[62] Vgl. Breuer (1991), S. 154.
[63] Vgl. dazu § 54a und § 66 VAG.
[64] Vgl. Bald u.a. (1994), S. 7 und S. 9; Hinz (1994), S. 51.
[65] Vgl. Hinz (1994), S. 51 m.w.N.; Klein (1989), S. 75. Bei deutschen Industrieunternehmen beträgt das Volumen der Finanzierung über Darlehen von Versicherungen nur etwa 10% des Finanzierungsvolumens über Bankkredite. Vgl. Deutsche Bundesbank (2000), S. 35.
[66] Vgl. McGee (1984) bzw. Kapitel III.2.1.3.3 der vorliegenden Arbeit.

Kennzahlen zur Bonitätsbeurteilung		Darlehensvergabe mit Sicherheiten	Darlehensvergabe mit Negativklausel
Ertragslage:	**Gesamtkapitalrendite** (Betriebsergebnis + Zinsaufwand)/⌀Gesamtkapital	$\geq 6\%$	$\geq 6\%$
Finanzlage:	**Entschuldungsdauer** Bereinigtes Gläubigerkapital/Cash-flow	≤ 7 Jahre	≤ 7 Jahre
	Finanzierungskoeffizient Bereinigtes Gläubigerkapital/(Bereinigtes Eigenkapital[67] + Pensionsrückstellungen)	≤ 2	≤ 2
Nebenbedingung:	**Eigenkapitalquote** Bereinigtes Eigenkapital/ Bereinigte Bilanzsumme	$\geq 20\%$	$\geq 30\%$
Rechnerische Kompensation zwischen den Kennzahlen		Ja	Nein

Tabelle 6: Sollwerte der Bonitätskriterien zur Vergabe von Schuldscheindarlehen durch Versicherungsunternehmen nach dem Kreditleitfaden[68]

Die bisherigen Ergebnisse stützen indirekt die Resultate der zum Rechnungslegungsverhalten der Unternehmen durchgeführten empirischen Untersuchungen, die beinhalten, daß auch mit Blick auf die Fremdkapitalgeber das Ergebnis und das Eigenkapital bilanzpolitisch beeinflußt wird.[69]

---

[67] Bei der Ermittlung des bereinigten Eigenkapitals werden dem Eigenkapital 2/3 des Sonderposten mit Rücklageanteil und 2/3 der verlorenen Zuschüsse hinzugerechnet und ausstehende Einlagen auf das gezeichnete Kapital, aktive latente Steuern und die Gewinnausschüttung werden subtrahiert. Weitere Posten wie bspw. Aufwendungen für die Ingangsetzung und Erweiterung des Geschäftsbetriebs werden aber nicht mit dem Eigenkapital verrechnet. Vgl. Bald u.a. (1994), S. 27.

[68] Vgl. Bald u.a. (1994), S. 12f und S. 26f; Linnhoff/Pellens (1994), S. 590.

[69] Vgl. Koch (1981) und Scheld (1994) bzw. Kapitel III.3.2 der vorliegenden Arbeit. An dieser Stelle sind auch die US-amerikanischen Untersuchungen zur Überprüfung der Verschuldungsgrad-Hypothese zu nennen (vgl. Kapitel III.3.1.1 der vorliegenden Arbeit). Die Hypothese konnte überwiegend bestätigt werden (vgl. Kapitel III.3.1.2 der vorliegenden Arbeit). Diese Ergebnisse lassen sich aber kaum auf deutsche Verhältnisse übertragen, da restriktive Kreditvereinbarungen, die als Ursache für den festgestellten Zusammenhang von hohem Verschuldungsgrad

Daraufhin ist zu erörtern, inwieweit zur bilanzpolitischen Beeinflussung von Kreditinstituten eine Anpassung der Höhe der F&E-Ausgaben in Frage kommt. Dazu können durch die Analyse der Rolle der F&E-Ausgaben bei der Kreditwürdigkeitsprüfung (wiederum indirekt) Hinweise gewonnen werden.

Eine Berücksichtigung von F&E-Ausgaben bei der Kreditwürdigkeitsprüfung könnte sowohl im Rahmen der Jahresabschlußanalyse (in Form von F&E-Kennzahlen) als auch im Rahmen der Analyse von „soft facts" stattfinden. Hinsichtlich der Bedeutung von F&E-Kennzahlen (wie bspw. der F&E-Intensität) bei der Jahresabschlußanalyse von Kreditinstituten ist der oben genannten Studie von *Meyer* zu entnehmen, daß bei den untersuchten Jahresabschlußanalyse-Systemen F&E-Kennzahlen keine Rolle spielen.[70] Bezüglich „soft facts" kommt *Dicken* aufgrund der oben genannten Befragung zu dem Ergebnis, daß bei der Kreditwürdigkeitsprüfung dieser Bereich nicht in ausreichendem Umfang berücksichtigt wird.[71] Es werden zwar häufig Aspekte wie Qualifikation des Managements, Absatzmarktbedingungen und technischer Stand und Ausstattung der Produktionsanlagen einbezogen. Die Innovationskraft und die F&E-Aktivitäten gehören aber zu den selten untersuchten Gebieten.[72] Bezüglich der Form der Analyse von „soft facts" wurde deutlich, daß dieser Bereich bei 68,1 % der Kreditinstitute nur in Form verbaler Ausführungen in die Kreditwürdigkeitsprüfung einbezogen wird. 16,4 % der Institute führen zu diesem Zweck eine grobe Einstufung bspw. in die Beurteilungskategorien „gut/mittel/schlecht" durch, während nur 15,5 % der Institute hierfür ein Punktesystem verwenden.[73]

Gemäß dem Befragungsergebnis von *Krag/Schmelz/Seekamp* kommt dem Bereich „Technologie" nur eine begrenzte Bedeutung bei der Kreditwürdigkeitsanalyse zu. Dieses Ergebnis sehen *Krag/Schmelz/Seekamp* darin begründet, daß Kreditsachbearbeitern das nötige Know-how fehlt, um diesen Indikator richtig einzuschätzen.[74] An dieser Stelle ist ferner die Beobachtung von *Nitsch* zu nennen, daß im Rahmen der

---

und eigenkapitalerhöhender Bilanzpolitik gelten, in Deutschland wesentlich seltener als in den USA verwendet werden. Eine in Deutschland durchgeführte Befragung ergab, daß von 281 Kreditinstituten nur 2,1 % restriktive Kreditvereinbarungen (als Beispiel wurde die Begrenzung des Verschuldungsgrades genannt) „häufig" nutzen, während 79 % „vereinzelnd" und 18,9 % „nie" darauf zurückgreifen. Vgl. Drukarczyk/Duttle/Rieger (1984), S. 144f.

[70] Vgl. Meyer (1989), insbesondere S. 200.
[71] Vgl. Dicken (1997), S. 116.
[72] Vgl. Dicken (1997), S. 94-97.
[73] Vgl. Dicken (1997), S. 97.
[74] Vgl. Krag/Schmelz/Seekamp (1998), S. 4f.

Bonitätsbeurteilung durch Kreditinstitute Forschungs- und Entwicklungsarbeiten in ihrer Erfolgsbedeutung vielfach unterschätzt werden.[75]

Damit sprechen mehrere empirische Befunde dafür, daß bei der Kreditwürdigkeitsprüfung der F&E-Bereich unzureichend bzw. nur rudimentär berücksichtigt wird. Da aber das Ergebnis und das Eigenkapital eine große Einflußwirkung auf die Bonitätsbeurteilung besitzen, ist davon auszugehen, daß sich ein Verzicht auf einen Teil der möglichen F&E-Investitionen günstig auf das Bonitätsurteil auswirkt, wenn durch den Verzicht ein unerwünschter Wert beim Ergebnis oder Eigenkapital verhindert wird.

Insofern ergibt sich aus dem Ziel der Beeinflussung der Kreditinstitute ein Anreiz, bei einem Aktivierungsverbot für F&E-Ausgaben diese Ausgaben zu reduzieren bzw. nicht zu erhöhen um eine negative Entwicklung beim Ergebnis bzw. beim Eigenkapital zu verhindern oder abzuschwächen. Inwieweit sich hierbei in Abhängigkeit der Unternehmensgröße Unterschiede ergeben, kann auf Basis der vorliegenden Ergebnisse der empirischen Forschung nicht geklärt werden. Hinsichtlich des Anreizes, die Höhe der F&E-Ausgaben zur bilanzpolitischen Beeinflussung der Fremdkapitalgeber zu verwenden, könnten aber dann für große und kleine Unternehmen Unterschiede feststellbar sein, wenn man neben der Finanzierung durch Bankkredite die direkte Finanzmarktfinanzierung von Unternehmen mitberücksichtigt.

2.2.2.2 Geld-/Anleihenmarkt bzw. Ratingagenturen

In Deutschland spielen Anleihen und Geldmarktpapiere (Commercial Papers) für die Unternehmensfinanzierung eine zwar zunehmende aber in Relation zu anderen Industrienationen[76] geringe Rolle.[77] Die Gesamtverbindlichkeiten deutscher Produktionsunternehmen bestanden Ende 1998 nur zu etwa 2 % aus Anleihen und Geldmarktpapieren.[78] Dagegen machten Bankkredite etwa 42 % der Gesamtverbindlichkeiten

---

[75] Vgl. Nitsch (1993), S. 70.
[76] Hier ist insbesondere der angelsächsische Raum zu nennen.
[77] Vgl. Deutsche Bundesbank (2000), S. 35 und S. 37.
[78] Vgl. Deutsche Bundesbank (2000), S. 35. Dabei sind die Anleihen und Geldmarktpapiere, die über ausländische Finanzierungstöchter begeben wurden, eingerechnet. Die Anleihen der Post wurden nicht berücksichtigt.

aus.[79] Eine Substitution von Bankkrediten durch Anleihen ist bisher meist nur bei den großen, international ausgerichteten Aktiengesellschaften gegeben.[80] Zwei Drittel der DAX-Gesellschaften (ohne Banken und Versicherungen) und sieben von acht im Euro-STOXX-50-Index vertretenen deutschen Industrieunternehmen haben direkt oder über ausländische Finanzierungstöchter Industrieobligationen emittiert.[81]

Da ein Rating für den Emittenten zu besseren Konditionen bzw. zu niedrigeren Finanzierungskosten führen kann und für den Zugang zu nicht-deutschen Finanzmärkten ein Rating ohnehin meist unerläßlich ist,[82] sind bei den großen deutschen Industrieunternehmen[83] auch Ratings (zunehmend) üblich.[84] Ein (hier: Credit-)Rating ist die durch spezielle Symbole ausgedrückte, öffentlich bekanntgegebene Meinung einer auf Bonitätsanalysen spezialisierten Agentur bezüglich der Fähigkeit und rechtlichen Bindung eines Emittenten, die mit einem bestimmten Schuldtitel verbundenen Zins- und Tilgungsverpflichtungen vollständig und rechtzeitig zu erfüllen.[85] Ratingagenturen sind insofern die „Kreditwürdigkeitsprüfer der Kapitalmärkte"[86] bzw. typische Informationsintermediäre[87]. Wenngleich die Initiative für ein Rating gewöhnlich von dem Emittenten ausgeht, der für diese Dienstleistung dann auch aufkommt, werden aus marktstrategischen Gründen auch Ratings ohne besonderen Auftrag des Emittenten angefertigt („solicited" Ratings).[88] Das Urteil einer Ratingagentur beeinflußt für das betreffende Unternehmen nicht nur die Konditionen und

---

[79] Vgl. Deutsche Bundesbank (2000), S. 35.
[80] Vgl. Deutsche Bundesbank (2000), S. 40.
[81] Vgl. Deutsche Bundesbank (2000), S. 40. Diese Angaben entsprechen dem Stand bei Erstellung des Monatsberichts „Januar 2000" der Deutschen Bundesbank.
[82] Vgl. Schnabel (1996), S. 308.
[83] Die Entwicklung von Ratings außerhalb des Bereichs der Industrieunternehmen ist für die vorliegende Arbeit nicht relevant.
[84] Vgl. dazu die Ratingliste Deutschland von Moody's (Berblinger (1996), S. 29-31) und von Standard & Poor's (Standard & Poor's Ratings Services, veröffentlicht unter URL: http://www.standardandpoors.com/ratings/frankfurt, Stand: Juli 2000).
[85] Vgl. Everling (1995), Sp. 1601. Es werden auch Ratings erstellt, die sich nicht auf einen bestimmten Schuldtitel sondern allgemein auf einen Schuldner beziehen.
[86] Kuhlmann (1992), S. 155.
[87] Informationsintermediäre (auf Finanzmärkten) lassen sich definieren als Institutionen, „...die bei einem Austausch von Finanzierungstiteln eingeschaltet werden, um die aus einer asymmetrischen Informationsverteilung resultierenden Informationsbarrieren zwischen Kapitalnehmern und Kapitalgebern zu überwinden oder abzumildern." (Hax (1998), S. 46.)
[88] Vgl. Leffers (1996), S. 356.

Möglichkeiten der Fremdfinanzierung über den Finanzmarkt, es dürfte sich auch auf die Kredit- bzw. Zinsentscheidung von Banken auswirken.[89]

Im Folgenden ist zu klären, inwieweit für die Unternehmen, die sich einem Rating unterziehen, der Versuch einer bilanzpolitischen Beeinflussung der Ratingagentur – insbesondere durch Verwendung der Höhe der F&E-Ausgaben als bilanzpolitischen Aktionsparameter – in Frage kommt. Hierfür liefert eine Analyse des methodischen Vorgehens von Ratingagenturen indirekt Hinweise.

Die Form des Ratingmarktes kann als Angebotsoligopol bezeichnet werden. Dabei besitzen die beiden weltweit tätigen Agenturen Moody's und Standard & Poor's eine dominierende Stellung, während die übrigen Agenturen meist in Marktnischen agieren.[90] Die Ratingverfahren der beiden Marktführer sind einander ähnlich und durch einen standardisierten Ablauf[91] gekennzeichnet. Während zahlreichen Veröffentlichungen zu entnehmen ist, wie ein Ratingverfahren abläuft und welche Informationen in das Ratingurteil einfließen, geben die Agenturen wenig über die Gewichtung einzelner Kriterien bzw. Kennzahlen bekannt.[92] Die Analyse des grundsätzlichen Vorgehens und der Informationen, die Ratingagenturen für ihr Urteil verwenden, führt aber bereits zu deutlichen Ergebnissen hinsichtlich der hier zu beantwortenden Frage.

Ratingagenturen führen umfassende Unternehmensanalysen durch, in die auch makroökonomische und branchenspezifische Rahmenbedingungen einfließen.[93] Intensive und tiefgreifende Unternehmensanalysen sind den Ratingagenturen insbesondere deshalb möglich, weil ihren Analystenteams von den Emittenten eine Fülle von nicht-öffentlichen Unternehmensinformationen zur Verfügung gestellt wird.[94] Hierzu

---

[89] Vgl. dazu Serfling/Badack/Jeiter (1996), S. 643f. Weiterhin kann das Ratingurteil den Aktienkurs beeinflussen. Zu einer Analyse diesbezüglicher empirischer Untersuchungen vgl. Steiner/Heinke (1996), S. 585-590.
[90] Vgl. Everling (1996), S. 6.
[91] Vgl. hierzu bspw. Serfling/Badack/Jeiter (1996), S. 636-639.
[92] Vgl. Leffers (1996), S. 363; Serfling/Badack/Jeiter (1996), S. 648.
[93] Vgl. Berblinger (1996), S. 64; Serfling/Badack/Jeiter (1996), S. 637.
[94] Die Ratingagenturen fördern die Bereitschaft von Unternehmen, ihnen vertrauliche Informationen zur Verfügung zu stellen, indem sie nach dem Prinzip vorgehen: „je besser die Vorsagbarkeit künftiger Cash-flows ..., desto höher ist auch das Rating" (Berblinger (1996), S. 59). Dieses Prinzip spiegelt sich auch in der Usance wider, daß Emittenten, die mit dem vorläufigen Ratingurteil nicht einverstanden sind, durch die Vorlage neuer bzw. ergänzender Daten eine

gehören neben Finanzplänen, Planbilanzen und weitgehenden Erläuterungen der letzten Jahresabschlüsse auch detaillierte geschäftsbereichsspezifische Informationen zur gegenwärtigen und zukünftigen Geschäfts- und Investitionspolitik, zur Wettbewerbsposition, zu Kosten- und Werttreibern, etc.[95] Die schriftlichen Unterlagen werden durch Managementgespräche ergänzt.[96] Damit können die Agenturen eigene, gut fundierte Prognosen bzw. Planungen für das Unternehmen erstellen und wettbewerbliche, betriebliche, finanzwirtschaftliche und rechtliche Risiken gründlich bewerten.[97] Es werden bspw. auch Streßszenarien auf Absatz-, Beschaffungs- und Finanzmärkten mit den möglichen Auswirkungen auf Ergebnis und Cash flow erstellt.[98]

Aufgrund des in quantitativer und qualitativer Hinsicht hohen Informationsstandes der Ratingagenturen, in Verbindung mit der hohen Qualifikation ihrer Analysten im Bereich der Finanzanalyse, muß die Beeinflußbarkeit eines Ratingurteils durch (erkennbare) Bilanzpolitik als grundsätzlich sehr gering eingeschätzt werden. Ratingagenturen „...look far beyond the numbers..."[99].

Betrachtet man speziell den F&E-Bereich, dann zeigt sich, daß auch dieses Gebiet von den Ratingagenturen untersucht wird. Wenngleich über das konkrete Vorgehen bei der Analyse des F&E-Bereichs nur wenige Informationen vorliegen, läßt sich den Veröffentlichungen entnehmen, daß dieser Bereich zu den zentralen Kriterien bei der Bestimmung des Geschäftsrisikoprofils gehört.[100] Weiterhin ist bekannt, daß die Höhe der F&E-Ausgaben auch relativ zu den Wettbewerbern gewertet wird.[101] Ferner ist aufgrund des Einsatzes von Branchenspezialisten[102] davon auszugehen, daß Ratingagenturen auch auf diesem Gebiet über die erforderliche Fachkompetenz verfügen.

---

neue Analyse auslösen können. Vgl. Meyer-Parpart (1996), S. 117; Serfling/Badack/Jeiter (1996), S. 637. Vgl. dazu auch Müller (1996), S. 331.
[95] Vgl. Meyer-Parpart (1996), S. 116; Schmidt (1996), S. 265f.
[96] Vgl. Meyer-Parpart (1996), S. 116.
[97] Vgl. Berblinger (1996), S. 66; Meyer-Parpart (1996), S. 117.
[98] Vgl. Berblinger (1996), S. 67.
[99] Roth (1993), S. 53.
[100] Vgl. Paul (1996), S. 410; Standard & Poor's Ratings Services, veröffentlicht unter URL: http://www.standardandpoors.com/ratings/frankfurt, Stand: Juli 2000.
[101] Vgl. Nitsch (1993), S. 29.
[102] Vgl. Berblinger (1996), S. 57.

Damit wird deutlich, daß Unternehmen mit hoher Wahrscheinlichkeit nicht versuchen, das Urteil von Ratingagenturen zu beeinflussen, indem bei einem Aktivierungsverbot von F&E-Ausgaben zu Gunsten des Bilanzbildes F&E-Investitionen reduziert werden. Von den Ratingagenturen wäre eine negative Reaktion auf eine solche Maßnahme zu erwarten.

Vor dem Hintergrund, daß das Urteil einer Ratingagentur auch die Kredit- bzw. Zinsentscheidung von Banken beeinflussen dürfte, und daß bei deutschen Industrieunternehmen die direkte Finanzmarktfinanzierung und Ratings vor allem bei den großen Unternehmen verbreitet sind, soll folgende vereinfachende Annahme getroffen werden: Es wird unterstellt, daß im Bereich der Fremdfinanzierung für große Unternehmen primär das Urteil von Ratingagenturen relevant ist, während kleine Unternehmen die Beeinflussung der kreditgebenden Banken zum Ziel haben. Entsprechend werden die im Zusammenhang mit der Betrachtung von Ratingagenturen als Bilanzadressaten erhaltenen Ergebnisse auf große und die im Zusammenhang mit der Betrachtung von Kreditinstituten als Bilanzadressaten erhaltenen Ergebnisse[103] auf kleine Unternehmen bezogen. Damit ergibt sich im Lichte der Beeinflussung der Fremdkapitalgeber bei großen Unternehmen eine deutlich geringere Wahrscheinlichkeit einer Reduzierung der F&E-Ausgaben zu Gunsten des Bilanzbildes als bei kleinen. Dieses Ergebnis steht im Einklang mit den Resultaten, die sich bei Betrachtung des Aktienmarktes als Bilanzadressat ergaben.[104]

2.3 Beeinflussung von Mitarbeitern/Gewerkschaften, Öffentlichkeit und Behörden

Politische Kosten können sich u.a. dadurch ergeben, daß ein hoher Jahresüberschuß zu überdurchschnittlichen Lohnforderungen der Mitarbeiter bzw. Gewerkschaften sowie zu Reaktionen der Kartellbehörden führt.[105] Es ist anzunehmen, daß der Aspekt der politischen Kosten mit zunehmender Unternehmensgröße an Bedeutung gewinnt. Mit zunehmender Unternehmensgröße steigt das Interesse der Öffentlichkeit an der wirtschaftlichen Lage des Unternehmens. Mit zunehmendem öffentlichen

---

[103] Vgl. Kapitel IV.2.2.2.1.
[104] Vgl. Kapitel IV.2.2.1.

Interesse nehmen wiederum die Forderungen der Öffentlichkeit zu, aus hohen Jahresüberschüssen Konsequenzen zu ziehen. Weiterhin ist zu sehen, daß bei großen Unternehmen auch sog. „Haustarife" abgeschlossen werden. Dabei richten die Interessenvertreter der Arbeitnehmerschaft ihre Lohnforderungen und Forderungen nach freiwilligen zusätzlichen sozialen Leistungen nach der Leistungsfähigkeit und somit insbesondere nach der Gewinnentwicklung des Unternehmens.[106]

Aus dem Ziel, die politischen Kosten zu minimieren, ergibt sich für die Unternehmensführung ein Anreiz, die Öffentlichkeit, Gewerkschaften, Behörden, etc. bei hohen Jahresüberschüssen durch gewinnreduzierende Bilanzpolitik zu beeinflussen. Ein Verhalten dieser Adressatengruppe im Sinne von „functional fixation" ist vorstellbar. Es liegen empirische Untersuchungen vor, die sich direkt dem Verhalten der Unternehmen widmen. Dabei wurde meist die Unternehmensgröße als Stellvertretervariable für die Höhe und Wahrscheinlichkeit von politischen Kosten verwendet. Der Zusammenhang von Unternehmensgröße und gewinnreduzierender Bilanzpolitik konnte in US-amerikanischen Untersuchungen überwiegend nachgewiesen werden.[107] Aufgrund der methodischen Schwäche, die Unternehmensgröße als Stellvertretervariable zu verwenden, können diese Ergebnisse nur als Hinweis auf das Verhalten der Unternehmen, durch gewinnreduzierende Bilanzpolitik politische Kosten zu reduzieren, gewertet werden. Für ein entsprechendes Verhalten der Unternehmen spricht ferner die (australische) Untersuchung von *Godfrey/Jones*[108], bei der ein positiver Zusammenhang von Gewinnglättung und dem Anteil der Gewerkschaftsmitglieder im Unternehmen festgestellt wurde.

Geht man davon aus, daß insbesondere bei großen Unternehmen ein sehr hoher Anstieg des Jahresüberschusses – aufgrund der Gefahr entsprechender politischer Kosten – durch Bilanzpolitik vermieden wird, verbleibt die Frage nach den angewandten bilanzpolitischen Mitteln. Es ist nicht auszuschließen, daß als gewinnreduzierende Maßnahme bei einem Aktivierungsverbot für F&E-Ausgaben zusätzliche F&E-Investitionen durchgeführt werden. Für weitergehende Aussagen fehlen hier aber einschlägige Hinweise der empirischen Forschung.

---

[105] Vgl. Kapitel III.3.1 der vorliegenden Arbeit. Vgl. dazu auch Baetge (1998), S. 10; Baetge/Ballwieser (1978), S. 518; Klein (1989), S. 76.
[106] Vgl. Scheld (1994), S. 63.
[107] Vgl. Kapitel III.3.1.2, aber auch Kapitel III.3.2.1.2.2 der vorliegenden Arbeit.
[108] Vgl. Godfrey/Jones (1999) bzw. Kapitel III.3.2.1.2.2 der vorliegenden Arbeit.

2.4 Individuelle Ziele der Unternehmensleitung

Bei den Zielen der Bilanzpolitik sind ferner die individuellen Ziele der Manager zu berücksichtigen. Zu den individuellen Zielen des Managements gehören:

- Wohlstandsmaximierung,
- Arbeitsplatzsicherheit,
- Macht- und Prestige und
- Minimierung externer Kontrollen.[109]

Aus dem Ziel der Manager, den eigenen Wohlstand zu maximieren, läßt sich über eine leistungsbezogene Entlohnung des Managements ein konkretes bilanzpolitisches Verhalten ableiten.[110] Eine leistungsbezogene Entlohnung des Managements, die aus Sicht der Unternehmenseigentümer das Risiko des Moral Hazard und damit die Agency-Kosten senken soll, basiert bei deutschen börsennotierten Unternehmen häufig auf rechnungswesenorientierten aber zunehmend auch auf aktionärsvermögenorientierten Bezugsgrößen.[111]

Zunächst sei eine gewinnabhängige Entlohnung betrachtet.[112] Dabei besteht für das Management ein Anreiz, durch bilanzpolitische Maßnahmen den Barwert der Gewinne und damit den Barwert der Vergütungen zu erhöhen. Entsprechend wurden die Bonusplan-Hypothese und ihre Derivate entwickelt.[113] Demnach führt die gewinnabhängige Entlohnung zu gewinnerhöhender Bilanzpolitik, es sei denn, der Gewinn (vor Bilanzpolitik) liegt in der Nähe oder über einer gegebenenfalls vorhandenen Gewinnobergrenze, so daß eine Gewinnerhöhung keinen Vergütungsvorteil hervorrufen würde. Befindet sich der Gewinn (vor Bilanzpolitik) über der Obergrenze, wird eine gewinnreduzierende Bilanzpolitik erwartet, so daß von einem Gewinnglättungsverhalten um die Gewinnobergrenze gesprochen werden kann. Dieses Verhalten der Manager konnte empirisch weitgehend bestätigt werden.[114]

---

[109] Vgl. Baetge/Ballwieser (1978), S. 522; Freidank (1990), S. 15 m.w.N.; Gordon (1964), S. 261.
[110] Vgl. dazu auch Kapitel III.3.1.1 der vorliegenden Arbeit.
[111] Vgl. Evers (1998), S. 58f; Pellens (1998), S. V; Seibert (1998), S. 31.
[112] Das deutsche Aktienrecht sieht für die Vorstandsmitglieder einer Aktiengesellschaft eine Beteiligung am Jahresgewinn vor. Vgl. § 86 Abs. 1 AktG.
[113] Vgl. Kapitel III.3.1.1 der vorliegenden Arbeit.
[114] Vgl. dazu Kapitel III.3.1.2 und Kapitel III.3.2.1 der vorliegenden Arbeit. Es bestehen aber widersprüchliche Ergebnisse empirischer Untersuchungen hinsichtlich des Verhaltens der Ma-

Das Bestreben von Managern, den Barwert der (gewinnabhängigen) Vergütungen auch mit Hilfe von Bilanzpolitik zu maximieren, läßt auch auf einen restriktiven Umgang mit F&E-Investitionen bei einem Aktivierungsverbot für F&E-Ausgaben schließen. Aus Sicht des Managers haben F&E-Investitionen den besonderen Nachteil, daß sie einerseits sofort gewinnreduzierend wirksam sind und andererseits die zugehörigen Einnahmen bzw. Erträge teilweise mit erheblicher Verzögerung anfallen, während die Dauer des Verbleibs des Managers in seiner Position begrenzt bzw. unsicher ist.[115] Im Extremfall fällt zwar ein Großteil der Aufwendungen einer F&E-Investition innerhalb der Tätigkeitszeit eines Managers an, die Erträge aber erst nach Abschluß seiner Tätigkeit, so daß sich diese für ihn nicht mehr in seiner Vergütung widerspiegeln.[116] Entsprechend ist anzunehmen, daß Manager teilweise auf (aus Unternehmenssicht) rentable aber langfristige F&E-Investitionen verzichten, wenn dadurch die Vergütung im aktuellen Jahr (und den unmittelbar folgenden Jahren) erhöht werden kann.

Mit dem Laborexperiment von *Cooper/Selto*[117] konnte bestätigt werden, daß das Aktivierungsverbot für F&E-Ausgaben in Verbindung mit einer gewinnabhängigen Entlohnung zu einem suboptimalen Investitionsverhalten führt. Auch *Dechow/Sloan*[118] konnten das Verhalten von Managern nachweisen, aus Eigeninteresse auf F&E-Investitionen zu verzichten.[119]

---

nager, wenn der Gewinn (vor Bilanzpolitik) unterhalb einer ggf. vorhandenen Gewinnuntergrenze liegt. Vgl. dazu Kapitel III.3.1.2 der vorliegenden Arbeit.

[115] Vgl. dazu auch Hax (1989), S. 162; Ordelheide (1991), S. 524.

[116] Vgl. dazu auch Hax (1989), S. 162 und S. 166f.

[117] Vgl. Cooper/Selto (1991) bzw. Kapitel III.5.3 der vorliegenden Arbeit.

[118] Vgl. Dechow/Sloan (1991) bzw. Kapitel III.4 der vorliegenden Arbeit.

[119] In diesem Zusammenhang ist aber auch zu sehen, daß die in Verbindung mit einer gewinnabhängigen Entlohnung bestehende negative Wirkung des Aktivierungsverbotes durch eine „interne" Aktivierung verhindert werden könnte. Die von einer gewinnabhängigen Entlohnung ausgehende Wirkung auf das F&E-Investitionsverhalten hängt also davon ab, ob zur Ermittlung des vergütungsrelevanten Gewinns vom Handelsrecht abweichende Regeln zur F&E-Bilanzierung verwendet werden. Vorschläge zur Aktivierung und Abschreibung von F&E-Ausgaben bei der Ermittlung des vergütungsrelevanten Gewinns werden bspw. von *Hax* (vgl. Hax (1989), S. 166-168), *Schneider* (vgl. Schneider (1988a), insbesondere S. 1189f; Schneider (1988b), insbesondere S. 1376-1378) und *Wagenhofer/Riegler* (vgl. Wagenhofer/Riegler (1999), insbesondere S. 79-84) unterbreitet. *Wagenhofer/Riegler* zeigten anhand eines formalen zweiperiodigen Agency-Modells, daß durch eine sofortige Aufwandsverrechnung von (F&E-)Investitionsausgaben bei der Ermittlung des für die Entlohnung relevanten Gewinns keine optimalen Investitionsanreize erzielt werden. Sie berechneten einen aus anreizgesichtspunkten „optimalen" Abschreibungssatz.

Der Sachverhalt, daß die zugehörigen Investitionsrückflüsse möglicherweise erst eintreten, wenn die Manager ihre Position bereits verlassen haben, spricht aber auch gegen einen regelmäßigen Einsatz von zusätzlichen F&E-Ausgaben als Maßnahme zur bilanzpolitischen Gewinnsenkung bei entsprechend hohen Gewinnen. Andere Maßnahmen gewinnsenkender Bilanzpolitik können sich in kürzerer Zeit gewinnerhöhend auswirken bzw. sind dabei besser steuerbar.

Zur Senkung der Agency-Kosten des Eigenkapitals wird den Managern auch zunehmend eine aktienkursorientierte Vergütungskomponente eingeräumt.[120] Der hierzu überwiegend gewählte Weg ist die Gewährung von Kaufoptionen auf Aktien des eigenen Unternehmens („stock options").[121] Eine wichtige Grundlage für die Verbreitung von Aktienoptionsprogrammen in Deutschland waren die diesbezüglichen rechtlichen Erleichterungen durch das im Frühjahr 1998 in Kraft getretene Gesetz zur Kontrolle und Transparenz im Unternehmensbereich (KonTraG).[122]

Es ist anzunehmen, daß Manager versuchen, den Verkaufskurs der Aktien, die sie durch Optionsausübung erhalten – ggf. auch durch bilanzpolitische Maßnahmen[123] – möglichst positiv zu beeinflussen.[124] Daraus ergeben sich in einer vereinfachten Betrachtung folgende Verhaltensanreize für das Management bezüglich F&E-Investitionen bei einem Aktivierungsverbot für F&E-Ausgaben:

Zunächst wird eine zur Disposition stehende F&E-Investition betrachtet, deren Erträge erst nach dem geplanten Verkaufszeitpunkt der Aktien erwartet werden. Hier kann sich entsprechend der obigen Ergebnisse[125] bei kleinen Unternehmen – nicht aber bei großen – durch die Aktienoption ein Anreiz ergeben, durch einen gewinnerhöhenden Verzicht auf die Investition den Kurs (wenn auch nur vorübergehend) positiv zu beeinflussen.[126]

---

[120] Vgl. Clotten (1998), S. 104f.
[121] Vgl. Liebs/Bröcker (2000), S. 33; Seibert (1998), S. 32.
[122] Vgl. Evers (1998), S. 65; Pellens/Crasselt/Rockholtz (1998), S. 11.
[123] Zum fördernden Einfluß von Aktienoptionsprogrammen auf Bilanzpolitik vgl. o.V. (1999), S. 26.
[124] Vgl. dazu auch Evers (1998), S. 66; Pellens/Crasselt/Rockholtz (1998), S. 16. Häufig werden die durch Optionsausübung erworbenen Aktien sofort wieder veräußert. Vgl. Liebs/Bröcker (2000), S. 33.
[125] Vgl. Kapitel IV.2.2.1.2.
[126] Vgl. dazu auch Krog (1998), S. 73.

Ist dagegen der geplante Verkaufszeitpunkt der Aktien zeitlich so weit entfernt, daß die betrachtete F&E-Investition zuvor bereits zu Erträgen führt, dann ergibt sich für Manager von kleinen Unternehmen durch die Aktienoption ein Anreiz, die Investition durchzuführen, auch wenn es aus kurzfristiger Sicht Gründe für einen Verzicht gäbe. Insofern kann durch Aktienoptionsprogramme bei kleinen Unternehmen das Verhalten im Sinne einer bilanzpolitisch motivierten Kürzung von F&E-Ausgaben sowohl gestärkt als auch geschwächt werden. Bei großen Unternehmen dürfte währenddessen auch mit Aktienoptionsprogrammen kein entsprechendes Verhalten auftreten, da hier gemäß obiger Ergebnisse[127] von einer gewinnerhöhenden Reduzierung der F&E-Ausgaben auch kurzfristig eine negative Wirkung auf den Aktienkurs zu erwarten wäre.

Geht man von den oben genannten individuellen Zielen des Managements aus, dann ergeben sich nicht nur im Zusammenhang mit der leistungsabhängigen Entlohnung Anreize zur Bilanzpolitik. Ein (relativ zum Gewinntrend oder zum Branchendurchschnitt) niedriger Gewinnausweis kann für Manager mit einer Gefährdung ihrer Position, mit einer Verringerung ihres „Marktwertes", einem Prestigeverlust, mit zusätzlichen Kontrollen und Rechtfertigungsdruck, etc. verbunden sein. Insofern werden Manager versuchen, einen niedrigen Gewinnausweis – falls nötig mit bilanzpolitischen Mitteln – zu vermeiden.[128] Andererseits bestehen, wenn vom Management ein erheblich gestiegener Gewinn erwartet wird, Anreize zur gewinnreduzierenden Bilanzpolitik. Manager werden in diesem Fall bestrebt sein, das Anspruchsniveau hinsichtlich zukünftiger Gewinne nicht zu groß werden zu lassen.[129] Weiterhin sind entsprechend hohe Gewinne eine geeignete Gelegenheit, durch gewinnreduzierende Bilanzpolitik stille Rücklagen zu schaffen, die dann in schlechten Jahren still aufgelöst werden können.[130]

Damit ergeben sich weitere Motive zur Gewinnglättung, die auch mit Hilfe der Anpassung der Höhe der F&E-Ausgaben vollzogen werden kann, wobei – wie oben begründet – der Einsatz von zusätzlichen F&E-Ausgaben zur bilanzpolitischen Ge-

---

[127] Vgl. Kapitel IV.2.2.1.2.
[128] Vgl. Brayshaw/Eldin (1989), S. 621; Gordon (1964), S. 261f. Vgl. dazu auch die empirischen Untersuchungen, die gezeigt haben, daß in managerkontrollierten Unternehmen im stärkeren Maße Gewinne geglättet werden als in eigentümerkontrollierten Unternehmen, bei denen eine Beeinflussung des Urteils der Eigentümer über die Managementleistung durch Bilanzpolitik schwieriger ist (Kapitel III.3.2.1.2.2 der vorliegenden Arbeit).
[129] Vgl. Moses (1987), S. 364.
[130] Vgl. Baetge/Ballwieser (1978), S. 522; Gordon (1964), S. 262.

winnsenkung fraglich ist. Wenngleich sich aufgrund der Bedeutung des Gewinns für die individuellen Ziele des Managements auch bei großen Unternehmen Motive zur Gewinnglättung ergeben, ist aber ausgehend von dem Eigeninteresse des Managements bei diesen Unternehmen letztlich kein Einsatz der Kürzung der F&E-Ausgaben als gewinnerhöhende Maßnahme abzuleiten. Es ist zu berücksichtigen, daß – auch über mögliche Aktienoptionsprogramme hinaus – die Entwicklung des Aktienkurses für das Eigeninteresse des Managements bedeutend ist, da die Steigerung des Börsenwertes auch als Maßstab für die Managementleistung gilt.[131] Indem bei großen Unternehmen davon auszugehen ist, daß eine zur Gewinnerhöhung durchgeführte Kürzung von F&E-Ausgaben einen negativen Kurseffekt hätte, würde eine solche Maßnahme dem Eigeninteresse des Managements widersprechen.

Die Bedeutung des Gewinns und des Aktienkurses für die individuellen Ziele der Manager spricht bei kleinen Unternehmen dafür, daß zur Vermeidung von Gewinneinbußen ggf. die F&E-Ausgaben reduziert werden. Bei diesen Unternehmen ist davon auszugehen, daß mit einer solchen Maßnahme der Aktienkurs unmittelbar positiv beeinflußt werden kann.[132] Weiterhin ist für den einzelnen Manager eine mögliche langfristig-negative Wirkung der Reduzierung von F&E-Ausgaben auf Gewinn und Aktienkurs nur bedingt relevant, da diese Wirkung teilweise erst eintritt, wenn er die Position bereits verlassen hat. Es können sich aber – wie oben dargelegt – besondere Effekte durch Aktienoptionsprogramme ergeben.

Insgesamt stützen die im Lichte der individuellen Ziele des Managements erhaltenen Ergebnisse die aus dem Ziel der Beeinflussung des Aktienmarktes abgeleiteten Resultate.

2.5 Fazit

Bei der Betrachtung einzelner bilanzpolitischer Ziele ergaben sich Hinweise darauf, daß teilweise bei einem Aktivierungsverbot von F&E-Ausgaben die Höhe dieser Ausgaben verändert wird, um Gewinne zu glätten.

---

[131] Vgl. Evers (1998), S. 65; Diehl (1993), S. 175.
[132] Vgl. Kapitel IV.2.2.1.2 der vorliegenden Arbeit.

Im Zusammenhang mit dem Ziel der Beeinflussung des Aktienmarktes sprechen die einschlägigen Untersuchungsergebnisse dafür, daß bei kleinen Unternehmen – im Gegensatz zu großen – F&E-Investitionen reduziert bzw. nicht erhöht werden, um eine Gewinneinbuße zu vermeiden. Diese Differenzierung wird von den Ergebnissen des Bereichs der Beeinflussung der Fremdkapitalgeber unterstützt, sofern man der vereinfachten Betrachtung folgt, daß im Zusammenhang mit der Fremdfinanzierung bei großen Unternehmen Ratingagenturen und bei kleinen Unternehmen kreditgewährende Banken als entscheidende Bilanzadressaten gesehen werden.

Die Resultate der Auseinandersetzung mit den Eigeninteressen der Manager sprechen prinzipiell ebenfalls dafür, daß bei kleinen Unternehmen – nicht aber bei großen – Gewinneinbußen durch einen entsprechenden Verzicht auf F&E-Ausgaben verhindert werden. Damit bestehen insgesamt zahlreiche Argumente für eine diesbezügliche Differenzierung zwischen großen und kleinen Unternehmen.

Die andere Seite der Gewinnglättung beinhaltet, daß bei relativ hohen Gewinnen gewinnreduzierende Maßnahmen ergriffen werden. Auf Basis der vorliegenden empirischen Befunde ist nicht auszuschließen, daß F&E-Projekte wegen der unmittelbar gewinnsenkenden Wirkung der Ausgaben durchgeführt werden und damit bei entsprechend hohen Gewinnen ein positiver Effekt des Aktivierungsverbotes hinsichtlich der Höhe der F&E-Ausgaben besteht. Der Sachverhalt, daß bei F&E-Investitionen die Rückflüsse möglicherweise erst eintreten, wenn die Manager ihre Position bereits verlassen haben, spricht allerdings gegen einen regelmäßigen Einsatz von zusätzlichen F&E-Ausgaben als Maßnahme zur bilanzpolitischen Gewinnsenkung. Inwieweit sich hier in Abhängigkeit der Unternehmensgröße Unterschiede ergeben, kann auf Basis der vorliegenden empirischen Befunde nicht geklärt werden. Es liegen zwar Hinweise vor, daß große Unternehmen aufgrund der Gefahr von politischen Kosten in stärkerem Maße bei hohen Gewinnen gewinnreduzierende Bilanzpolitik betreiben als kleine Unternehmen. Es ist aber nicht erforscht, ob in diesem Zusammenhang auf zusätzliche F&E-Ausgaben zurückgegriffen wird.

Neben dem Gewinn ergaben sich auch Argumente für das Eigenkapital als Zielgröße der Bilanzpolitik. Dabei gilt primär das Ziel, für den Eigenkapitalanteil mindestens ein als ausreichend angesehenes Niveau zu erreichen. Es ist möglich, daß insbesondere bei einem relativ niedrigen Eigenkapitalanteil auf einige F&E-Investitionen verzichtet wird, da F&E-Ausgaben bei einem Aktivierungsverbot unmittelbar eigenkapitalreduzierend wirken. Ein solches Verhalten dürfte ebenfalls primär bei kleinen Unternehmen gegeben sein.

Nachdem zahlreiche Hinweise darauf bestehen, daß bei kleinen Unternehmen bei einem Aktivierungsverbot von F&E-Ausgaben auf diese Ausgaben so weit erforderlich verzichtet wird, um bilanzpolitischen Zielen Rechnung zu tragen, gilt es im Folgenden für diese Unternehmen herzuleiten, in welchen konkreten Situationen und in welchem Umfang bei einer Aktivierung von F&E-Ausgaben höhere F&E-Ausgaben zu erwarten sind als bei dem Aktivierungsverbot. Hierzu sind zunächst die zu berücksichtigenden Aktivierungskonzeptionen, mit denen das Aktivierungsverbot verglichen wird, zu konkretisieren.

3. Konkretisierung von Alternativen zum Aktivierungsverbot

3.1 Gestaltung zweier Aktivierungskonzeptionen

Gegenstand der Betrachtung sind Ausgaben für interne F&E i.e.S., soweit sie nicht der Anschaffung oder Herstellung von nach HGB zu aktivierenden Vermögensgegenständen dienen. Für eine Regelung de lege ferenda, im Sinne einer Aktivierung (von Teilen) dieser F&E-Ausgaben, sind vielfältige Möglichkeiten vorstellbar. Zu den für die weitere Diskussion wesentlichen Gestaltungselementen gehören:

- der Umfang der F&E-Ausgaben, der aktiviert werden soll,
- die Verwendung von Ansatzbedingungen und das sich daraus ergebende Regelungserfordernis,
- die Aktivierung als immaterielles Anlagevermögen oder als Bilanzierungshilfe,
- die Gestaltung des Ansatzes als Pflicht oder als Wahlrecht im Falle der Aktivierung als immaterielles Anlagevermögen,
- die Modalitäten der planmäßigen Abschreibung.

Die Vielzahl von Einflußfaktoren auf den zu erwartenden Unterschied zwischen Aktivierungsverbot und Aktivierung hinsichtlich der Höhe der F&E-Ausgaben erfordert eine deutliche Beschränkung der Anzahl der zu betrachtenden Aktivierungskonzeptionen. Es sollen zwei Alternativen zur sofortigen Aufwandsverrechnung von F&E-Ausgaben berücksichtigt werden.

Aufgrund der hohen Unsicherheit des zukünftigen ökonomischen Nutzens sollen Forschungsausgaben bei beiden Alternativen sofort als Aufwand verrechnet werden. Weiterhin soll bei beiden Alternativen eine Annäherung der bilanziellen Behandlung von Entwicklungstätigkeiten an die bilanzielle Behandlung von entgeltlich erworbenem immateriellem Anlagevermögen und von selbsterstelltem materiellem Anlagevermögen erreicht werden. Entsprechend soll jeweils das Gebot gelten, Entwicklungsausgaben – wenngleich nur dann, wenn bestimmte Ansatzbedingungen erfüllt sind – als immateriellen Vermögensgegenstand des Anlagevermögens zu aktivieren und diesen über seine wirtschaftliche Nutzungsdauer planmäßig abzuschreiben. Für die Wahl einer Ansatzpflicht sprechen ferner die Nachteile für die Vergleichbarkeit der Jahresabschlüsse, die sich bei einem Ansatzwahlrecht bzw. einer Bilanzierungshilfe ergeben würden.

Die Vorgaben werden von der Regelung des IAS 38[133] zur Bilanzierung von F&E-Ausgaben erfüllt. Aufgrund der hohen Bedeutung, die den IAS international und spätestens durch das Kapitalaufnahmeerleichterungsgesetz (KapAEG)[134] auch in Deutschland zugestanden wird, soll Aktivierungskonzeption I die Regelung des IAS 38 zur Bilanzierung von F&E-Ausgaben aufnehmen. Aktivierungskonzeption I weicht nur insofern von der Regelung des IAS 38 ab, als bei Konzeption I aus Vereinfachungsgründen stets die lineare Abschreibung anzuwenden ist. Dagegen hat nach IAS 38 die verwendete Abschreibungsmethode den Verlauf widerzuspiegeln, in dem der wirtschaftliche Nutzen des Vermögenswertes durch das Unternehmen verbraucht wird. Die lineare Abschreibungsmethode ist gemäß IAS 38 nur dann anzuwenden, wenn dieser Verlauf nicht zuverlässig bestimmt werden kann.[135]

Aktivierungskonzeption II soll mit einer Ausnahme Konzeption I entsprechen. Gemäß IAS 38 bzw. bei Konzeption I werden nur die Entwicklungsausgaben aktiviert, die nach dem Zeitpunkt anfallen, an dem das betrachtete Projekt die in IAS 38.45 gegebenen Ansatzbedingungen erstmals erfüllt. Diesbezüglich gilt bei Konzeption II, daß nicht nur die Entwicklungsausgaben zu aktivieren sind, die nach dem Zeitpunkt anfallen, an dem das betrachtete Projekt die in IAS 38.45 gegebenen Ansatzbedingungen erstmals erfüllt, sondern auch die Entwicklungsausgaben, die in dem betreffenden Geschäftsjahr vor dem Zeitpunkt angefallen sind, an dem das betrachtete Projekt die Ansatzbedingungen erstmals erfüllt. Für den Fall, daß die Ansatzbedingungen bis zum Bilanzstichtag nicht erfüllt sind, gilt also bei beiden Konzeptionen, daß die zu dem betrachteten Projekt gehörenden Entwicklungsausgaben des betreffenden Geschäftsjahres sofort aufwandswirksam zu verrechnen sind.

---

[133] Vgl. dazu Kapitel II.2.3 der vorliegenden Arbeit.
[134] Vgl. hierzu bspw. Pellens/Bonse/Gassen (1998), S. 785-792.
[135] Vgl. IAS 38.88 sowie Kapitel II.2.3 der vorliegenden Arbeit. Hinsichtlich des Abschreibungsbeginns gibt es keinen Unterschied zu der Regelung des IAS 38. Gemäß IAS 38.79 beginnt die Abschreibung, sobald das Entwicklungsergebnis verwendet werden kann.

3.2 Zusätzliche Berücksichtigung von latenten Steuern

3.2.1 Annahmen zur steuerbilanziellen Behandlung von F&E-Ausgaben

Weicht die steuerbilanzielle Behandlung von Entwicklungsausgaben materiell von der handelsbilanziellen ab, stellt sich die Frage nach latenten Steuern, die in ihrer Wirkung auf Jahresabschlußgrößen zu berücksichtigen wären. Insofern ist zu klären, von welcher Rechnungslegungsmethode für Entwicklungsausgaben in der Steuerbilanz auszugehen ist.

Hinsichtlich der steuerbilanziellen Regelung soll das bisher gültige Aktivierungsverbot für F&E-Ausgaben[136] beibehalten werden, da diese Regelung – von einzelnen Ausnahmesituationen[137] abgesehen – als anreizkompatibel eingestuft werden kann. Gegenüber einer Aktivierung und planmäßigen Abschreibung von F&E-Ausgaben bedeutet das Aktivierungsverbot eine Verlagerung von Aufwendungen in frühere Perioden und damit eine Verlagerung von Ertragssteuerzahlungen in spätere Perioden. Betrachtet man ein einzelnes F&E-Projekt, dann ergibt sich durch das Aktivierungsverbot ein zinsloser Steuerkredit, der in den späteren Perioden aufgrund der fehlenden Abschreibungen wieder zurückgezahlt wird. Legt man über der Zeit konstante F&E-Ausgaben zugrunde, dann entsteht aus der kontinuierlichen Folge einzelner kurzfristiger Steuerkredite ein einziger langfristiger (zinsloser) Kredit unbestimmter Dauer.[138]

Auch wenn aufgrund einer Verlustsituation/-phase F&E-Ausgaben, die sofort als Aufwand verrechnet werden, erst in einer (oder mehreren) späteren Periode(n) in Form des Verlustabzugs steuermindernd wirksam werden, verringert sich zwar der beschriebene Zinseffekt. Im ungünstigsten Fall tritt er nicht auf, er wird aber nicht umgekehrt.[139]

---

[136] Das Aktivierungsverbot ergibt sich dadurch, daß entweder kein Wirtschaftsgut entsteht oder ein solches gemäß § 5 Abs. 2 EStG nicht angesetzt werden darf. Vgl. dazu auch Kapitel II.2.1 der vorliegenden Arbeit.

[137] Beispielsweise kann bei Einzelunternehmen/Personenhandelsgesellschaften die sofortige Aufwandsverrechnung der F&E-Ausgaben gegenüber einer Aktivierung und Abschreibung zu einem höheren Steuerbarwert führen, wenn die Ausgaben dabei bei einer niedrigeren Progressionsstufe als im Aktivierungsfall aufwandswirksam verrechnet werden.

[138] Vgl. Röthlingshofer/Sprenger/Scholz (1977), S. 57.

[139] Wichtig ist in diesem Zusammenhang, daß Verluste, die bei einer sofortigen Aufwandsverrechnung der F&E-Ausgaben eher als bei dem Aktivierungsfall entstehen, nicht durch eine Be-

Aufgrund des dargelegten Zinsvorteils läßt sich die steuerliche sofortige Aufwandsverrechnung von F&E-Ausgaben auch als implizite Fördermaßnahme interpretieren.[140]

3.2.2 Rückstellungen für latente Steuern

Gemäß der vorliegenden Konzeptionen werden handelsrechtlich Entwicklungsausgaben aktiviert, während steuerrechtlich ein Aktivierungsverbot besteht. Entsprechend werden Entwicklungsausgaben steuerlich früher als Aufwand verrechnet als handelsrechtlich. Damit ist der Steuerbilanzgewinn zunächst niedriger und später entsprechend höher als der Handelsbilanzgewinn. Hinsichtlich des Handelsbilanzgewinns bedeutet dies zunächst einen zu niedrigen und später einen zu hohen Steueraufwand.

Bei einem entsprechenden Sachverhalt besteht de lege lata (§ 274 Abs. 1 HGB) die Pflicht[141] zur Bildung und späteren Auflösung einer Rückstellung für latente Steuern, wodurch diese Divergenzen ausgeglichen werden.[142] Im Folgenden soll sowohl der Fall berücksichtigt werden, daß aufgrund der unterschiedlichen Behandlung von Entwicklungsausgaben in Handels- und Steuerbilanz Rückstellungen für latente Steuern gebildet werden müssen, als auch der Fall, daß keine entsprechenden Rückstellungen zu bilden sind.

Für den Fall, daß Rückstellungen für latente Steuern zu bilden (und aufzulösen) sind, ergibt sich unter Zugrundelegung der Netto-Methode bei einer positiven Differenz zwischen dem gesamten steuerbilanziell und handelsbilanziell wirksamen F&E-Aufwand der betrachteten Periode für diese Periode ein latenter Steueraufwand in Höhe des Produktes aus dieser Differenz und dem Steuersatz s. Ist diese Differenz

---

schränkung des Zeitraumes der Verlustabzugsmöglichkeit steuerlich nicht mehr geltend gemacht werden können. Diese Bedingung ist obgleich der Änderungen von § 10d EStG durch das Steuerentlastungsgesetz 1999/2000/2002 weiterhin gegeben. Während der Verlustrücktrag ab 1999 auf ein Jahr und maximal DM 2 Mio. (ab 2001 auf maximal DM 1 Mio.) beschränkt ist, ist der Verlustvortrag zeitlich nicht begrenzt.

[140] Vgl. Harhoff (1994), S. 15.
[141] Diese Regelung gilt streng genommen nur für Kapitalgesellschaften, Genossenschaften und Unternehmen im Sinne des PublG.
[142] Es wird hier und im Folgenden von konstanten Steuersätzen ausgegangen.

(später) negativ, werden Rückstellungen für latente Steuern aufgelöst, so daß sich ein latenter Steuerertrag in Höhe des Produktes aus dem Betrag dieser Differenz und dem Steuersatz s ergibt.

Für den Steuersatz s gelte:

$$s = s^{ge} - s^{kn} \cdot s^{ge} + s^{kn} = s^{ge} + s^{kn} \cdot \left(1 - s^{ge}\right)$$

mit

s^{ge} = Effektiver Gewerbeertragsteuersatz: 16,67%

s^{kn} = Körperschaftsteuersatz bei Tarifbelastung: 40%

Damit gilt:

s = 50%

Wird – wie zu erwarten ist (Stand: August 2000) – s^{kn} auf 25% gesenkt, dann ergibt sich:

s = 37,5%

4. Quantifizierung der Unterschiede zwischen Aktivierung und Aktivierungsverbot bezüglich der maximalen Entwicklungsausgaben

4.1 Annahmen bezüglich der Entwicklungsinvestitionen

4.1.1 Konkretisierung der Entscheidungssituation

Im Folgenden soll quantifiziert werden, inwieweit bei dem Verhalten von Unternehmen, die F&E-Ausgaben zu beschränken, um damit Gewinneinbußen zu vermeiden, bei Gültigkeit der beiden Aktivierungskonzeptionen mehr Entwicklungsausgaben möglich sind als bei einem Aktivierungsverbot. Entsprechende Berechnungen erfordern konkrete Gegebenheiten. Insofern ist zunächst eine Entscheidungssituation hinsichtlich der Entwicklungsinvestitionen zu konkretisieren.[143]

Die Entscheidungssituation bezieht sich auf die Entwicklungsausgaben A(t) der Jahre (bzw. Jahresabschlußperioden) t=0 bis t=2. Für die Jahre t=0 bis t=2 stehen bereits jeweils Entwicklungsausgaben der Höhe A fest. Darüber hinaus stehen mehrere dreijährige Entwicklungsprojekte zur Disposition, die jeweils in den Jahren t=0 bis t=2 eine konstante Höhe von Entwicklungsausgaben verursachen würden. Je nachdem welche der zu Disposition stehenden Projekte durchgeführt werden, ergeben sich zusätzliche Entwicklungsausgaben der Höhe X. Durch diese Bedingungen ist die grundsätzliche Verlaufsform der Entwicklungsausgaben in den Jahren t=0 bis t=2 gegeben. Für diese Perioden ergeben sich einheitlich Entwicklungsausgaben der Höhe A+X.

In den Jahren t≤-1 sowie im Jahr t=3 sollen Entwicklungsausgaben der Höhe A durchgeführt worden bzw. geplant sein.

---

[143] Da sich die berücksichtigten Rechnungslegungsmethoden für F&E-Ausgaben hinsichtlich Forschungsausgaben nicht unterscheiden, wird hier und im Folgenden nur noch auf den Entwicklungsbereich eingegangen.

4.1.2 Folgeaufwendungen und Erträge der Entwicklungstätigkeit

Mit der Durchführung von Entwicklungsinvestitionen seien Entwicklungsaufwendungen (Entwicklungsausgaben, die sofort als Aufwand verrechnet werden, und Abschreibungen von aktivierten Entwicklungsausgaben), Erträge (Umsatzerlöse), weitere Aufwendungen (bspw. Herstellungskosten der zur Erzielung der Umsatzerlöse erbrachten Leistungen) sowie ggf. latente Steueraufwendungen/-erträge verbunden.[144]

Für die folgenden Berechnungen sind auch Annahmen über die weiteren Aufwendungen und die Erträge der Entwicklungsinvestitionen zu treffen. Die entsprechenden Annahmen werden aus Vereinfachungsgründen in aggregierter Form für die Gesamtheit der Entwicklungsinvestitionen getroffen. Dazu wird die Größe E(t) eingeführt. Darin wird der in dem Jahr t anfallende Beitrag der gesamten Entwicklungsinvestitionen zum Jahresüberschuß erfaßt, wie er sich ohne Entwicklungsaufwand und ohne gegebenenfalls vorhandenen latenten Steueraufwand/-ertrag ergibt. Der F&E-bedingte latente Steueraufwand des Jahres t wird als L(t) bezeichnet.[145] Der Entwicklungsaufwand des Jahres t wird Af(t) genannt. Insofern sind alle Aufwendungen und Erträge, die sich aufgrund der Entwicklungsinvestitionen ergeben, in E(t), L(t) oder in Af(t) erfaßt.

Unter der Annahme, daß sich allgemein die Entwicklungsaktivitäten aus einzelnen Projekten zusammensetzen, die zu Beginn eines Jahres starten, drei Jahre andauern und in jedem der drei Jahre die gleiche Höhe an Ausgaben verursachen, soll für E(t) folgende Funktion gelten:

$$E(t) = A(t-3) + A(t-4) + A(t-5)$$

Damit folgen auf jedes Entwicklungsprojekt fünf Jahre, in denen sich aufgrund des Projektes ein Beitrag zu E(t) ergibt, d.h. in denen das Entwicklungsergebnis wirtschaftlich genutzt wird. Zur Verdeutlichung dieses Zusammenhangs wird als Beispiel ein Entwicklungsprojekt betrachtet, das in t=0 bis t=2 jeweils Ausgaben der Höhe a verursacht. Außer diesem Entwicklungsprojekt seien bei dem Beispiel keine

---

[144] Die Begriffe Aufwendungen und Erträge beziehen sich hier und im Weiteren nur auf die Aufwendungen und Erträge, die bei Anwendung des Umsatzkostenverfahrens in der GuV erscheinen.

[145] Negative Werte von L(t) entsprechen dann einem latenten Steuerertrag.

weiteren Entwicklungsprojekte vorhanden. Die Werte in Tabelle 7 zeigen, daß auf die drei Jahre, in denen Entwicklungsausgaben getätigt werden, fünf Jahre folgen, in denen E(t) von Null verschiedene Werte annimmt.[146]

	t≤-1	t=0	t=1	t=2	t=3	t=4	t=5	t=6	t=7	t≥8
A(t)	0	a	a	a	0	0	0	0	0	0
E(t)	0	0	0	0	a	2a	3a	2a	a	0

Tabelle 7: Beispiel zur Verdeutlichung der Funktion E(t)

Da die wirtschaftliche Nutzungsdauer der Entwicklungsergebnisse fünf Jahre beträgt, ist auch (bei beiden Aktivierungskonzeptionen) die Abschreibungsdauer (n) der aktivierten Entwicklungsausgaben fünf Jahre.

4.2 Konkretisierung bilanzpolitischer Restriktionen

Auf Grundlage der oben konkretisierten Bedingungen soll für die beiden Aktivierungskonzeptionen und das Aktivierungsverbot jeweils die Höhe der Entwicklungsausgaben berechnet werden, die maximal möglich ist, ohne daß sich eine Gewinneinbuße ergibt. Es soll sich in dem Jahr t dann keine Gewinneinbuße ergeben, wenn die Differenz aus den Erträgen und Aufwendungen, die sich in dem Jahr aus der Gesamtheit der Entwicklungsinvestitionen ergeben, mindestens den Wert G(t) annimmt. Formal ausgedrückt bedeutet das:

$$E(t) - L(t) - Af(t) \geq G(t)$$

Daraus ergeben sich die maximal möglichen Werte von Af(t) und entsprechend – in Abhängigkeit der Rechnungslegungsmethode für Entwicklungsausgaben – die maximal möglichen Werte von A(t) ($A_{max}(t)$). Für G(t) sei zunächst nur festgelegt, daß G(t)≥0.

---

[146] Diese Werte dienen nur als Beispiel zur Erklärung der Funktion E(t) und sind unabhängig von der oben genannten Entscheidungssituation, die für die folgenden Berechnungen relevant ist.

Im Folgenden wird die Relation zwischen $\sum_{t=0}^{2} A_{max}(t)$ bei Aktivierungskonzeption I (bzw. II) und $\sum_{t=0}^{2} A_{max}(t)$ bei sofortiger Aufwandsverrechnung der Entwicklungsausgaben ermittelt.

4.3 Berechnungen

4.3.1 Aktivierungskonzeption I versus Aktivierungsverbot

Aufgrund obiger Annahmen gilt:[147]

$$\sum_{t=0}^{2} A_{max}(t) = 3 \cdot (A + X_{max})$$

Damit reduziert sich die Untersuchung dieses Abschnittes auf einen Vergleich von X_{max} bei Aktivierungskonzeption I ($X_{max,capl}$) mit X_{max} bei sofortiger Aufwandsverrechnung der Entwicklungsausgaben ($X_{max,ex}$).

Aufgrund der Annahme, daß in den Jahren t<0 die Entwicklungsausgaben konstant den Wert A besitzen, ergibt sich[148]

für $t \leq 2$:
$E(t) = 3A$
sowie
$E(3) = 3A + X$

Für das Aktivierungsverbot gilt Af(t)=A(t) und L(t)=0. Damit lauten die Bedingungen aufgrund der Schranke G(t):

---

[147] X_{max} ist der maximal mögliche Wert von X.
[148] Werte von E(t) für spätere Perioden werden im Folgenden nicht benötigt.

$A(t) \leq E(t) - G(t)$ bzw.

$A_{max}(t) = E(t) - G(t)$

Daraus ergibt sich für $X_{max,ex}$ bei t=0 bis t=2 jeweils ein Wert:[149]

für t=0:

$X_{max,ex,0} = E(0) - G(0) - A = 2A - G(0)$ \hfill IV.-1

für t=1:

$X_{max,ex,1} = E(1) - G(1) - A = 2A - G(1)$ \hfill IV.-2

und für t=2:

$X_{max,ex,2} = E(2) - G(2) - A = 2A - G(2)$ \hfill IV.-3

Nachdem X für die drei Jahre einen einheitlichen Wert besitzt gilt:

$X_{max,ex} = \min\{X_{max,ex,0}, X_{max,ex,1}, X_{max,ex,2}\}$ \hfill IV.-4

An dieser Stelle zeigt sich, daß durch $G(t) < 2A$ gewährleistet ist, daß $X_{max,ex} > 0$ ist. Da, wie im Folgenden noch deutlich wird, durch $G(t) < 2A$ auch gewährleistet ist, daß bei den beiden Aktivierungskonzeptionen $X_{max} > 0$ ist, wird für die Schranke $G(t)$ neben der Bedingung $G(t) \geq 0$ noch festgelegt, daß $G(t) < 2A = G_{max}$ ist.

Bei den Aktivierungskonzeptionen werden die Berechnungen unter der Annahme vollzogen, daß die Ansatzbedingungen des IAS 38.45 jeweils am Ende des ersten Jahres der dreijährigen, zu Beginn eines Jahres startenden Projekte erfüllt werden (bzw. wurden). Diese Annahme hat bei Aktivierungskonzeption I zur Folge, daß jeweils nur die Entwicklungsausgaben des zweiten und dritten Projektjahres aktiviert werden (wurden).

Um zu gewährleisten, daß (ohne Berücksichtigung der zusätzlichen Entwicklungsausgaben X) aus den konstanten Entwicklungsausgaben A auch ein konstanter Entwicklungsaufwand der Höhe A resultiert, ist bei den Aktivierungskonzeptionen ferner die Annahme erforderlich, daß sich die jeweiligen Entwicklungsausgaben der Höhe A zu gleichen Teilen aus ersten, zweiten und dritten Projektjahren zusammensetzen.

Bei Aktivierungskonzeption I werden die zusätzlichen Entwicklungsausgaben der Höhe X in t=0 als Aufwand verrechnet (erstes Projektjahr) und in t=1 und t=2 aktiviert (zweites und drittes Projektjahr). Folglich ergibt sich bei Aktivierungskonzeption I:

$Af(0) = A(0) = A + X$
und
$Af(1) = Af(2) = A$

Mit $L(t) = [A(t) - Af(t)] \cdot s$ gilt ferner:
$L(0) = 0$
und
$L(1) = L(2) = (A + X - A) \cdot s = X \cdot s$

Damit ergeben sich aus der Bedingung $E(t) - L(t) - Af(t) \geq G(t)$ bei t=0 bis t=2 für den maximal möglichen Wert von X bei Aktivierungskonzeption I ($X_{max,capI}$) die folgenden Werte:

für t = 0:

$E(0) - L(0) - (A + X_{max,capI,0}) = G(0) \Leftrightarrow$

$X_{max,capI,0} = 2A - G(0)$ ⠀⠀⠀⠀⠀⠀⠀⠀⠀⠀⠀⠀IV.-5

für t = 1:

$E(1) - X_{max,capI,1} \cdot s - A = G(1) \Leftrightarrow$

$X_{max,capI,1} = [2A - G(1)] \cdot \dfrac{1}{s}$ ⠀⠀⠀⠀⠀⠀⠀⠀⠀⠀IV.-6

---

[149] Bei dem Aktivierungsverbot sind die Perioden t>2 nicht relevant, da die in t=0 bis t=2 getätigten Entwicklungsausgaben in späteren Perioden keinen Entwicklungsaufwand verursachen.

und für t = 2:

$$E(2) - X_{max,capI,2} \cdot s - A = G(2) \Leftrightarrow$$

$$X_{max,capI,2} = [2A - G(2)] \cdot \frac{1}{s} \qquad \text{IV.-7}$$

Bei t=3 ergibt sich aufgrund der Schranke G(3) für $X_{max,capI}$ keine Bedingung, da bei t=3 bereits die Abschreibungen der in den Jahren t=1 und t=2 jeweils zusätzlich getätigten Entwicklungsausgaben X^{150} abzüglich des latenten Steuerertrages[151] von der Erhöhung[152] von E überkompensiert werden, die sich aufgrund der in t=0 getätigten zusätzlichen Entwicklungsausgaben X einstellt. Das läßt sich formal ausdrücken in:[153]

$$X > X \cdot \frac{2}{5} - X \cdot \frac{2}{5} \cdot s \qquad \text{IV.-8}$$

Die entsprechende Überkompensation ist in den auf t=3 folgenden Perioden noch deutlicher.

Da sich bei t=0 bis t=2 jeweils ein Wert für $X_{max,capI}$ ergibt (Gleichungen IV.-5 bis IV.-7), gilt für $X_{max,capI}$:

$$X_{max,capI} = \min\{X_{max,capI,0}, X_{max,capI,1}, X_{max,capI,2}\} \qquad \text{IV.-9}$$

$X_{max,ex}$ und $X_{max,capI}$ hängen von G(0), G(1) und G(2) ab. Zur weiteren Ermittlung von $X_{max,ex}$ und $X_{max,capI}$ und des Verhältnisses von $X_{max,capI}$ zu $X_{max,ex}$ ist eine Fallunterscheidung hinsichtlich der Größenrelation von G(0), G(1) und G(2) erforderlich. Aus Gründen der Übersichtlichkeit werden die zu unterscheidenden Fälle nicht in G(0), G(1) und G(2) sondern in $X_{max,ex,0}$, $X_{max,ex,1}$ und $X_{max,ex,2}$ ausgedrückt. Die Überleitung von G(0) in $X_{max,ex,0}$, von G(1) in $X_{max,ex,1}$ und von G(2) in $X_{max,ex,2}$ ist

---

[150] Die in dem Jahr t=0 zusätzlich getätigten Entwicklungsausgaben X werden sofort als Aufwand verrechnet.

[151] Es gilt A(3)=A, die Abschreibungsdauer beträgt 5 Jahre (vgl. Kapitel IV.4.1 und Kapitel IV.4.2). Bei Aktivierungskonzeption I gilt Af(3)=A+X*2/5. Damit ergibt sich ein latenter Steuerertrag von X*(2/5)*s.

[152] Diese Erhöhung hat wiederum den Betrag X.

[153] Es gilt s=0,5 bzw. s=0,375.

durch die Gleichungen IV.-1 bis IV.-3 gegeben. Gleichung IV.-4 zeigt unmittelbar, welche Fälle bezüglich der Größenrelation von $X_{max,ex,0}$, $X_{max,ex,1}$ und $X_{max,ex,2}$ zur weiteren Ermittlung von $X_{max,ex}$ zu unterscheiden sind. Dagegen müssen die Fälle bezüglich der Größenrelation von $X_{max,ex,0}$, $X_{max,ex,1}$ und $X_{max,ex,2}$, die zur weiteren Ermittlung von $X_{max,capl}$ zu unterscheiden sind, noch bestimmt werden, indem bei Gleichung IV.-9 $X_{max,capl,0}$ durch $X_{max,ex,0}$, $X_{max,capl,1}$ durch $X_{max,ex,1}$ und $X_{max,capl,2}$ durch $X_{max,ex,2}$ ausgedrückt wird.

Aus Gleichung IV.-5 und Gleichung IV.-1 ergibt sich:
$$X_{max,capl,0} = 2A - G(0) = X_{max,ex,0}$$

Aus Gleichung IV.-6 und Gleichung IV.-2 ergibt sich:
$$X_{max,capl,1} = [2A - G(1)] \cdot \frac{1}{s} = X_{max,ex,1} \cdot \frac{1}{s}$$

Aus Gleichung IV.-7 und Gleichung IV.-3 ergibt sich:
$$X_{max,capl,2} = [2A - G(2)] \cdot \frac{1}{s} = X_{max,ex,2} \cdot \frac{1}{s}$$

Damit läßt sich Gleichung IV.-9 wie folgt darstellten:
$$X_{max,capl} = \min\left\{X_{max,ex,0}, X_{max,ex,1} \cdot \frac{1}{s}, X_{max,ex,2} \cdot \frac{1}{s}\right\} \qquad \text{IV.-10}$$

Gleichung IV.-10 zeigt unmittelbar, welche Fälle bezüglich der Größenrelation von $X_{max,ex,0}$, $X_{max,ex,1}$ und $X_{max,ex,2}$ zur weiteren Ermittlung von $X_{max,capl}$ zu unterscheiden sind. Aus den Gleichungen IV.-4 und IV.-10 lassen sich in Abhängigkeit von $X_{max,ex,0}$, $X_{max,ex,1}$ und $X_{max,ex,2}$ die folgenden Ergebnisse ableiten:[154]

---

[154] Es gilt 1/s > 1, da s entweder den Wert 0,5 oder den Wert 0,375 annimmt. Auf den Fall der Nichtpassivierung latenter Steuern wird im Folgenden noch eingegangen.

I.) $X_{max,ex,1} \leq X_{max,ex,2}$

a) $X_{max,ex,0} \geq X_{max,ex,1} \cdot \frac{1}{s}$

Zugehöriges Ergebnis:

Aus Gleichung IV.-10 folgt hier:

$$X_{max,capI} = X_{max,ex,1} \cdot \frac{1}{s}$$

Aus Gleichung IV.-4 folgt hier:

$$X_{max,ex} = X_{max,ex,1}$$

Damit gilt hier:

$$\frac{X_{max,capI}}{X_{max,ex}} = \frac{X_{max,ex,1} \cdot \frac{1}{s}}{X_{max,ex,1}} = \frac{1}{s}$$

b) $X_{max,ex,1} < X_{max,ex,0} < X_{max,ex,1} \cdot \frac{1}{s}$

Zugehöriges Ergebnis:

Aus Gleichung IV.-10 folgt hier:

$$X_{max,capI} = X_{max,ex,0}$$

Aus Gleichung IV.-4 folgt hier:

$$X_{max,ex} = X_{max,ex,1}$$

Damit gilt hier:

$$\frac{X_{max,capI}}{X_{max,ex}} = \frac{X_{max,ex,0}}{X_{max,ex,1}}$$

Berücksichtigt man, daß hier die Beziehung $X_{max,ex,1} < X_{max,ex,0} < X_{max,ex,1} \cdot \frac{1}{s}$ gilt, dann ergibt sich hier:

$$1 < \frac{X_{max,capI}}{X_{max,ex}} = \frac{X_{max,ex,0}}{X_{max,ex,1}} < \frac{1}{s}$$

c) $X_{max,ex,0} \leq X_{max,ex,1}$

Zugehöriges Ergebnis:

Aus Gleichung IV.-10 folgt hier:

$X_{max,capI} = X_{max,ex,0}$

Aus Gleichung IV.-4 folgt hier:

$X_{max,ex} = X_{max,ex,0}$

Damit gilt hier:

$$\frac{X_{max,capI}}{X_{max,ex}} = \frac{X_{max,ex,0}}{X_{max,ex,0}} = 1$$

II.) $X_{max,ex,1} > X_{max,ex,2}$

a) $X_{max,ex,0} \geq X_{max,ex,2} \cdot \frac{1}{s}$

Zugehöriges Ergebnis:[155]

$X_{max,capI} = X_{max,ex,2} \cdot \frac{1}{s}$ und

$X_{max,ex} = X_{max,ex,2}$ und damit gilt hier:

$$\frac{X_{max,capI}}{X_{max,ex}} = \frac{X_{max,ex,2} \cdot \frac{1}{s}}{X_{max,ex,2}} = \frac{1}{s}$$

b) $X_{max,ex,2} < X_{max,ex,0} < X_{max,ex,2} \cdot \frac{1}{s}$

Zugehöriges Ergebnis:

$X_{max,capI} = X_{max,ex,0}$ und

$X_{max,ex} = X_{max,ex,2}$ und damit gilt hier:

$$1 < \frac{X_{max,capI}}{X_{max,ex}} = \frac{X_{max,ex,0}}{X_{max,ex,2}} < \frac{1}{s}$$

---

[155] Die Ergebnisse werden unter II.) wie unter I.) ausgeführt ermittelt.

c) $X_{max,ex,0} \leq X_{max,ex,2}$

Zugehöriges Ergebnis:

$X_{max,capI} = X_{max,ex,0}$ und

$X_{max,ex} = X_{max,ex,0}$ und damit gilt hier:

$$\frac{X_{max,capI}}{X_{max,ex}} = \frac{X_{max,ex,0}}{X_{max,ex,0}} = 1$$

Das Verhältnis von $X_{max,capI}$ zu $X_{max,ex}$ bewegt sich zwischen 1 und 1/s, d.h.. bei s=0,5 zwischen 1 und 2 und bei s=0,375 zwischen 1 und 2,67.

Ohne Bildung von Rückstellungen für latente Steuern ergibt sich aufgrund der Bedingung $E(t) - Af(t) \geq G(t)$ bei t=0, nicht aber bei t=1 und t=2 eine Bedingung für $X_{max,capI}$, da $Af(0)$ von X abhängig ist, aber $Af(1)$ und $Af(2)$ von X unabhängig sind. Es gilt dann Gleichung IV.-5, nicht aber die Gleichungen IV.-6, IV.-7 und IV.-9. Bei t=3 ergibt sich aufgrund des in IV.-8 ausgedrückten Zusammenhangs (hier mit s=0) keine Bedingung für $X_{max,capI}$.[156] Es gilt hier also $X_{max,capI} = X_{max,capI,0}$. Mit Gleichung IV.-5 und IV.-1 ergibt sich daraus $X_{max,capI} = 2A-G(0) = X_{max,ex,0}$. $X_{max,ex}$ nimmt gemäß Gleichung IV.-4 entweder den gleichen oder einen kleineren Wert an. Geht G(1) gegen G_{max} =2A und/oder G(2) gegen G_{max} =2A, dann hat dies hier keine Konsequenzen für $X_{max,capI}$, während gemäß der Gleichungen IV.-2 bis IV.-4 $X_{max,ex,1}$ und/oder $X_{max,ex,2}$ und somit $X_{max,ex}$ gegen Null geht. Damit kann das Verhältnis von $X_{max,capI}$ zu $X_{max,ex}$ hier beliebig groß werden, es bewegt sich zwischen 1 und „∞".

4.3.2 Aktivierungskonzeption II versus Aktivierungsverbot

Die Annahme, daß die Ansatzbedingungen des IAS 38.45 jeweils am Ende des ersten Jahres der dreijährigen, zu Beginn eines Jahres startenden Projekte erfüllt werden (bzw. wurden), hat bei Aktivierungskonzeption II zur Folge, daß ausnahmslos alle Entwicklungsausgaben aktiviert werden (wurden). Damit ergibt sich bei Aktivierungskonzeption II:

---

[156] Entsprechendes gilt für die auf t=3 folgenden Perioden.

$Af(0) = Af(1) = Af(2) = A$

Mit $L(t) = [A(t) - Af(t)] \cdot s$ gilt ferner:

$L(0) = L(1) = L(2) = (A + X - A) \cdot s = X \cdot s$

Damit ergeben sich aus der Bedingung $E(t) - L(t) - Af(t) \geq G(t)$ bei t=0 bis t=2 für den maximal möglichen Wert von X bei Aktivierungskonzeption II ($X_{max,capII}$) die folgenden Werte:

für t = 0:

$E(0) - X_{max,capII,0} \cdot s - A = G(0) \Leftrightarrow$

$X_{max,capII,0} = [2A - G(0)] \cdot \dfrac{1}{s}$ \hfill IV.-11

für t = 1:

$E(1) - X_{max,capII,1} \cdot s - A = G(1) \Leftrightarrow$

$X_{max,capII,1} = [2A - G(1)] \cdot \dfrac{1}{s}$ \hfill IV.-12

und für t = 2:

$E(2) - X_{max,capII,2} \cdot s - A = G(2) \Leftrightarrow$

$X_{max,capII,2} = [2A - G(2)] \cdot \dfrac{1}{s}$ \hfill IV.-13

Analog zu Konzeption I ergibt sich bei t=3 (und den darauf folgenden Perioden) keine Bedingung für $X_{max,capII}$. Hier gilt:[157]

$X > X \cdot \dfrac{3}{5} - X \cdot \dfrac{3}{5} \cdot s$ \hfill IV.-14

Damit gilt für $X_{max,capII}$:

---

[157] Bei Aktivierungskonzeption II gilt Af(3)=A+X*3/5. Damit ergibt sich wegen A(3)=A ein latenter Steuerertrag von X*(3/5)*s.

$$X_{max,capII} = \min\{X_{max,capII,0}, X_{max,capII,1}, X_{max,capII,2}\} \qquad \text{IV.-15}$$

Wird anhand der Gleichungen IV.-11 bis IV.-13 und IV.-1 bis IV.-3 $X_{max,capII,0}$ durch $X_{max,ex,0}$, $X_{max,capII,1}$ durch $X_{max,ex,1}$ und $X_{max,capII,2}$ durch $X_{max,ex,2}$ ausgedrückt, dann läßt sich Gleichung IV.-15 wie folgt darstellen:

$$X_{max,capII} = \min\left\{X_{max,ex,0} \cdot \frac{1}{s}, X_{max,ex,1} \cdot \frac{1}{s}, X_{max,ex,2} \cdot \frac{1}{s}\right\} \qquad \text{IV.-16}$$

Für $X_{max,ex}$ wurde oben ermittelt:

$$X_{max,ex} = \min\{X_{max,ex,0}, X_{max,ex,1}, X_{max,ex,2}\} \qquad \text{IV.-4}$$

Aus der Gegenüberstellung von Gleichung IV.-16 und Gleichung IV.-4 wird sofort deutlich, daß für das Verhältnis $X_{max,capII}$ zu $X_{max,ex}$ unabhängig von der Größenrelation von $X_{max,ex,0}$, $X_{max,ex,1}$ und $X_{max,ex,2}$ gilt:

$$\frac{X_{max,capII}}{X_{max,ex}} = \frac{1}{s}$$

Das Verhältnis $X_{max,capII}$ zu $X_{max,ex}$ nimmt also bei s=0,5 den Wert 2 und bei s=0,375 den Wert 2,67 an.

Bei Nichtpassivierung latenter Steuern ergibt sich bei Aktivierungskonzeption II aufgrund der Bedingung $E(t) - Af(t) \geq G(t)$ keine Einschränkung für X („$X_{max,capII}$ = ∞"). Bei t=0 bis t=2 ergibt sich keine Einschränkung für X, da $Af(0)$, $Af(1)$ und $Af(2)$ nicht von X abhängig sind. Die Gleichungen IV.-11 bis IV.-13 und die Gleichung IV.-15 gelten nicht. Bei t=3 ergibt sich aufgrund des in IV.-14 ausgedrückten Zusammenhangs (hier mit s=0) keine Einschränkung für X.[158] Die zusätzlichen Entwicklungsausgaben X können bei Aktivierungskonzeption II bei Nichtpassivierung latenter Steuern also beliebig groß sein.

---

[158] Entsprechendes gilt für die auf t=3 folgenden Perioden.

4.4 Fazit

Eine Quantifizierung der sich bei dem Ziel der Vermeidung von Gewinneinbußen ergebenden Unterschiede zwischen Aktivierung und Aktivierungsverbot bezüglich der maximalen Entwicklungsausgaben war nur unter einer Vielzahl konkreter Annahmen möglich. Insofern sind die Ergebnisse vor dem Hintergrund der jeweils gesetzten Annahmen zu sehen.

Die Berechnungen haben gezeigt, daß das Verhältnis zwischen den maximal möglichen zusätzlichen Entwicklungsausgaben bei Aktivierung und denen beim Aktivierungsverbot (also $X_{max,cap}/X_{max,ex}$) bei Aktivierungskonzeption I je nach Größenrelation von $G(0)$, $G(1)$ und $G(2)$ bei $s=0,5$ Werte zwischen 1 und 2 annimmt und bei $s=0,375$ Werte zwischen 1 und 2,67. Dieses Verhältnis hat bei Aktivierungskonzeption II unabhängig von der Größenrelation von $G(0)$, $G(1)$ und $G(2)$ bei $s=0,5$ den Wert 2 und bei $s=0,375$ den Wert 2,67.

Bei Nichtpassivierung latenter Steuern sind bei Aktivierungskonzeption I für $X_{max,cap}/X_{max,ex}$ je nach Größenrelation von $G(0)$, $G(1)$ und $G(2)$ Werte zwischen 1 und „∞" möglich. Es kann bei Konzeption I bei Nichtpassivierung latenter Steuern zwar das Verhältnis $X_{max,cap}/X_{max,ex}$ beliebig groß werden, nicht aber der absolute Wert X. Es gilt $X_{max,capI} = 2A-G(0)$. Dagegen ergibt sich bei Aktivierungskonzeption II bei Nichtpassivierung latenter Steuern für die zusätzlichen Entwicklungsausgaben X keine Einschränkung („$X_{max,capII} = \infty$").

5. Beitragspotential der Aktivierungskonzeptionen zur F&E-Freudigkeit

5.1 Argumentation in Abhängigkeit des Unternehmenstyps

5.1.1 Große Unternehmen

In Kapitel IV.2 ist deutlich geworden, daß eine Reihe von Argumenten dagegen spricht, daß bei großen Unternehmen bei einem Aktivierungsverbot von F&E-Ausgaben diese Ausgaben zu Gunsten des Bilanzbildes reduziert bzw. nicht erhöht werden. Entsprechend ist bei diesen Unternehmen auch kein positiver Einfluß der Aktivierungskonzeptionen auf die Entwicklungsaktivitäten zu erwarten.

Weiterhin ist zu berücksichtigen, daß die Aktivierungskonzeptionen zwar kein Wahlrecht aber einen nicht unerheblichen Ermessensspielraum beinhalten, ob bzw. zu welchem Zeitpunkt die Aktivierungskriterien für das jeweilige Projekt erfüllt sind.[159] Es ist nicht auszuschließen, daß insbesondere große Unternehmen – die im Sinne obiger Ergebnisse ihre Kapitalgeber für grundsätzlich „sophisticated" halten – mit einer Aktivierung von Entwicklungsausgaben primär Nachteile verbinden und den gegebenen Spielraum dahingehend nützen würden, daß viele Entwicklungsausgaben, die aktivierungsfähig wären, nicht aktiviert werden. Zu den Nachteilen gehört einerseits die Gefahr von außerplanmäßigen Abschreibungen. Eine Aktivierung von F&E-Ausgaben und spätere außerplanmäßige Abschreibung könnte Unternehmen gegenüber Kapitalgebern aufgrund des Vertrauensverlustes c.p. schlechter stellen als bei einer sofortigen Aufwandsverrechnung der Ausgaben.[160] Darüber hinaus könnte eine Aktivierung von Entwicklungsausgaben auch deshalb vermieden werden, weil Unternehmen gegenüber den Kapitalgebern nicht den Anschein von gewinnerhöhender Bilanzpolitik erwecken wollten.[161]

Damit läßt sich argumentieren, daß bei großen Unternehmen von der Einführung einer der beiden Aktivierungskonzeptionen nicht nur kein positiver Einfluß auf die Höhe der Entwicklungsausgaben zu erwarten wäre, sondern auch das Bestreben, die Aktivierung von Entwicklungsausgaben möglichst zu meiden. Im Wesentlichen

---

[159] Vgl. dazu Kapitel II.2.4 der vorliegenden Arbeit.
[160] Vgl. dazu auch Demirag (1996), S. 4457.
[161] Eine Konfrontation mit diesbezüglichen empirischen Befunden findet sich in Kapitel IV.5.2 der vorliegenden Arbeit.

werden dann die Entwicklungsausgaben unverändert sofort als Aufwand verrechnet. Dadurch erlischt bei diesen Unternehmen aber auch die Frage, ob sich durch den Wegfall der bei dem Aktivierungsverbot vorhandenen Möglichkeit, durch zusätzliche F&E-Ausgaben einen sehr hohen Gewinnausweis zu vermeiden, negative Effekte auf die Entwicklungsfreudigkeit ergeben würden.

5.1.2 Kleine Unternehmen

Aufgrund der Ergebnisse von Kapitel IV.2 kann bei kleinen Unternehmen angenommen werden, daß sie auf Entwicklungsausgaben so weit erforderlich verzichten, um bilanzpolitischen Zielen Rechnung zu tragen. Aus diesem Verhalten läßt sich ableiten, daß in bestimmten Situationen bei Gültigkeit der Aktivierungskonzeptionen höhere Entwicklungsausgaben als bei dem Aktivierungsverbot zu erwarten sind. Grundlage hierfür ist, daß durch die Aktivierung und Abschreibung die Aufwandswirkung von Entwicklungsausgaben auf mehrere spätere Rechnungslegungsperioden aufgeteilt wird. Damit beeinflussen vergangene Entwicklungsausgaben den aktuellen Gewinn und die aktuellen Entwicklungsausgaben zukünftige Gewinne. Darüber hinaus stehen dann den Aufwendungen – je nach konkreter Aktivierungskonzeption unterschiedlich deutlich – die sich aus der Entwicklungstätigkeit ergebenden Erträge gegenüber.

Eine typische Situation, aus der sich im Falle der Aktivierung von Entwicklungsausgaben ein gegenüber dem Aktivierungsverbot verändertes Investitionsverhalten ableiten läßt, ist ein volatiler Verlauf des Gewinns vor F&E. Gewinneinbußen können im Falle des Aktivierungsverbotes durch eine Reduzierung der Entwicklungsausgaben verhindert oder abgeschwächt werden. Diese Möglichkeit erlischt bei einer Aktivierung, da hier Entwicklungsausgaben zunächst keine Aufwendungen verursachen, so daß eine Verringerung der Entwicklungsausgaben auch keine unmittelbare Aufwandsreduzierung bedeutet. Dadurch ist zu erwarten, daß entsprechend weniger Entwicklungsausgaben reduziert werden.[162]

---

[162] Auf den umgekehrten Fall der Verhinderung eines zu hohen Gewinns wird im Folgenden noch eingegangen.

Weiterhin ist ein positiver Einfluß der Aktivierung auf die F&E-Freudigkeit typischerweise dann zu erwarten, wenn Erhöhungen der Entwicklungsausgaben zur Disposition stehen. Bei einer aufgrund der angestrebten Gewinnentwicklung gegebenen Beschränkung für die in den einzelnen Jahren zulässige Aufwandswirkung der Entwicklungstätigkeiten ist eine Erhöhung der Entwicklungsausgaben im Aktivierungsfall eher bzw. in größerem Umfang möglich als bei dem Aktivierungsverbot, da im Aktivierungsfall die Entwicklungsaufwendungen nur verzögert ansteigen[163] und dann ihnen die zugehörigen Erträge gegenüberstehen. Bei nur vorübergehenden Erhöhungen der Entwicklungsausgaben ergibt sich außerdem der in Kapitel II.3.2 dargestellte Nivellierungseffekt der Aktivierung. Die im Aktivierungsfall gegenüber dem Aktivierungsverbot niedrigeren Maximalwerte der Entwicklungsaufwendungen bei gleichem Verlauf der Entwicklungsausgaben bedeuten umgekehrt höhere (maximale) Entwicklungsausgaben bei gleichen Maximalwerten der Entwicklungsaufwendungen.

Verallgemeinert man die genannten Situationen, dann ergibt sich als Bedingung für eine positive Wirkung der Aktivierung auf die Höhe der Entwicklungsausgaben, daß einerseits im Falle des Aktivierungsverbotes ein Anreiz bestehen muß, auf ein oder mehrere Entwicklungsprojekt(e) zu verzichten, um damit eine (einmalige oder mehrmalige) Gewinneinbuße zu vermeiden. Es ist gleichzeitig erforderlich, daß im Falle der Aktivierung ein entsprechender Anreiz nicht besteht, sei es dadurch, daß ein entsprechender Verzicht den Gewinntrend nicht retten würde, oder dadurch, daß die sich hier ergebende Verteilung der Aufwendungen (auch in späteren Perioden) nicht zu Gewinneinbußen führt.

Für den in einer konkreten Situation zu erwartenden Unterschied zwischen Aktivierung und Aktivierungsverbot bezüglich der Höhe der Entwicklungsausgaben gibt es zahlreiche Determinanten. Hierzu gehören insbesondere:

- die Gestaltung der Aktivierungskonzeption, mit der das Aktivierungsverbot verglichen wird,
- die Entwicklungsausgaben der vorgelagerten Perioden,
- für die aktuelle Periode und die betrachteten folgenden Perioden die Entwicklungsausgaben, die auf jeden Fall getätigt werden, sowie die Entwicklungsausga-

---

[163] Vgl. dazu bspw. Abbildung 2 in Kapitel II.3.1 der vorliegenden Arbeit. Auf die unter bestimmten Bedingungen vorhandene Übereinstimmung von der dort zugrunde liegenden Aktivierungskonzeption mit Aktivierungskonzeption II wird im Folgenden noch eingegangen.

ben, die getätigt werden sollen, auf die aber gegebenenfalls zu Gunsten des Gewinntrends verzichtet wird,
- die mit den jeweiligen Entwicklungsausgaben zusammenhängenden Folgeaufwendungen und Erträge,
- der jeweilige Wert, den die Differenz zwischen den Erträgen und den Aufwendungen, die sich in dem betreffenden Jahr aus Entwicklungsinvestitionen ergeben, in der aktuellen Periode und in den betrachteten folgenden Perioden mindestens annehmen muß, damit in diesen Perioden Gewinneinbußen vermieden werden.

Für bestimmte Ausprägungen dieser Determinanten liefern die in Kapitel IV.4 durchgeführten Berechnungen konkrete Zahlenwerte über die Vorteilhaftigkeit der Aktivierung von Entwicklungsausgaben gegenüber dem Aktivierungsverbot. Bei den berücksichtigten Aktivierungskonzeptionen (Konzeption I und II) ist zu beachten, daß beide insofern Ausnahmen beinhalten, als unter bestimmten Bedingungen Entwicklungsausgaben nicht aktiviert werden. Bei Konzeption II sind von dieser Ausnahme nur dann Ausgaben betroffen, wenn die Ansatzbedingungen für das betreffende Projekt bis zum Bilanzstichtag nicht erfüllt sind, und nur die Ausgaben, die bis zu dem Bilanzstichtag angefallen sind. Insofern dürfte bei Konzeption II nur ein geringer Teil der Entwicklungsausgaben sofort aufwandswirksam verrechnet werden. Für die Berechnungen wurde angenommen, daß die Ansatzbedingungen am Ende des ersten Jahres der dreijährigen (zu Beginn eines Jahres startenden) Projekte erfüllt wurden, so daß alle Entwicklungsausgaben zu aktivieren waren. Dagegen dürften bei Konzeption I in größerem Umfang Entwicklungsausgaben sofort als Aufwand verrechnet werden, da hier die Ausgaben, die vor der Erfüllung der Ansatzbedingungen angefallen sind, keinesfalls aktiviert werden. Bei den Berechnungen wurde hinsichtlich des Zeitpunktes, ab dem die Ansatzbedingungen erfüllt waren, die gleiche Annahme wie bei Konzeption II getroffen. Diese Annahme führte aber bei Konzeption I dazu, daß jeweils die Ausgaben des ersten Projektjahres nicht aktiviert wurden.

Entsprechend hat sich gezeigt, daß bei Konzeption I die maximal möglichen Entwicklungsausgaben nicht immer diejenigen überschreiten, die sich bei dem Aktivierungsverbot ergeben. Bei Konzeption I ist zu erwarten, daß ein zur Disposition stehendes Entwicklungsprojekt nur dann eher durchgeführt wird als bei dem Aktivierungsverbot, wenn im Falle des Aktivierungsverbotes die Durchführung dieses Projektes weniger im aktuellen Jahr als in darauffolgenden Jahren mit Gewinneinbußen verbunden wäre.

Weiterhin hängt das Beitragspotential der beiden Aktivierungskonzeptionen zur F&E-Freudigkeit von dem Erfordernis zur Bildung von Rückstellungen für latente Steuern ab. Die Berechnungen haben gezeigt, daß sich bei beiden Konzeptionen ohne Erfordernis zur Bildung von Rückstellungen für latente Steuern noch wesentlich größere Vorteile hinsichtlich der maximalen Entwicklungsausgaben gegenüber dem Aktivierungsverbot ergeben als mit einer Verpflichtung zur Bildung entsprechender Rückstellungen. Bei Konzeption II ergab sich bei Nichtpassivierung latenter Steuern unter den gegebenen Prämissen keine Beschränkung für die Höhe der Entwicklungsausgaben.

Ferner ist der Einfluß der Entwicklungsausgaben der Perioden zu berücksichtigen, die denen vorgelagert sind, auf die sich die Entscheidungssituation bezieht. Bei obigen Berechnungen wurden für die vorgelagerten Jahre ($t \leq -1$) konstante Entwicklungsausgaben der Höhe A unterstellt. Hätten die Entwicklungsausgaben in diesen Jahren einen steigenden Verlauf mit $A(t-1) < A(t) < A$, dann hätte in den Perioden $t=0$ bis $t=2$ bei den Aktivierungskonzeptionen der Entwicklungsaufwand (ohne Berücksichtigung der zusätzlichen Entwicklungsausgaben X) nicht mehr die Höhe A, sondern wäre entsprechend niedriger. Damit wäre der Unterschied zwischen Aktivierung und Aktivierungsverbot bezüglich der aus bilanzpolitischer Sicht maximal durchführbaren Entwicklungstätigkeiten noch größer als bei dem den Berechnungen zugrundeliegenden Fall.[164]

Wenngleich in praxi steigende Entwicklungsausgaben häufiger auftreten als fallende, ist zu beachten, daß umgekehrt der Vorteil einer Aktivierung hinsichtlich der maximalen Entwicklungsausgaben prinzipiell niedriger ausfallen würde als oben berechnet, wenn in den vorgelagerten Jahren ($t \leq -1$) die Entwicklungsausgaben von einem höheren Niveau auf den Wert A sinken würden.[165]

Neben der Gewinnebene läßt sich ein Beitrag der Aktivierungskonzeptionen zur F&E-Freudigkeit auch auf der Eigenkapitalebene ableiten. Als Voraussetzung hierfür gilt aber, daß die aktivierten Entwicklungsausgaben nicht von Kapitalgebern bei der Bilanzaufbereitung aufgrund der Unsicherheit über die Verwertbarkeit der Ergebnis-

---

[164] Hiervon ist der Fall der Aktivierungskonzeption II bei Nichtpassivierung latenter Steuern auszunehmen, da sich dort unabhängig von dem Verlauf der Entwicklungsausgaben in vorgelagerten Perioden keine Beschränkung für die Höhe der Entwicklungsausgaben ergibt.

[165] Der Fall der Aktivierungskonzeption II bei Nichtpassivierung latenter Steuern ist hier wiederum ausgenommen.

se der Entwicklungstätigkeit mit dem Eigenkapital verrechnet werden, bzw. daß die Unternehmen nicht von einem solchen Schritt ausgehen.

Eine Analyse der Behandlung von Bilanzierungshilfen und immateriellen Vermögensgegenständen bei der Bilanzanalyse zur Kreditwürdigkeitsprüfung zeigt, daß in der Regel aktivierte Ingangsetzungs- und Erweiterungsaufwendungen und Geschäfts- oder Firmenwerte mit dem Eigenkapital verrechnet werden, während Konzessionen, Lizenzen, Patente, etc. eher nicht eliminiert werden.[166] Die beiden hier diskutierten Aktivierungskonzeptionen für Entwicklungsausgaben stellen zwar keine pauschale Aktivierung von Entwicklungsausgaben als Bilanzierungshilfe dar, sondern eine Aktivierung als Vermögensgegenstand, wozu die oben dargelegten Kriterien erfüllt sein müssen. Dennoch handelt es sich um selbsterstellte immaterielle Werte, denen eine Marktobjektivierung fehlt. Ob Kreditinstitute diese Werte analog zu (entgeltlich erworbenen) Patenten oder analog zu Ingangsetzungs- und Erweiterungsaufwendungen und (derivativen) Geschäfts- oder Firmenwerten behandeln würden und wie Unternehmen das diesbezügliche Verhalten der Kreditinstitute aber auch das von Eigenkapitalgebern antizipieren würden, muß offen bleiben.[167] Für die folgende Betrachtung soll unterstellt werden, daß Manager nicht davon ausgehen, daß die aktivierten Entwicklungsausgaben mit dem Eigenkapital verrechnet werden.

Kapitel IV.2.2. erbrachte Anhaltspunkte dafür, daß insbesondere bei kleinen Unternehmen bei einem Aktivierungsverbot von F&E-Ausgaben diese Ausgaben reduziert bzw. nicht erhöht werden, um damit einen kritischen Eigenkapitalwert zu verhindern oder abzumildern. Geht man von einem solchen Verhalten aus, können die Aktivierungskonzeptionen bei den betreffenden Unternehmen zu höheren Entwicklungsausgaben beitragen. Dabei läßt sich auf zwei Ebenen argumentieren:

Einerseits sind im Falle der Aktivierung von Entwicklungsausgaben grundsätzlich höhere Werte des bilanziellen Eigenkapitals gegeben als bei dem Aktivierungsverbot. In Kapitel II.3.1 wurde für den stationären Fall (konstante F&E-Ausgaben) die Höhe des bilanziellen Vermögens, das sich durch die Aktivierung von F&E-

---

[166] Vgl. Meyer (1989), insbesondere S. 189; Prasch (1989), S. 114f. Vgl. dazu auch Koberg (1991), S. 181.

[167] Die US-amerikanische Studie von McGee (1984) hat gezeigt, daß bei Kreditinstituten durch die Aktivierung von Entwicklungsausgaben Vorteile bei der Kreditgewährung zu erreichen sind (vgl. Kapitel III.2.1.3.3 der vorliegenden Arbeit). Dieses Ergebnis beinhaltet aber keine Aussage darüber, inwieweit die Gewinnwirkung und inwieweit die Eigenkapitalwirkung der Aktivierung dafür verantwortlich ist.

Ausgaben ergibt, berechnet (Gleichung II.-1). Mit dem Ergebnis von beispielsweise dem dreifachen Wert der jährlichen F&E-Ausgaben bei einer fünfjährigen Abschreibungsdauer ist eine Größenordnung auch für den Höherausweis des Eigenkapitals gegenüber dem Fall des Aktivierungsverbotes gegeben.[168] Die der Gleichung II.-1 zugrunde liegende Aktivierungskonzeption entspricht der Konzeption II,[169] sofern sich die Entwicklungsaktivitäten aus Projekten zusammensetzen, die eine einheitliche Abschreibungsdauer (n) haben und die am Ende des selben Geschäftsjahres abgeschlossen sind, in dem sie begonnen wurden.[170] Bei Konzeption I ergeben sich für das aus der Entwicklungstätigkeit resultierende bilanzielle Vermögen geringere Werte als bei Konzeption II, je nach Umfang der nicht aktivierten Entwicklungsausgaben. Aufgrund der grundsätzlich höheren Eigenkapitalwerte im Fall der Aktivierung von Entwicklungsausgaben ergeben sich seltener bzw. in geringerem Ausmaß kritische Eigenkapitalwerte (bzw. Verschuldungsgrade). Entsprechend reduziert sich das bilanzpolitische Motiv, Entwicklungsinvestitionen wegen der unmittelbar eigenkapitalreduzierenden Wirkung der Investitionsausgaben zu begrenzen.

Andererseits übertragen sich die auf Gewinnebene besprochenen Vorteile der Aktivierung auf die Eigenkapitalebene. Entwicklungsausgaben werden im Aktivierungsfall nur verzögert eigenkapitalreduzierend wirksam. Damit reduziert sich der Anreiz, Entwicklungsinvestitionen zu verringern bzw. nicht zu erhöhen, wenn es zu verhindern gilt, daß ein kritischer Eigenkapitalwert entsteht oder sich der Wert weiter verschlechtert.

Insofern ist für kleine Unternehmen sowohl bei Betrachtung der Gewinnebene als auch bei Betrachtung der Eigenkapitalebene eine positive Wirkung der beiden Akti-

---

[168] Der Höherausweis des Eigenkapitals im Aktivierungsfall gegenüber dem Fall des Aktivierungsverbotes kann – bspw. aufgrund höherer Ausschüttungen oder Tantiemen im Aktivierungsfall – geringer sein als die Höhe des angesetzten immateriellen Vermögens.

[169] Die Bezeichnung „F&E-Ausgaben" in Kapitel II.3.1 ist dann durch „Entwicklungsausgaben" zu ersetzen.

[170] Dabei wird unterstellt, daß es sich um Projekte handelt, bei denen die Ansatzbedingungen nach IAS 38.45 (also auch der Nachweis, wie das Ergebnis der Entwicklungstätigkeit einen voraussichtlichen künftigen wirtschaftlichen Nutzen erzielen wird) spätestens am Projektende erfüllt sind. Es gilt dann bei Aktivierungskonzeption II, wie bei der Aktivierungskonzeption von Kapitel II.3, daß alle Entwicklungsausgaben aktiviert werden und in den auf die Aktivierung folgenden n Jahren zu gleichen Teilen abgeschrieben werden. Gehen die Projekte über das Ende des Geschäftsjahres, in dem sie begonnen wurden, hinaus, dann ergibt sich auch bei einheitlicher Projektdauer und Abschreibungsdauer bei Konzeption II (und Konzeption I) bei konstanten Entwicklungsausgaben meist kein konstanter Entwicklungsaufwand und somit kein konstanter Wert für das aus der Entwicklungstätigkeit resultierende bilanzielle Vermögen.

vierungskonzeptionen (bei Konzeption I in geringerem Ausmaß) auf die Entwicklungsfreudigkeit zu erwarten.

Es dürften sich branchenspezifische Unterschiede im Ausmaß des Beitrags der Aktivierungskonzeptionen zur Entwicklungsfreudigkeit ergeben. Neben den branchenspezifischen Unterschieden bei dem Anteil der Entwicklungsausgaben an den F&E-Ausgaben ist zu berücksichtigen, daß sich auch die Entwicklungsprojekte einzelner Branchen hinsichtlich des Anteils der Ausgaben, die durchschnittlich zu aktivieren wären, unterscheiden. Beispielsweise für potentiell gesundheits- und umweltgefährdende Stoffe wie Arzneimittel, Chemikalien und Pflanzenschutzmittel hängt der Marktzugang von einer staatlichen Genehmigung ab, die wiederum nur nach Vorlage bestimmter Untersuchungsergebnisse und ihrer Prüfung erteilt wird.[171] Es ist dann häufig der Großteil der Ausgaben eines Projektes getätigt, bis Genehmigungen erteilt werden und die Ansatzbedingungen erfüllt wären. Dagegen dürfte bspw. in der Maschinen- und Fahrzeugbau-Branche ein deutlich größerer Anteil der Entwicklungsausgaben aktiviert werden.[172] Entsprechend größer ist der zu erwartende Beitrag der Aktivierungskonzeptionen zur Entwicklungsfreudigkeit.[173]

Sofern bei entsprechend hohen Gewinnen bei einem Aktivierungsverbot F&E-Projekte realisiert werden, die ohne unmittelbar gewinnreduzierende Wirkung unterlassen worden wären, könnte sich auch ein negativer Effekt der Aktivierungskonzeptionen[174] auf die Höhe der Entwicklungsausgaben ergeben, da diese Projekte dann nicht realisiert würden. Allerdings dürfte – wie in Kapitel IV.2 ausgeführt – die Bereitschaft, zusätzliche F&E-Ausgaben als Maßnahme zur bilanzpolitischen Gewinnsenkung einzusetzen, begrenzt sein, so daß der Verlust dieser Wirkung durch die Aktivierungskonzeptionen auch nur begrenzte (hier: negative) Konsequenzen für die Entwicklungsfreudigkeit hätte. Ferner ist zu berücksichtigen, daß selbst wenn bei einem Aktivierungsverbot insgesamt in gleichem Maße F&E-Ausgaben erhöht und verringert werden würden, um Schwankungen des Gewinns vor F&E auszugleichen,

---

[171] Vgl. Brockhoff (1999), S. 118.
[172] In Großbritannien werden in der Maschinenbau-Branche von einem wesentlich größeren Anteil der Unternehmen Entwicklungsausgaben aktiviert als in anderen Branchen. Vgl. Nixon (1997), S. 271.
[173] Ein möglicher Zusammenhang zwischen der Branche und den Kriterien „Variabilität des Gewinns vor F&E", „Variabilität der zur Disposition stehenden Entwicklungsausgaben" und „Verschuldungsgrad" wird hier vernachlässigt.
[174] Aus den gleichen Gründen wie bei dem positiven Effekt ist auch hinsichtlich des negativen Effektes bei Konzeption II ein größeres Ausmaß als bei Konzeption I zu erwarten.

noch Vorteile der Aktivierung verbleiben, etwa wenn die Entwicklungsausgaben bei gegebener maximaler Aufwandswirkung erhöht werden sollen, sowie durch die Wirkung der Aktivierung auf Eigenkapitalebene. Insgesamt ist folglich davon auszugehen, daß bezüglich der Wirkung der Aktivierungskonzeptionen auf die Entwicklungsfreudigkeit die positiven Effekte den möglichen negativen Effekt deutlich überwiegen.

Bei Berücksichtigung des den Aktivierungskonzeptionen inhärenten Ermessensspielraumes lassen sich zusätzliche Effekte ableiten: Bei dem Aktivierungsverbot werden ggf. als gewinnsenkende Maßnahme die Entwicklungsausgaben erhöht. Diese Möglichkeit ergibt sich bei den Aktivierungskonzeptionen nicht (bzw. nur bedingt), es sei denn, die Ermessensspielräume werden dahingehend genutzt, daß aktivierungsfähige Entwicklungsausgaben nicht aktiviert werden. Wurden in vorgelagerten Perioden die Entwicklungsausgaben weitgehend aktiviert, dann läßt sich durch den Übergang zur Nichtaktivierung der Entwicklungsausgaben eine gewinnreduzierende Wirkung erzielen, ohne die Höhe der Entwicklungsausgaben zu verändern, so daß zusätzlich eine Erhöhung der Entwicklungsausgaben häufig nicht nötig ist. Entsprechend bleibt in diesem Fall hinsichtlich der Höhe der Entwicklungsausgaben der Unterschied zu dem Aktivierungsverbot bestehen, sofern dort als gewinnsenkende Maßnahme die Entwicklungsausgaben erhöht werden.

Hat sich dann aber die Ausgangssituation insofern verändert, daß in vorgelagerten Perioden die Entwicklungsausgaben weitgehend nicht aktiviert wurden, ist es möglich, daß zur Gewinnreduzierung – analog zu dem Aktivierungsverbot – die (weiterhin nicht aktivierten) Entwicklungsausgaben erhöht werden. In diesem Fall würden sich dann bei dem Aktivierungsverbot keine höheren Entwicklungsausgaben ergeben als bei den Aktivierungskonzeptionen. Die Ausgangssituation, daß in vorgelagerten Perioden die Entwicklungsausgaben weitgehend nicht aktiviert wurden, wirkt sich aber auch aus, wenn es darum geht, unter Vermeidung von Gewinneinbußen die Entwicklungsausgaben zu erhöhen. Durch einen Übergang zu einer Aktivierung möglichst vieler Entwicklungsausgaben ergeben sich noch höhere Unterschiede gegenüber dem Aktivierungsverbot bezüglich der (aus bilanzpolitischer Sicht) maximal möglichen Entwicklungsausgaben als in Kapitel IV.4.3 berechnet.[175]

---

[175] Der Fall der Aktivierungskonzeption II bei Nichtpassivierung latenter Steuern ist hier wiederum ausgenommen.

Schließlich ist zu berücksichtigen, daß der Nutzung der Ermessensspielräume in wechselnder Auslegungsrichtung[176] Grenzen gesetzt sind, da von einer gewissen Bindungswirkung für analoge Fälle (Projekte) auszugehen ist.[177]

Damit ist vereinfachend festzuhalten, daß bei kleinen Unternehmen – auch unter Berücksichtigung der Konsequenzen der Ermessensspielräume – von den Aktivierungskonzeptionen insgesamt eine positive Wirkung auf die Höhe der Entwicklungsausgaben zu erwarten ist. Ein Beitrag der Aktivierungskonzeptionen zur Entwicklungsfreudigkeit ist insbesondere dann zu erwarten, wenn der Gewinn vor F&E und/oder die zur Disposition stehenden Entwicklungsausgaben deutlichen Schwankungen unterliegen, aber auch wenn ein hoher Verschuldungsgrad vorliegt.

5.2 Integration der empirischen Ergebnisse zu den ökonomischen Konsequenzen unterschiedlicher Normen zur F&E-Bilanzierung

Die im vorherigen Abschnitt abgeleiteten Ergebnisse werden grundsätzlich durch die empirischen Untersuchungen, die sich direkt den Konsequenzen unterschiedlicher Rechnungslegungsnormen für die F&E-Freudigkeit widmen, gestützt. Ein geeigneter Rahmen für entsprechende Untersuchungen war die Einführung des Aktivierungsverbotes für F&E-Ausgaben 1974 in den USA (SFAS No. 2). Dabei zeigte sich, wie in Kapitel III.5.2.1 dargelegt, daß speziell bei kleinen Unternehmen der Wechsel von einer Aktivierung der F&E-Ausgaben zu einer sofortigen Aufwandsverrechnung mit einer Verringerung der F&E-Freudigkeit verbunden war.

Nixon[178] befragte in Großbritannien Unternehmensvertreter zu dem Zusammenhang zwischen der Bilanzierungsmethode für F&E-Ausgaben und der F&E-Freudigkeit. Bei dieser Befragung dominierten große Unternehmen. Nur sehr wenige der Unternehmensvertreter sahen für ihr Unternehmen einen solchen Zusammenhang.[179]

---

[176] Im Gegensatz hierzu wird bei den großen Unternehmen eine (einfacher durchsetzbare) permanente Auslegung der Regelungen in nur eine Richtung erwartet.
[177] Vgl. dazu auch Fuchs (1997), S. 131.
[178] Vgl. Nixon (1997) bzw. Kapitel III.5.2.2 der vorliegenden Arbeit.
[179] Das Laborexperiment von Cooper/Selto (1991) wird hier nicht mehr aufgeführt, da es aufgrund der starken Verzerrung der realen Situation nicht allgemein auf das Verhalten von Unternehmen übertragen werden kann.

Die Untersuchung von *Nixon* und die ebenfalls in Kapitel III.5.2 behandelte Untersuchung von *Shehata*[180] liefern auch Aussagen über das Verhalten von Unternehmen bei einem Aktivierungswahlrecht für F&E-Ausgaben. Diese Aussagen lassen sich ebenfalls zur Kontrolle der im vorherigen Abschnitt abgeleiteten Ergebnisse heranziehen. Insbesondere die Unternehmen, bei denen angenommen wird, daß die Einführung einer der beiden Aktivierungskonzeptionen die Höhe der Entwicklungsausgaben positiv beeinflussen würde, müssten im Falle eines Wahlrechtes verstärkt auf die Aktivierungsmöglichkeit zurückgreifen. Dagegen könnten andere Unternehmen, die von der „sophistication" ihrer Kapitalgeber überzeugt sind (also insbesondere große Unternehmen), mit einer Aktivierung primär Nachteile verbinden und davon Abstand nehmen.

Den beiden Untersuchungen zum Verhalten der Unternehmen bei einem Aktivierungswahlrecht für F&E-Ausgaben läßt sich ein diesen Erwartungen entsprechendes und damit die im vorherigen Abschnitt abgeleiteten Ergebnisse stützendes Resultat entnehmen:

Shehata analysierte die Daten von US-amerikanischen Unternehmen vor Einführung des Aktivierungsverbotes für F&E-Ausgaben. Dabei wurde u.a. deutlich, daß Unternehmen, die F&E-Ausgaben aktivierten, durchschnittlich kleiner waren, einen höheren Verschuldungsgrad sowie stärker schwankende F&E-Ausgaben hatten als die Unternehmen, die auf eine Aktivierung verzichteten.[181] Diese Ergebnisse sind sehr gut mit den Unternehmenseigenschaften, die oben als Bedingung für einen Beitrag der beiden Aktivierungskonzeptionen zur F&E-Freudigkeit abgeleitet wurden, vereinbar.

Bei der Untersuchung von *Nixon* zeigte sich, daß die meisten Unternehmen der Stichprobe, die von großen Unternehmen dominiert war, auf eine Aktivierung von Entwicklungsausgaben verzichteten. Als Grund hierfür wurde auch die mögliche negative Kapitalmarktwirkung einer solchen Aktivierung genannt.[182] Damit wird das Ergebnis, daß große Unternehmen bei einer Einführung einer der beiden Aktivierungskonzeptionen die Aktivierung von Entwicklungsausgaben eher meiden würden, gestützt.

---

[180] Vgl. Shehata (1991).
[181] Vgl. Shehata (1991) bzw. Kapitel III.5.2.1 der vorliegenden Arbeit.
[182] Vgl. Nixon (1997) bzw. Kapitel III.5.2.2 der vorliegenden Arbeit.

5.3 Fazit

Die vorliegenden Aussagen sind vor dem Hintergrund zu sehen, daß zur Entwicklung der Resultate auf verschiedenen Ebenen Vereinfachungen und Annahmen erforderlich waren.

Die Auseinandersetzung mit dem Zusammenhang von handelsbilanzieller Behandlung von F&E-Ausgaben und F&E-Freudigkeit hat gezeigt, daß von einer Einführung einer handelsrechtlichen Aktivierung von F&E-Ausgaben für die hier betrachteten börsennotierten Unternehmen keinesfalls allgemein ein Beitrag zur F&E-Freudigkeit zu erwarten ist. Entsprechend kann auch das Aktivierungsverbot für F&E-Ausgaben nicht allgemein als „innovationsfeindlich" charakterisiert werden. Es sind verschiedene Differenzierungen vorzunehmen.

Viele Argumente sprechen dafür, daß bei Gültigkeit der Aktivierungskonzeption I oder II bei großen Unternehmen die Aktivierung von Entwicklungsausgaben eher vermieden werden und sich keine Veränderung hinsichtlich der Entwicklungsfreudigkeit ergeben dürfte.

Bei kleinen Unternehmen ist weiter zu differenzieren. Hier ist zu erwarten, daß die Aktivierungskonzeptionen insbesondere dann zu höheren Entwicklungsausgaben als bei dem Aktivierungsverbot führen, wenn der Gewinn vor F&E und/oder die zur Disposition stehenden Entwicklungsausgaben deutlichen Schwankungen unterliegen, aber auch wenn ein hoher Verschuldungsgrad vorliegt. Weiterhin ist zu berücksichtigen, daß sich die Entwicklungsprojekte einzelner Branchen hinsichtlich des Anteils der Ausgaben, die durchschnittlich zu aktivieren wären, unterscheiden. Folglich dürfte bspw. in der Pharmaindustrie der Beitrag der Aktivierungskonzeptionen zur Entwicklungsfreudigkeit geringer sein als in der Maschinen- und Fahrzeugbau-Branche.

Das zu erwartende Ausmaß des Beitrags zur Entwicklungsfreudigkeit ist bei Aktivierungskonzeption II größer als bei Konzeption I. Weiterhin gilt für beide Konzeptionen, daß in dem Fall einer Verpflichtung, im Zusammenhang mit der Aktivierung von Entwicklungsausgaben Rückstellungen für latente Steuern zu bilden, der Beitrag zur Entwicklungsfreudigkeit geringer ausfallen würde als in dem Fall ohne eine solche Verpflichtung.

Berücksichtigt man, daß Aktivierungskonzeption I grundsätzlich der Regelung des IAS 38 entspricht, dann zeigen die Ergebnisse dieser Untersuchung, daß die Vorschriften des IAS 38 unter dem Aspekt des Beitrags zur Entwicklungsfreudigkeit nur begrenzt hilfreich sind. Hierfür wäre die Regelung von Aktivierungskonzeption II besser geeignet.

V. Thesenförmige Zusammenfassung

1. Aufgrund der hohen Bedeutung von F&E-Aktivitäten für die internationale Wettbewerbsfähigkeit der Unternehmen sollten von den Rechnungslegungsvorschriften keine innovationshemmenden Wirkungen ausgehen. Das nach HGB bestehende Aktivierungsverbot für einen Großteil der F&E-Ausgaben hat zur Folge, daß F&E-Investitionen – im Gegensatz zu Sachinvestitionen – sofort ergebnisreduzierend verbucht werden. Gleichzeitig wird das durch F&E geschaffene immaterielle Vermögen bilanziell ignoriert. Es stellt sich die Frage, ob dieses Aktivierungsverbot innovationsfeindlich ist und von einer Aktivierung von F&E-Ausgaben ein Beitrag zur F&E-Freudigkeit der Unternehmen zu erwarten wäre. Diese Frage ist für börsennotierte Unternehmen zu beantworten.

2. Die Aufgabenstellung erfordert zunächst die Analyse des Einflusses bilanzpolitischer Ziele auf das F&E-Investitionsverhalten der Unternehmen bei einem Aktivierungsverbot für F&E-Ausgaben. Diese Analyse läßt sich bei dem durch empirische Befunde weitgehend bestätigten Ziel der Unternehmen, dauerhaft relativ hohe Bewertungen am Aktienmarkt zu erreichen, aus drei verschiedenen Perspektiven durchführen. Es können die F&E-Ausgaben, der Jahresüberschuß und der bilanzielle Verschuldungsgrad jeweils als bewertungsrelevante Größe betrachtet werden.

3. Ein Verhalten des Aktienmarktes, das Ertragspotential von F&E-Investitionen aufgrund der sofortigen Aufwandsverrechnung von F&E-Ausgaben zu ignorieren, wäre mit einem negativen Anreiz für F&E-Investitionen verbunden. Ein negativer Anreiz für F&E-Investitionen kann aber in diesem Zusammenhang nicht abgeleitet werden, da empirische Untersuchungen eindeutig zeigen, daß F&E-Ausgaben auch bei einem Aktivierungsverbot am Aktienmarkt bewertungsrelevant sind. Dieses Ergebnis gilt sowohl für große als auch für kleine Unternehmen. Es bleibt allerdings ungeklärt, ob eine Aktivierung von F&E-Ausgaben zu höheren Bewertungen führen würde.

4. Aus dem Ziel der Beeinflussung des Aktienmarktes ergibt sich das Subziel eines kontinuierlich, ohne große Schwankungen wachsenden Gewinns. Die einschlägigen empirischen Befunde sprechen überwiegend dafür, daß bei kleinen Unternehmen – wobei eine konkrete Abgrenzung zwischen kleinen und großen Unternehmen nicht möglich ist – bei einem Aktivierungsverbot von F&E-Ausgaben diese Ausgaben reduziert werden, um eine Gewinneinbuße zu vermeiden. Bei kleinen Unternehmen kommt – mindestens aus Sicht deren Manager – der Höhe des Ergebnisses bei der

Kursfindung eine so hohe Bedeutung zu, daß im Falle einer drohenden Verfehlung des Ergebnisziels ein Verzicht auf einen bestimmten Betrag von F&E-Ausgaben auf den Aktienkurs des Unternehmens positiv wirken würde, weil die positive Wirkung dadurch, daß das Ergebnisziel nicht verfehlt wird, eine mögliche negative Wirkung von entsprechend geringeren F&E-Ausgaben überkompensiert.

5. Dagegen dürften große Unternehmen deutlich weniger auf eine solche Maßnahme der gewinnerhöhenden Bilanzpolitik zurückgreifen. Bei großen Unternehmen werden – anders als bei kleinen – die Rechnungslegungsinformationen von einer Vielzahl von Analysten und institutionellen Investoren interpretiert. Weiterhin wird bei großen Unternehmen durch Investor-Relations-Aktivitäten eine Fülle weiterer bewertungsrelevanter Informationen – einschließlich konkreter Informationen zu den F&E-Ausgaben – bekanntgegeben. Entsprechend ist davon auszugehen, daß hier der Höhe des Ergebnisses eine niedrigere und den F&E-Investitionen eine höhere Bedeutung bei der Kursfindung zukommt als bei kleinen Unternehmen und der Aktienmarkt hier auf eine den Ergebnistrend erhaltende Verringerung der F&E-Ausgaben negativ reagieren würde.

6. Aus dem Ziel der Beeinflussung des Aktienmarktes dürfte auch das Bestreben resultieren, einen kritischen Wert des bilanziellen Verschuldungsgrades zu verhindern. Analog zu der Argumentation, die auf das Bestreben, Gewinneinbußen zu vermeiden, eingeht, läßt sich ableiten, daß insbesondere bei kleinen Unternehmen davon auszugehen ist, daß bei einem Aktivierungsverbot von F&E-Ausgaben diese Ausgaben aufgrund der unmittelbar eigenkapitalreduzierenden Wirkung verringert bzw. nicht erhöht werden, um zu verhindern, daß der Verschuldungsgrad einen kritischen Wert annimmt.

7. Empirische Untersuchungen zeigen, daß auch die Beeinflussung der Fremdkapitalgeber zu den bilanzpolitischen Zielen der Unternehmen gehört. Weiterhin deuten empirische Befunde darauf hin, daß eine zu Gunsten des Bilanzbildes vorgenommene Reduzierung von F&E-Ausgaben das Urteil von kreditgewährenden Banken, nicht aber das von Ratingagenturen positiv beeinflussen würde. Unterstellt man, daß im Zusammenhang mit der Fremdfinanzierung bei großen Unternehmen Ratingagenturen und bei kleinen Unternehmen kreditgewährende Banken als entscheidende Bilanzadressaten gesehen werden, ergibt sich ein mit den Ergebnissen des Bereichs der Beeinflussung des Aktienmarktes übereinstimmendes Resultat.

8. Als Motiv der Bilanzpolitik werden auch individuelle Ziele des Managements nachgewiesen. Da die Entwicklung des Aktienkurses einen wichtigen Beurteilungsmaßstab für die Leistung des Managements darstellt, ist bei großen Unternehmen aus dem Eigeninteresse der Manager kein Verhalten ableitbar, zur Vermeidung von Gewinneinbußen F&E-Ausgaben zu reduzieren, auch wenn die Gewinnentwicklung ebenfalls für die individuellen Ziele der Manager von Bedeutung ist. Dagegen spricht bei kleinen Unternehmen das Eigeninteresse der Manager weitgehend für ein solches Verhalten.

9. Es werden zwei konkrete Aktivierungskonzeptionen festgelegt, mit denen das Aktivierungsverbot verglichen wird. Während nach US-GAAP ein weitgehendes Aktivierungsverbot für F&E-Ausgaben gilt, liefern die IAS eine mögliche Alternative zu dem Aktivierungsverbot des HGB. Nach IAS besteht für Entwicklungsausgaben, wenn bestimmte Bedingungen erfüllt sind, eine Ansatzpflicht als immaterielles Vermögen. Es sind aber nur die Entwicklungsausgaben zu aktivieren, die nach dem Zeitpunkt anfallen, an dem die Ansatzbedingungen erstmals erfüllt sind. Von einer Vereinfachung hinsichtlich der Abschreibungsmethode abgesehen, wird die Regelung der IAS als Aktivierungskonzeption I gewählt. Aktivierungskonzeption II unterscheidet sich von der ersten, indem auch diejenigen Entwicklungsausgaben zu aktivieren sind, die in dem betreffenden Geschäftsjahr vor dem Zeitpunkt angefallen sind, an dem die Ansatzbedingungen erstmals erfüllt sind.

10. Da bei großen Unternehmen die empirischen Befunde dagegen sprechen, daß bei einem Aktivierungsverbot von F&E-Ausgaben zu Gunsten des Bilanzbildes F&E-Ausgaben reduziert werden, ist hier von den Aktivierungskonzeptionen kein Beitrag zur Entwicklungsfreudigkeit zu erwarten. Es ist anzunehmen, daß große Unternehmen – u.a. um nicht den Anschein einer gewinnerhöhenden Bilanzpolitik zu erwecken – den bei den Aktivierungskonzeptionen gegebenen Ermessensspielraum, ob bzw. wann die Ansatzbedingungen für die jeweiligen Entwicklungsprojekte erfüllt sind, nützen würden, um möglichst wenige Entwicklungsausgaben zu aktivieren.

11. Gemäß den vorgenannten Ergebnissen wird bei kleinen Unternehmen bei einem Aktivierungsverbot von F&E-Ausgaben auf diese Ausgaben so weit erforderlich verzichtet, um bilanzpolitischen Zielen Rechnung zu tragen. Bei den Aktivierungskonzeptionen ist es nicht bzw. nur bedingt möglich, durch eine Reduzierung der Entwicklungsausgaben eine unmittelbare positive Wirkung auf Gewinn und Eigenkapital zu erzielen. Weiterhin sind bei – aus bilanzpolitischen Gründen vorgegebenen – maximalen Aufwandswirkungen der Entwicklungsausgaben Erhöhungen der

Entwicklungsausgaben bei den Aktivierungskonzeptionen in größerem Umfang möglich als bei dem Aktivierungsverbot. Entsprechend ist bei kleinen Unternehmen, insbesondere dann, wenn der Gewinn vor F&E und/oder die zur Disposition stehenden Entwicklungsausgaben deutlichen Schwankungen unterliegen bzw. wenn ein hoher Verschuldungsgrad vorliegt, eine positive Wirkung der Aktivierungskonzeptionen auf die Entwicklungsfreudigkeit zu erwarten. Dieses Ergebnis hat auch Bestand, wenn man die zusätzlichen Effekte berücksichtigt, die sich aus den Ermessensspielräumen der Aktivierungskonzeptionen ergeben.

12. Die Quantifizierung der (bei kleinen Unternehmen) bei konkreten Gegebenheiten zu erwartenden Unterschiede zwischen den Aktivierungskonzeptionen und dem Aktivierungsverbot bezüglich der Höhe der Entwicklungsausgaben zeigt, daß von Aktivierungskonzeption II ein größerer Beitrag zur Entwicklungsfreudigkeit zu erwarten wäre als von Konzeption I. Die unter bestimmten Annahmen durchgeführten Berechnungen ergeben, daß die Höhe der über eine konstante Basishöhe hinausgehenden Entwicklungsausgaben, die maximal möglich ist, ohne daß eine Gewinneinbuße eintritt, bei Aktivierungskonzeption II doppelt so groß ist wie im Fall des Aktivierungsverbotes. Dagegen bewegt sich das Verhältnis zwischen der Höhe der maximalen zusätzlichen Entwicklungsausgaben bei Aktivierungskonzeption I und der sich bei dem Aktivierungsverbot ergebenden Höhe der maximalen zusätzlichen Entwicklungsausgaben zwischen 1 und 2. Die genannten Werte gelten für den Fall, daß aufgrund des nach geltendem Recht bestehenden und für diese Quantifizierungen beibehaltenen steuerbilanziellen Aktivierungsverbotes von F&E-Ausgaben bei einer handelsrechtlichen Aktivierung von Entwicklungsausgaben Rückstellungen für latente Steuern zu bilden sind, wobei eine Steuerbelastung von 50% zugrunde gelegt wird. Bei einer Steuerbelastung von 37,5%, die den Verhältnissen nach der geplanten Steuerreform entspricht, und insbesondere bei Nichtpassivierung latenter Steuern ergeben sich bei den Aktivierungskonzeptionen gegenüber dem Aktivierungsverbot noch deutlich größere Vorteile hinsichtlich der maximalen Entwicklungsausgaben als in dem zuvor genannten Fall.

13. Die Ergebnisse von empirischen Untersuchungen, die sich direkt den Unterschieden hinsichtlich der F&E-Freudigkeit der Unternehmen bei verschiedenen Bilanzierungsvorschriften für F&E-Ausgaben widmen, sind grundsätzlich mit den zuvor genannten Resultaten gut vereinbar. Hervorzuheben sind hier die zahlreichen Studien zur Veränderung des F&E-Investitionsverhaltens aufgrund der Einführung des Aktivierungsverbotes für F&E-Ausgaben 1974 in den USA. Sie sprechen dafür, daß

speziell bei kleinen Unternehmen im Aktivierungsfall eine größere F&E-Freudigkeit vorhanden ist als bei dem Aktivierungsverbot.

Literaturverzeichnis

Abdel-khalik, A. R./Keller, T. F. (1979): Earnings or Cash Flows: An Experiment on Functional Fixation and Valuation of the Firm, Sarasota, Florida.

Adler, Hans/Düring, Walther/Schmaltz, Kurt (1995): Rechnungslegung und Prüfung der Unternehmen. Kommentar zum HGB, AktG, GmbHG, PublG nach den Vorschriften des Bilanzrichtlinien-Gesetzes, neu bearbeitet von Forster, Karl-Heinz u.a., Teilband 1 und 2, 6. Aufl., Stuttgart.

Adler, Hans/Düring, Walther/Schmaltz, Kurt (1996): Rechnungslegung und Prüfung der Unternehmen. Kommentar zum HGB, AktG, GmbHG, PublG nach den Vorschriften des Bilanzrichtlinien-Gesetzes, neu bearbeitet von Forster, Karl-Heinz u.a., Teilband 3, 6. Aufl., Stuttgart.

AICPA, APB Opinion No. 17: Intangible Assets, 1970, in: FASB, Original Pronouncements, Accounting Standards as of June 1, 1999, Vol. 2, Norwalk, Connecticut.

AICPA, ARB No. 43: Restatement and Revision of Accounting Research Bulletins, 1953, in: FASB, Original Pronouncements, Accounting Standards as of June 1, 1999, Vol. 2, Norwalk, Connecticut.

AICPA, ARB No. 45: Long-Term Construction-Type Contracts, 1955, in: FASB, Original Pronouncements, Accounting Standards as of June 1, 1999, Vol. 2, Norwalk, Connecticut.

AICPA, ARB No. 51: Consolidated Financial Statements, 1959, in: FASB, Original Pronouncements, Accounting Standards as of June 1, 1999, Vol. 2, Norwalk, Connecticut.

AICPA, SOP 81-1: Accounting for Performance of Construction-Type and Certain Production-Type Contracts, 1981, in: AICPA, Technical Practice Aids as of June 1, 1999, Norwalk, Connecticut.

AICPA, SOP 98-1: Accounting for Costs of Computer Software Developed or Obtained for Internal Use, 1998, in: AICPA, Technical Practice Aids as of June 1, 1999, Norwalk, Connecticut.

ASB, SSAP 13: Accounting for Research and Development, 1989, in: Wilkins, Richard M. (Hrsg.): Accounting Standards 1998/99, Central Milton Keynes.

Ayres, Frances L. (1986): Characteristics of Firms Electing Early Adoption of SFAS 52, in: JAE, Vol. 8, S. 143-158.

Baber, William R./Fairfield, Patricia M./Haggard, James A. (1991): The Effect of Concerns about Reported Income on Discretionary Spending Decisions: The Case of Research and Development, in: AR, Vol. 66, S. 818-829.

Baetge, Jörg (1998): Bilanzanalyse, Düsseldorf.

Baetge, Jörg/Ballwieser, Wolfgang (1978): Probleme einer rationalen Bilanzpolitik, in: BFuP, 30. Jg., S. 511-530.

Baetge, Jörg/Fey, Dirk/Weber, Claus-Peter (1995): Kommentierung zu § 248 HGB, in: Küting, Karlheinz/Weber, Claus-Peter (Hrsg.): Handbuch der Rechnungslegung: Kommentar zur Bilanzierung und Prüfung, Bd. Ia, 4. Aufl., Stuttgart, S. 577-598.

Baetge, Jörg/Fischer, Thomas R./Paskert, Dierk (1989): Der Lagebericht: Aufstellung, Prüfung und Offenlegung, Stuttgart.

Baker, Richard E./Lembke, Valdean C./King, Thomas E. (1993): Advanced Financial Accounting, 2. Aufl., New York u.a.

Bald, Ernst-Joachim/Blanik, Karl/Determann, Michael/Hien, Heinz/Knauth, Klaus-Wilhelm/Wachsmuth, Michael/Wickenkamp, Rolf/Wildhagen, Jürgen (1994): Leitfaden für die Vergabe von Unternehmenskrediten – Schuldscheindarlehen – (Kreditleitfaden), 2. Aufl., Karlsruhe.

Ball, Ray/Foster, George (1982): Corporate Financial Reporting: A Methodological Review of Empirical Research, in: JAR, Vol. 20 (Supplement), S. 161-234.

Ballwieser, Wolfgang (1987): Grundsätze der Aktivierung und Passivierung, Allgemeine Grundsätze, in: Castan, Edgar u.a. (Hrsg.): Beck-HdR, Bd. 1, Abschnitt B 131, München (Stand Mai 2000).

Ballwieser, Wolfgang (1989): Die Einflüsse des neuen Bilanzrechts auf die Jahresabschlußanalyse, in: Baetge, Jörg (Hrsg.): Bilanzanalyse und Bilanzpolitik: Vorträge und Diskussionen zum neuen Recht, Düsseldorf, S. 15-49.

Ballwieser, Wolfgang (1993a): Bilanzansatz, in: Chmielewicz, Klaus/Schweitzer, Marcell (Hrsg.): HWR, 3. Aufl., Stuttgart, Sp. 221-229.

Ballwieser, Wolfgang (1993b): Die Entwicklung der Theorie der Rechnungslegung in den USA, in: Wagner, Franz (Hrsg.): Ökonomische Analyse des Bilanzrechts: Entwicklungslinien und Perspektiven, ZfbF-Sonderheft Nr. 32, Düsseldorf, Frankfurt a.M., S. 107-138.

Ballwieser, Wolfgang (1996): Zum Nutzen handelsrechtlicher Rechnungslegung, in: Ballwieser, Wolfgang (Hrsg.): Rechnungslegung – warum und wie, FS für Hermann Clemm, München, S. 1-25.

Ballwieser, Wolfgang (1997a): Das Verhältnis von Aussagegehalt und Nachprüfbarkeit amerikanischer Rechnungslegung, in: WPK-Mitt., 36. Jg., Sonderheft Juni, S. 51-56.

Ballwieser, Wolfgang (1997b): Die Lageberichte der DAX-Gesellschaften im Lichte der Grundsätze ordnungsgemäßer Lageberichterstattung, in: Fischer, Thomas R./Hömberg, Reinhold (Hrsg.): Jahresabschluß und Jahresabschlußprüfung: Probleme, Perspektiven, internationale Einflüsse, FS für Jörg Baetge, Düsseldorf, S. 153-187.

Ballwieser, Wolfgang (1997c): Grenzen des Vergleichs von Rechnungslegungssystemen – dargestellt anhand von HGB, US-GAAP und IAS, in: Forster, Karl-Heinz u.a. (Hrsg.): Aktien- und Bilanzrecht, FS für Bruno Kropff, Düsseldorf, S. 371-391.

Bauer, Christoph (1992): Das Risiko von Aktienanlagen: Die fundamentale Analyse und Schätzung von Aktienrisiken, Köln.

Beattie, Vivien/Brown, Stephen/Ewers, David/John, Brian/Manson, Stuart/Thomas, Dylan/Turner, Michael (1994): Extraordinary Items and Income Smoothing: A Positive Accounting Approach, in: JBFA, Vol. 21, S. 791-811.

Beaver, William H. (1998): Financial Reporting: An Accounting Revolution, 3. Aufl., Upper Saddle River, New Jersey.

Beiker, Hartmut (1993): Überrenditen und Risiken kleiner Aktiengesellschaften: Eine theoretische und empirische Analyse des deutschen Kapitalmarktes von 1966 bis 1989, Köln.

Ben-Zion, Uri (1978): The Investment Aspect of Nonproduction Expenditures: An Empirical Test, in: JEB, Vol. 30, S. 224-229.

Berblinger, Jürgen (1996): Marktakzeptanz des Rating durch Qualität, in: Büschgen, Hans E./Everling, Oliver (Hrsg.): Handbuch Rating, Wiesbaden, S. 21-110.

Bernard, Victor L./Thomas, Jacob K./Abarbanell, Jeffrey S. (1993): How Sophisticated Is the Market in Interpreting Earnings News?, in: JACF, Vol. 6, No. 2, S. 54-63.

Berndt, Helmut (1998): Kommentierung zu § 298 HGB, in: Küting, Karlheinz/ Weber, Claus-Peter (Hrsg.): Handbuch der Konzernrechnungslegung: Kommentar zur Bilanzierung und Prüfung, Bd. II, 2. Aufl., Stuttgart, S. 1093-1124.

Betsch, Oskar/Brümmer, Ekkehard/Hartmann, Egbert/Wittberg, Volker (1997): Kreditwürdigkeitsanalyse im Firmenkundengeschäft, in: Die Bank, o. Jg., S. 150-155.

Biddle, Gary C./Lindahl, Frederick W. (1982): Stock Price Reactions to LIFO Adoptions: The Association Between Excess Returns and LIFO Tax Savings, in: JAR, Vol. 20, S. 551-588.

Biener, Herbert (1979): AG, KGaA, GmbH, Konzerne, Köln.

Biergans, Enno (1992): Einkommensteuer und Steuerbilanz: Systematischer Kommentar, 6. Aufl., München, Wien.

BMBF (1998): Faktenbericht 1998 zum Bundesbericht Forschung, Bonn.

Boland, Lawrence A./Gordon, Irene M. (1992): Criticizing Positive Accounting Theory, in: CAR, Vol. 9, S. 142-170.

Bowen, Robert/Noreen, Eric/Lacey, John (1981): Determinants of the Corporate Decision to Capitalize Interest, in: JAE, Vol. 3, S. 151-179.

Bowman, Robert G. (1980): The Importance of Market-Value Measurement of Debt in Assessing Leverage, in: JAR, Vol. 18, S. 242-254.

Brayshaw, R.E./Eldin, Ahmed E. (1989): The Smoothing Hypothesis and the Role of Exchange Differences, in: JBFA, Vol. 16, S. 621-633.

Breuer, Rolf (1991): Bilanzanalyse aus Sicht der Kreditinstitute, in: Chmielewicz, Klaus (Hrsg.): Unternehmensverfassung und Rechnungslegung in der EG, ZfbF Sonderheft Nr. 29, Düsseldorf, Frankfurt a.M., S. 151-155.

Brockhoff, Klaus (1993): Forschung und Entwicklung, in: Bitz, Michael u.a. (Hrsg.): Vahlens Kompendium der Betriebswirtschaftslehre, Bd. 1, 3. Aufl., München, S. 173-201.

Brockhoff, Klaus (1999): Forschung und Entwicklung: Planung und Kontrolle, 5. Aufl., München, Wien.

Brotte, Jörg (1997): US-amerikanische und deutsche Geschäftsberichte: Notwendigkeit, Regulierung und Praxis jahresabschlußergänzender Informationen, Wiesbaden.

Bushee, Brian J. (1998): The Influence of Institutional Investors on Myopic R&D Investment Behavior, in: AR, Vol. 73, S. 305-333.

Busse von Colbe, Walther (1994): Unternehmenskontrolle durch Rechnungslegung, in: Sandrock, Otto/Jäger, Wilhelm (Hrsg.): Internationale Unternehmenskontrolle und Unternehmenskultur: Beiträge zu einem Symposium, FS für Bernhard Grossfeld, Tübingen, S. 37-58.

Chan, Su H./Kensinger, John W./Martin, John D. (1992): The Market Rewards Promising R&D - and Punishes the Rest, in: JACF, Vol. 5, S. 59-66.

Chan, Su H./Martin, John D./Kensinger, John W. (1990): Corporate Research and Development Expenditures and Share Value, in: JFE, Vol. 26, S. 255-276.

Chauvin, Keith W./Hirschey, Mark (1993): Advertising, R&D Expenditures and the Market Value of the Firm, in: FM, No. 4, S. 128-140.

Chauvin, Keith W./Hirschey, Mark (1994): Goodwill, Profitability, and the Market Value of the Firm, in: JAPP, Vol. 13, S. 159-180.

Clemm, Hermann (1989): Bilanzpolitik und Ehrlichkeits-("true and fair view"-) Gebot, in: WPg, 42. Jg., S. 357-366.

Clemm, Hermann (1993): Zur Fragwürdigkeit und Zweckmäßigkeit von Jahresbilanzen, in: Beisse, Heinrich (Hrsg.): FS für Karl Beusch, Berlin, New York, S. 131-151.

Clotten, Cornelius (1998): Management Stock Options – Grundsätzliche Überlegungen und das Modell des Dresdner Bank Konzerns, in: Pellens, Bernhard (Hrsg.); Unternehmenswertorientierte Entlohnungssysteme, Stuttgart, S. 101-113.

Coenenberg, Adolf G. (1985): Instrumente der Gewinnregulierungspolitik deutscher Aktiengesellschaften – Eine empirische Untersuchung, in: Gross, Gerhard (Hrsg.): Der Wirtschaftsprüfer im Schnittpunkt nationaler und internationaler Interessen, FS für Klaus v. Wysocki, Düsseldorf, S. 111-128.

Coenenberg, Adolf G. (2000): Jahresabschluß und Jahresabschlußanalyse: Betriebswirtschaftliche, handelsrechtliche, steuerrechtliche und internationale Grundlagen – HGB, IAS, US-GAAP, unter Mitarbeit von Manuel Alvarez u.a., 17. Aufl., Landsberg/Lech.

Coenenberg, Adolf G./Haller, Axel (1993): Externe Rechnungslegung, in: Hauschildt, Jürgen/Grün, Oskar (Hrsg.): Ergebnisse empirischer betriebswirtschaftlicher Forschung - Zu einer Realtheorie der Unternehmung, FS für Eberhard Witte, Stuttgart, S. 557-599.

Coenenberg, Adolf G./Möller, Peter/Schmidt, Franz (1984): Empirical Research in Financial Accounting in Germany, Austria and Switzerland: A Review, in: Hopwood, Anthony/Schreuder, Hein (Hrsg.): European Contributions to Accounting Research: The Achievements of the Last Decade, Amsterdam, S. 61-81.

Coenenberg, A.G./Schmidt, F./Werhand, M. (1983): Bilanzpolitische Entscheidungen und Entscheidungswirkungen in manager- und eigentümerkontrollierten Unternehmen, in: BFuP, 35. Jg., S. 321-343.

Collins, Daniel W./Rozeff, Michael S./Dhaliwal, Dan S.(1981): The Economic Determinants of the Market Reaction to Proposed Mandatory Accounting Changes in the Oil and Gas Industry: A Cross-Sectional Analysis, in: JAE, Vol. 3, S. 37-71.

Cooper, Jean C./Selto, Frank H. (1991): An Experimental Examination of the Effects of SFAS No. 2 on R&D Investment Decisions, in: AOS, Vol. 16, S. 227-242.

Coopers & Lybrand (1996): Understanding IAS, Analysis and Interpretation, United Kingdom.

Daley, Lane/Vigeland, Robert (1983): The Effects of Debt Covenants and Political Costs on the Choice of Accounting Methods, in: JAE, Vol. 5, S. 195-211.

Dechow, Patricia M./Sloan, Richard G. (1991): Executive Incentives and the Horizon Problem: An Empirical Investigation, in: JAE, Vol. 14, S. 51-89.

DeFond, Mark L./Jiambalvo, James (1994): Debt Covenant Violation and Manipulation of Accruals, in: JAE, Vol. 17, S. 145-176.

DeFond, Mark L./Park, Chul W. (1997): Smoothing Income in Anticipation of Future Earnings, in: JAE, Vol. 23, S. 115-139.

Delaney, Patrick R./Adler, James R./Epstein, Barry J./Foran, Michael F. (1995): GAAP: Interpretation and Application, New York u.a.

Demirag, Istemi (1996): Short-termism, in: International Encyclopedia of Business and Management, Bd. 5, London, New York, S. 4454-4462.

Deutsche Bundesbank (2000): Monatsbericht Januar 2000, 52. Jg., Nr. 1.

Dicken, André Jacques (1997): Kreditwürdigkeitsprüfung: Kreditwürdigkeitsprüfung auf der Basis des betrieblichen Leistungsvermögens, Hamburg.

Drukarczyk, Jochen/Duttle, Josef/Rieger, Reinhard (1984): Mobilarsicherheiten: Arten, Verbreitung, Wirksamkeit, Regensburg.

Duke, Joanne C./Hunt, Herbert G. (1990): An Empirical Examination of Debt Covenant Restrictions and Accounting-Related Debt Proxies, in: JAE, Vol. 12, S. 45-63.

Dukes, Roland E./Dyckman, Thomas R./Elliot, John A. (1980): Accounting for Research and Development Costs: The Impact on Research and Development Expenditures, in: JAR, Vol. 18 (Supplement), S. 1-26.

Eckel, Norm (1981): The Income Smoothing Hypothesis Revisited, in: Abacus, Vol. 17, S. 28-40.

El-Gazzar, Samir/Lilien, Steve/Pastena, Victor (1986): Accounting for Leases by Lessees, in: JAE, Vol. 8, S. 217-237.

Elliot, John/Richardson, Gordon/Dyckman, Thomas/Dukes, Roland (1984): The Impact of SFAS No. 2 on Firm Expenditures on Research and Development: Replications and Extensions, in: JAR, Vol. 22, S. 85-102.

Everling, Oliver (1995): Rating, in: Gerke, Wolfgang/Steiner, Manfred (Hrsg.): HWBF, 2. Aufl., Stuttgart, Sp. 1601-1609.

Everling, Oliver (1996): Ratingagenturen an nationalen und internationalen Finanzmärkten, in: Büschgen, Hans E./Everling, Oliver (Hrsg.): Handbuch Rating, Wiesbaden, S. 3-16.

Evers, Heinz (1998): Variable Bezüge für Führungskräfte: Wertorientierung als Herausforderung, in: Pellens, Bernhard (Hrsg.): Unternehmenswertorientierte Entlohnungssysteme, Stuttgart, S. 53-67.

Falk, H./Ophir, T. (1973): The Influence of Differences in Accounting Policies on Investment Decisions, in: JAR, Vol. 11, S. 108-116.

FASB, SFAS No. 2: Accounting for Research and Development Costs, 1974, in: FASB, Original Pronouncements, Accounting Standards as of June 1, 1999, Vol. 1, Norwalk, Connecticut.

FASB, SFAS No. 19: Financial Accounting and Reporting by Oil and Gas Producing Companies, 1977, in: FASB, Original Pronouncements, Accounting Standards as of June 1, 1999, Vol. 1, Norwalk, Connecticut.

FASB, SFAS No. 25: Suspension of Certain Accounting Requirements for Oil and Gas Producing Companies, 1979, in: FASB, Original Pronouncements, Accounting Standards as of June 1, 1999, Vol. 1, Norwalk, Connecticut.

FASB, SFAS No. 69: Disclosures about Oil and Gas Producing Activities, 1982, in: FASB, Original Pronouncements, Accounting Standards as of June 1, 1999, Vol. 1, Norwalk, Connecticut.

FASB, SFAS No. 86: Accounting for the Costs of Computer Software to be Sold, Leased, or Otherwise Marketed, 1985, in: FASB, Original Pronouncements, Accounting Standards as of June 1, 1999, Vol. 1, Norwalk, Connecticut.

Feenstra, D. W. (1985): Oordeelsvorming rond de externe berichtgeving, Wolters-Noordhoff, Groningen.

Fischer, Andrea/Haller, Axel (1993): Bilanzpolitik zum Zwecke der Gewinnglättung: Empirische Erkenntnisse, in: ZfB, 63. Jg., S. 35-59.

Foster, George (1986): Financial Statement Analysis, 2. Aufl., Englewood Cliffs, New Jersey.

Franke, Günter/Hax, Herbert (1999): Finanzwirtschaft des Unternehmens und Kapitalmarkt, 4. Aufl., Berlin u.a.

Freidank, Carl-Christian (1990): Entscheidungsmodelle der Rechnungslegungspolitik, Stuttgart.

Freidank, Carl-Christian (1998): Zielformulierungen und Modellbildung im Rahmen der Rechnungslegungspolitik, in: Freidank, Carl-Christian (Hrsg.): Rechnungslegungspolitik: eine Bestandsaufnahme aus handels- und steuerrechtlicher Sicht, Berlin u.a., S. 89-151.

Fuchs, Markus (1997): Jahresabschlußpolitik und International Accounting Standards, Wiesbaden.

Givoly, D./Ronen, J. (1981): 'Smoothing' Manifestations in Fourth Quarter Results of Operations: Some Empirical Evidence, in: Abacus, Vol. 17, S. 174-193.

Godfrey, Jayne M./Jones, Kerrie L. (1999): Political Cost Influences on Income Smoothing via Extraordinary Item Classification, in: AF, Vol. 39, S. 229-254.

Goodacre, Alan (1991): R&D Expenditure and the Analysts' View, in: Accountancy, Vol. 107, S. 78-79.

Gordon, M. J. (1964): Postulates, Principles and Research in Accounting, in: AR, Vol. 39, S. 251-263.

Greth, Michael (1996): Konzernbilanzpolitik, Wiesbaden.

Haller, Axel (1994): Positive Accounting Theory, in: DB, 54. Jg., S. 597-612.

Haller, Axel (2000): Wesentliche Ziele und Merkmale US-amerikanischer Rechnungslegung, in: Ballwieser, Wolfgang (Hrsg.): US-amerikanische Rechnungslegung: Grundlagen und Vergleiche mit dem deutschen Recht, 4. Aufl., Stuttgart, S. 1-27.

Haller, Axel/Park, Peter (1995): Darlehensvereinbarungen als Ursache für bilanzpolitisches Verhalten - Empirische Erkenntnisse aus den USA, in: ZfB, 65. Jg., S. 89-111.

Hand, John R. (1990): A Test of the Extended Functional Fixation Hypothesis, in: AR, Vol. 65, S. 740-763.

Harhoff, Dietmar (1994): Zur steuerlichen Behandlung von Forschungs- und Entwicklungsaufwendungen – Eine internationale Bestandsaufnahme, ZEW-Dokumentation 94-02, Mannheim.

Harris, Trevor S./Ohlson, James A. (1987): Accounting Disclosures and the Market's Valuation of Oil and Gas Properties, in: AR, Vol. 62, S. 651-669.

Harrison, Tom (1977): Different Market Reactions to Discretionary and Nondiscretionary Accounting Changes, in: JAR, Vol. 15, S. 84-107.

Harrison, Walter T./Grudnitski, Gary (1987): Bondholder and Stockholder Reactions to Discretionary Accounting Changes, in: JAPP, Vol. 6, S. 87-113.

Hauschildt, Jürgen (1976): Bilanzpolitik und Finanzierung, in: Büschgen, Hans E. (Hrsg.): HWF, Stuttgart, Sp. 190-199.

Hauschildt, Jürgen (1994): „Wenig hilfreich" - Das Rechnungswesen aus Sicht des Managements technologischer Innovationen, in: Zahn, Erich (Hrsg.): Technologiemanagement und Technologien für das Management, Stuttgart, S. 173-196.

Hax, Georg (1998): Informationsintermediation durch Finanzanalysten: Eine ökonomische Analyse, Frankfurt a.M., u.a.

Hax, Herbert (1989): Investitionsrechnung und Periodenerfolgsmessung, in: Delfmann, Werner (Hrsg.): Der Integrationsgedanke in der Betriebswirtschaftslehre, FS für Helmut Koch, Wiesbaden, S. 153-170.

Healy, Paul M. (1985): The Effect of Bonus Schemes on Accounting Decisions, in: JAE, Vol. 7, S. 85-107.

Healy, Paul M./Palepu, Krishna G. (1990): Effectiveness of Accounting-Based Dividend Covenants, in: JAE, Vol. 12, S. 97-123.

Hegenloh, Gerd Uwe (1985): Die steuerbilanzielle Behandlung von Forschung und Entwicklung, Berlin.

Heigl, A. (1985): Geleitwort, in: Hegenloh, Gerd Uwe: Die steuerbilanzielle Behandlung von Forschung und Entwicklung, Berlin, S. VII.

Heintges, Sebastian (1997): Bilanzkultur und Bilanzpolitik in den USA und Deutschland: Einflüsse auf die Bilanzpolitik börsennotierter Unternehmen, 2. Aufl., Sternenfels, Berlin.

Hepworth, S.R. (1953): Smoothing Periodic Income, in: AR (January), S. 32-39.

Herrmann, Carl/Heuer, Gerhard/Raupach, Arndt (1950/96): Einkommensteuer- und Körperschaftsteuergesetz, Kommentar, Loseblattsammlung, Köln.

Hines, R. D. (1984): The Implications of Stock Market Reaction (Non-reaction) for Financial Accounting Standard Setting, in: ABR, Vol. 15, S. 3-14.

Hinz, Michael (1994): Sachverhaltsgestaltungen im Rahmen der Jahresabschlußpolitik, Düsseldorf.

Hirschey, Mark (1982): Intangible Capital Aspects of Advertising and R&D Expenditures, in: JIE, Vol. 30, S. 375-390.

Hirschey, Mark (1985): Market Structure and Market Value, in: JoB, Vol. 58, No. 1, S. 89-98.

Hirschey, Mark/Spencer, Richard S. (1992): Size Effects in the Market Valuation of Fundamental Factors, in: FAJ, March-April, S. 91-95.

Hirschey, Mark/Weygandt, Jerry J. (1985): Amortisation Policy for Advertising and Research and Development Expenditures, in: JAR, Vol. 23, S. 326-335.

Holthausen, Robert W. (1981): Evidence on the Effect of Bond Covenants and Management Compensation Contracts on the Choice of Accounting Techniques, in: JAE, Vol. 3, S. 73-109.

Holthausen, Robert W./Larcker, David F./Sloan, Richard G. (1995): Annual Bonus Schemes and the Manipulation of Earnings, in: JAE, Vol. 19, S. 29-74.

Hommel, Michael (1997): Internationale Bilanzrechtskonzeptionen und immaterielle Vermögensgegenstände, in: ZfbF, 49. Jg., S. 345-369.

Hommel, Michael (1998): Bilanzierung immaterieller Anlagewerte, Stuttgart.

Hong, Hai/Kaplan, Robert S./Mandelker, Gershon (1978): Pooling vs. Purchase: The Effects of Accounting for Mergers on Stock Prices, in: AR, Vol. 53, S. 31-47.

Horwitz, Bertrand/Kolodny, Richard (1980): The Economic Effects of Involuntary Uniformity in the Financial Reporting of R&D Expenditures, in: JAR, Vol. 18 (Supplement), S. 38-74.

Horwitz, Bertrand/Kolodny, Richard (1981): The FASB, the SEC, and R&D, in: BJE, Vol. 12, S. 249-262.

Hunt, Herbert G. (1985): Potential Determinants of Corporate Inventory Accounting Decisions, in: JAR, Vol. 23, S. 448-467.

IASC (1998): Basis for Conclusions to IAS 38, Intangible Assets, and IAS 22 (revised 1998), Business Combinations and Summary of Changes to Exposure Draft E 60, Intangible Assets, and IAS 22 (revised 1993), Business Combinations, London.

IASC, International Accounting Standards 1999: Deutsche Ausgabe, Stuttgart.

Jacobs, Otto (1997): Kommentierung zu IAS 2, in: Baetge, Jörg u.a. (Hrsg.): Rechnungslegung nach International Accounting Standards (IAS) – Kommentar auf der Grundlage des deutschen Bilanzrechts, Stuttgart, S. 157-200.

Jacobson, Robert/Aaker, David (1993): Myopic Management Behaviour with Efficient, but Imperfect, Financial Markets: A comparision of Information Asymmetries in the U.S. and Japan, in: JAE, Vol. 16, S. 383-406.

Jährig, Alfred/Schuck, Hans (1989): Handbuch des Kreditgeschäfts, 5. Aufl., Wiesbaden.

Jiambalvo, James (1996): Discussion of „Causes and Consequences of Earnings Manipulation: An Analysis of Firms Subject to Enforcement Actions by the SEC", in: CAR, Vol. 13, S. 37-47.

Johnson, Bruce/Ramanan, Ramachandran (1988): Discretionary Accounting Changes from „Successful Efforts" to „Full Cost" Methods: 1970-76, in: AR, Vol. 63, S. 96-110.

Kamin, J.Y./Ronen, J. (1978): The Smoothing of Income Numbers: Some Empirical Evidence on Systematic Differences among Management-Controlled and Owner-Controlled Firms, in: AOS, Vol. 3, S. 141-157.

Kaplan, Robert S./Roll, Richard (1972): Investor Evaluation of Accounting Information: Some Empirical Evidence, in: JoB, Vol. 45, S. 225-257.

Keitz, Isabel von (1997): Immaterielle Güter in der internationalen Rechnungslegung: Grundsätze für den Ansatz von immateriellen Gütern in Deutschland im Vergleich zu den Grundsätzen in den USA und nach IASC, Düsseldorf.

Kern, Werner (1997): Forschung und Entwicklung, in: Gabler Wirtschafts-Lexikon, Bd. 1, 14. Aufl., Wiesbaden, S. 1372-1375.

Kieso, Donald E./Weygandt, Jerry J. (1998): Intermediate Accounting, 9. Aufl., New York u.a.

Klein, Hans-Dieter (1989): Konzernbilanzpolitik, Heidelberg.

Kloos, Gerhard (1993): Die Transformation der 4. EG-Richtlinie (Bilanzrichtlinie) in den Mitgliedstaaten der Europäischen Gemeinschaft: Eine Analyse der verbleibenden Rechnungslegungsunterschiede aufgrund von nationalen Wahlrechtsausnutzungen, Berlin.

Knop, Wolfgang/Küting, Karlheinz (1995): Kommentierung zu § 255 HGB, in: Küting, Karlheinz/Weber, Claus-Peter (Hrsg.): Handbuch der Rechnungslegung: Kommentar zur Bilanzierung und Prüfung, Bd. Ia, 4. Aufl., Stuttgart, S. 1011-1149.

Koberg, Ann-Kristin (1991): Die Auswirkungen des Bilanzrichtlinien-Gesetzes auf die Kreditwürdigkeitsprüfung der deutschen Banken, St. Gallen.

Koch, Bruce S. (1981): Income Smoothing: An Experiment, in: AR, Vol. 56, S. 574-586.

Königsmaier, Heinz (1999): Bilanzanalyse: Quantitativ formalisierte Verfahren, in: Cramer, Jörg u.a. (Hrsg.): Lexikon des Geld-, Bank- und Börsenwesens, Frankfurt a.M.

Krag, Joachim/Schmelz, Michael/Seekamp, Volker (1998): Bonitätsanalyse mit Hilfe von Rating-Agenturen, Marburg.

Krog, Markus (1998): Rechnungslegungspolitik im internationalen Vergleich: Eine modellorientierte Analyse, Landsberg/Lech.

Kuhlmann, Jürgen (1992): Die Problematik einer Ausgliederung der Kreditwürdigkeitsprüfung im Firmenkundengeschäft der Banken, Frankfurt a. M.

Kuhn, Wolfgang (1992): Forschung und Entwicklung im Lagebericht: Eine theoretische und empirische Untersuchung, Hamburg.

Kuhn, Wolfgang (1993): Die Berichterstattung über Forschung und Entwicklung im Lagebericht, in: DStR, 31. Jg., S. 491-496.

Küting, Karlheinz/Weber, Claus-Peter (2000): Die Bilanzanalyse: Lehrbuch zur Beurteilung von Einzel- und Konzernabschlüssen, 5. Aufl., Stuttgart.

Leffers, Burkhard (1996): Das Rating im Konsortialgeschäft der Banken, in: Büschgen, Hans E./Everling, Oliver (Hrsg.): Handbuch Rating, Wiesbaden, S. 345-372.

Lev, Baruch/Sougiannis, Theodore (1996): The Capitalization, Amortization, and Value-relevance of R&D, in: JAE, Vol. 21, S. 107-138.

Liebs, Rüdiger/Bröcker, Norbert (2000): Ein attraktives Gehalt allein genügt nicht mehr, in: FAZ vom 06.03.2000, Nr. 55, S. 33.

Lilien, Steven/Pastena, Victor (1982): Determinants of Intramethod Choice in the Oil and Gas Industry, in: JAE, Vol. 4, S. 145-170.

Link, Rainer (1993): Investor Relations im Rahmen des Aktienmarketing von Publikumsgesellschaften, in: BFuP, 45. Jg., S. 105-132.

Linnhoff, Ulrich/Pellens, Bernhard (1994): Kreditwürdigkeitsprüfung mit den neuen Jahresabschlußkennzahlen des Bundesaufsichtsamtes für das Versicherungswesen (BAV), in: DB, 47. Jg., S. 589-594.

Lys, Thomas (1984): Mandated Accounting Changes and Debt Covenants, in: JAE, Vol. 6, S. 39-65.

Martin, Thomas (1992): Operatives Forschungs- und Entwicklungscontrolling in Industriebetrieben: Eine betriebswirtschaftliche Untersuchung unter besonderer Berücksichtigung der Kosten- und Leistungsrechnung sowie anderer ausgewählter operativer Planungs- und Kontrollinstrumente, Pfaffenweiler.

McGee, Robert (1984): Software Accounting, Bank Lending Decisions, and Stock Prices, in: MA (USA), Vol. 66, No. 1, S. 20 und S. 23.

Meyer, Claus (1989): Kunden-Bilanz-Analyse der Kreditinstitute: Eine Einführung in die Jahresabschluß-Analyse und in die Analyse-Praxis der Kreditinstitute, Stuttgart.

Meyer-Parpart, Wolfgang (1996): Ratingkriterien für Unternehmen, in: Büschgen, Hans E./Everling, Oliver (Hrsg.): Handbuch Rating, Wiesbaden, S. 111-173.

Morse, Dale/Richardson, Gordon (1983): The Lifo/Fifo Decision, in: JAR, Vol. 21, S. 106-127.

Moses, O. Douglas (1987): Income Smoothing and Incentives: Empirical Tests Using Accounting Changes, in: AR, Vol. 62, S. 358-377.

Moxter, Adolf (1979): Immaterielle Anlagewerte im neuen Bilanzrecht, in: BB, 34. Jg., S. 1102-1109.

Moxter, Adolf (1987): Zum Sinn und Zweck des handelsrechtlichen Jahresabschlusses nach neuem Recht, in: Havermann, Hans (Hrsg.): Bilanz- und Konzernrecht: FS für Reinhard Goerdeler, Düsseldorf, S. 361-374.

Moxter, Adolf (1989): Zur wirtschaftlichen Betrachtungsweise im Bilanzrecht, in: StuW, 66. Jg., S. 232-241.

Müller, Horst (1996): Funktionen des Rating für Banken, in: Büschgen, Hans E./Everling, Oliver (Hrsg.): Handbuch Rating, Wiesbaden, S. 327-343.

Müller-Dahl, Frank (1979): Betriebswirtschaftliche Probleme der handels- und steuerrechtlichen Bilanzierungsfähigkeit, Berlin.

Niehus, Rudolf J./Thyll, Alfred (2000): Konzernabschluß nach U.S. GAAP: Grundlagen und Gegenüberstellung mit den deutschen Vorschriften, 2. Aufl., Stuttgart.

Nitsch, Rolf (1993): Praxis des Firmenkundengeschäfts: Erfolgreich beraten, verhandeln und betreuen, Wiesbaden.

Nixon, Bill (1997): The Accounting Treatment of Research and Development Expenditure: Views of UK Company Accountants, in: EAR, Vol. 6, No. 2, S. 265-277.

Nonnenmacher, Rolf (1993): Bilanzierung von Forschung und Entwicklung, in: DStR, 33. Jg., S. 1231-1235.

o.V. (1999): Amerikanische Aufsicht sagt der Bilanzkosmetik den Kampf an, in: FAZ vom 03.08.1999, Nr. 177, S. 26.

OECD (1993): Frascati Manual, Proposed Standard Practice for Surveys of Research and Experimental Development, Paris.

Ordelheide, Dieter (1991): Bilanzen in der Investitionsplanung und -kontrolle: Zur Berücksichtigung von Kommunikationsrisiken und -kosten bei der Entwicklung der finanziellen Zielfunktion der Unternehmung, in: Rückle, Dieter (Hrsg.): Aktuelle Fragen der Finanzwirtschaft und der Unternehmensbesteuerung, FS für Erich Loitlsberger, Wien, S. 507-534.

Paul, Walter (1991): Investor Relations-Management – demonstriert am Beispiel der BASF, in: ZfbF, 43. Jg., S. 923-945.

Paul, Walter (1996): Rating als Instrument des Finanzmarketing, in: Büschgen, Hans E./Everling, Oliver (Hrsg.): Handbuch Rating, Wiesbaden, S. 373-417.

Pellens, Bernhard (1998): Vorwort, in: Pellens, Bernhard (Hrsg.): Unternehmenswertorientierte Entlohnungssysteme, Stuttgart, S. V-VI.

Pellens, Bernhard/Bonse, Andreas/Gassen, Joachim (1998): Perspektiven der deutschen Konzernrechnungslegung, DB, 51. Jg., S. 785-792.

Pellens, Bernhard/Crasselt, Nils/Rockholtz, Carsten (1998): Wertorientierte Entlohnungssysteme für Führungskräfte – Anforderungen und empirische Evidenz, in: Pellens, Bernhard (Hrsg.): Unternehmenswertorientierte Entlohnungssysteme, Stuttgart, S. 1-28.

Pellens, Bernhard/Fülbier, Rolf Uwe (2000): Ansätze zur Erfassung immaterieller Werte in der kapitalmarktorientierten Rechnungslegung, in: Baetge, Jörg (Hrsg.): Zur Rechnungslegung nach International Accounting Standards (IAS): Vorträge und Diskussionen zum 15. Münsterischen Tagesgespräch des Münsteraner Gesprächskreises Rechnungslegung und Prüfung e.V. am 10. Juni 1999, Düsseldorf, S. 35-77.

Perry, Susan/Grinaker, Robert (1994): Earnings Expectations and Discretionary Research and Development Spending, in: AH, Vol. 8, No. 4, S. 43-51.

Prasch, Elmar (1989): Die Analyse von Jahresabschlüssen zur Kreditwürdigkeitsprüfung, in: Baetge, Jörg (Hrsg.): Bilanzanalyse und Bilanzpolitik: Vorträge und Diskussionen zum neuen Recht, Düsseldorf, S. 105-135.

Press, Eric G./Weintrop, Joseph B. (1990): Accounting-Based Constraints in Public and Private Debt Agreements, in: JAE, Vol. 12, S. 65-95.

Ricks, William E. (1982): The Market's Response to the 1974 LIFO Adoptions, in: JAR, Vol. 20, S. 367-387.

Roß, Norbert (1996): Gemeinsamkeiten und Unterschiede handels- und steuerrechtlicher Aktivierungskonzeptionen, in: Baetge, Jörg (Hrsg.): Rechnungslegung und Prüfung: Vorträge der Jahre 1993-1996 vor dem Münsteraner Gesprächskreis Rechnungslegung und Prüfung e.V., Düsseldorf, S. 233-253.

Roth, George (1993): Financial Strategy of a Multinational Corporation, in: Juncker, Klaus von/Priewasser, Erich (Hrsg.): Handbuch Firmenkundengeschäft: Das Firmenkundengeschäft auf dem Weg ins 21. Jahrhundert, Frankfurt a.M., S. 41-55.

Röthlingshöfer, Karl/Sprenger, Rolf-Ulrich/Scholz, Lothar (1977): Effizienz der indirekten steuerlichen Forschungsförderung, Berlin, München.

Schätzle, Gerhard (1965): Forschung und Entwicklung als unternehmerische Aufgabe, Köln.

Scheld, Guido (1994): Konzernbilanzpolitik: Quantitative Wirkungen der Konzernabschlußparameter auf die Konzernbilanzstruktur und das Konzernergebnis, Frankfurt a.M.

Schierenbeck, Henner (1998): BankAssurance: Institutionelle Grundlagen der Bank- und Versicherungsbetriebslehre, 4. Aufl., Stuttgart.

Schildbach, Thomas (1986): Jahresabschluß und Markt, Berlin u.a.

Schmidt, Franz (1979): Bilanzpolitik deutscher Aktiengesellschaften: Empirische Analysen des Gewinnglättungsverhaltens, Wiesbaden.

Schmidt, Matthias (1996): Zweck, Ziel und Ablauf des Rating aus Emittentensicht, in: Büschgen, Hans E./Everling, Oliver (Hrsg.): Handbuch Rating, Wiesbaden, S. 253-271.

Schnabel, Helmut (1996): Die Funktion des Rating für deutsche Industrieunternehmen als Emittenten, in: Büschgen, Hans E./Everling, Oliver (Hrsg.): Handbuch Rating, Wiesbaden, S. 305-325.

Schneider, Dieter (1988a): Grundsätze anreizverträglicher innerbetrieblicher Erfolgsrechnung zur Steuerung und Kontrolle von Fertigungs- und Vertriebsentscheidungen, in: ZfB, 58. Jg., S. 1181-1192.

Schneider, Dieter (1988b): Reformvorschläge zu einer anreizverträglichen Wirtschaftsrechnung bei mehrperiodiger Lieferung und Leistung, in: ZfB, 58. Jg., S. 1371-1386.

Schumann, Jochen (1992): Grundzüge der mikroökonomischen Theorie, 6. Aufl., Berlin u.a.

Schumpeter, Joseph A. (1987): Kapitalismus, Sozialismus und Demokratie, 6. Aufl., Tübingen.

Seeberg, Thomas (1997): Kommentierung zu IAS 11, in: Baetge, Jörg u.a. (Hrsg.): Rechnungslegung nach International Accounting Standards (IAS) – Kommentar auf der Grundlage des deutschen Bilanzrechts, Stuttgart, S. 367-395.

Seibert, Ulrich (1998): Stock Options für Führungskräfte – zur Regelung im Kontrolle- und Transparenzgesetz (KonTraG), in: Pellens, Bernhard (Hrsg.): Unternehmenswertorientierte Entlohnungssysteme, Stuttgart, S. 29-52.

Selto, Frank H./Clouse, Maclyn L. (1985): An Investigation of Managers' Adaptions to SFAS No. 2: Accounting for Research and Development Costs, in: JAR, Vol. 23, S. 700-717.

Serfling, Klaus/Badack, Elke/Jeiter, Vera (1996): Möglichkeiten und Grenzen des Credit Rating, in: Büschgen, Hans E./Everling, Oliver (Hrsg.): Handbuch Rating, Wiesbaden, S. 629-654.

Shehata, Mohamed (1991): Self-Selection Bias and the Economic Consequences of Accounting Regulation: An Application of Two-stage Switching Regression to SFAS No. 2, in: AR, Vol. 66, S. 768-787.

Sieben, Günter/Coenenberg, Marc (1997): Grundlagen der Bilanzpolitik (I), in: WISU, 26. Jg., S. 1043-1047.

Spieler, Josef (1987): Aktivierungsfähigkeit von selbsterstellter Standardsoftware zur anonymen Vermarktung gemäß Handels- und Steuerrecht, Frankfurt a.M. u.a.

Standard & Poor's Ratings Services, veröffentlicht unter URL: http://www.standardandpoors.com/ratings/frankfurt, Stand: Juli 2000.

Staudt, Erich (1993): Forschung und Entwicklung, in: Wittmann, Waldemar u.a. (Hrsg.): HWB, Teilband 1, A-H, 5. Aufl., Stuttgart, Sp. 1185-1198.

Steiner, Manfred/Heinke, Volker G. (1996): Rating aus Sicht der modernen Finanzierungstheorie, in: Büschgen, Hans E./Everling, Oliver (Hrsg.): Handbuch Rating, Wiesbaden, S. 579-628.

Steinmetz, Otto (1999): Kreditwürdigkeitsprüfung, in: Cramer, Jörg u.a. (Hrsg.): Lexikon des Geld-, Bank- und Börsenwesens, Frankfurt a.M.

Stevenson, Francis L. (1987): New Evidence on LIFO Adoptions: The Effects of More Precise Event Dates, in: JAR, Vol. 25, S. 306-316.

Stock, Ulrich (1990): Das Management von Forschung und Entwicklung, München.

Sunder, Shyam (1973): Relationship between Accounting Changes and Stock Prices: Problems of Measurement and Some Empirical Evidence, in: JAR, Vol. 11 (Supplement), S. 1-45.

Sunder, Shyam (1975): Stock Price and Risk Related to Accounting Changes in Inventory Valuation, in: AR, Vol. 50, S. 305-315.

SV-Wissenschaftsstatistik (1998): Forschung und Entwicklung in der Wirtschaft: 1995 bis 1997, Essen.

Szewczyk, Samuel H./Tsetsekos, George P./Zantout, Zaher (1996): The Valuation of Corporate R&D Expenditures: Evidence from Investment Opportunities and Free Cash Flow, in: FM, Vol. 25, S. 105-110.

Thomas, Ralf Peter (1995): Rückstellungen für drohende Verluste aus schwebenden Absatzgeschäften, München.

Tinic, Seha M. (1990): A Perspective on the Stock Market's Fixation on Accounting Numbers, in: AR, Vol. 65, S. 781-796.

U.S. Department of Commerce (1975): Impact of FASB's Rule Two: Accounting for Research and Development Costs on Small/Developing Stage Firms, Washington D.C., 20. Januar 1975.

Veit, Klaus-Rüdiger (1992): Zur Aktivierung von Ausgaben für Grundlagenforschung, in: DB, 45. Jg., S. 641-645.

Vergoossen, R. G. A. (1997): Changes in Accounting Policies and Investment Analysts' Fixation on Accounting Figures, in: AOS, Vol. 22, S. 589-607.

Vigeland, Robert L. (1981): The Market Reaction to Statement of Financial Accounting Standards No. 2, in: AR, Vol. 56, S. 309-325.

Vormbaum, Herbert/Franz, Klaus-Peter/Rautenberg, Hans Günter (1980): Die Abbildung von Forschung und Entwicklung in der externen Rechnungslegung von Unternehmungen, in: Hamm, Walter/Schmidt, Reimer (Hrsg.): Wettbewerb und Fortschritt, FS für Burkhardt Röper, S. 183-204.

Wagenhofer, Alfred/Riegler, Christian (1999): Gewinnabhängige Managemententlohnung und Investitionsanreize, in: BFuP, 51. Jg., S. 70-90.

Waschbusch, Gerd (1993): Die Ziele der handelsrechtlichen Jahresabschlußpolitik, in: WiSt, 22. Jg., S. 235-239.

Wasley, Charles E./Linsmeier, Thomas J. (1992): A Further Examination of the Economic Consequences of SFAS No. 2, in: JAR, Vol. 30, S. 156-164.

Watts, Ross L./Zimmerman, Jerold L. (1978): Towards a Positive Theory of the Determination of Accounting Standards, in: AR, Vol. 53, S. 112-134.

Watts, Ross L./Zimmerman, Jerold L. (1979): The Demand for and Supply of Accounting Theories: The Market for Excuses, in: AR, Vol. 54, S. 273-305.

Watts, Ross L./Zimmerman, Jerold L. (1986): Positive Accounting Theory, Englewood Cliffs, New Jersey.

Watts, Ross L./Zimmerman, Jerold L. (1990): Positive Accounting Theory: A Ten Year Perspective, in: AR, Vol. 65, S. 131-156.

Weber-Braun, Elke (1995): Umsetzung der Richtlinien in den Mitgliedstaaten, in: Küting, Karlheinz/Weber, Claus-Peter (Hrsg.): Handbuch der Rechnungslegung: Kommentar zur Bilanzierung und Prüfung, Bd. Ia, 4. Aufl., Stuttgart, S. 3-24.

Wohlgemuth, Michael (1991): Die Herstellungskosten in der Handels- und Steuerbilanz, in: HdJ, Abt. I/10, Köln (Stand: November 1999).

Wolfson, Mark A. (1980): Discussion of The Economic Effects of Involuntary Uniformity in the Financial Reporting of R&D Expenditures, in: JAR, Vol. 18 (Supplement), S. 75-83.

Wong, Jilnaught (1988): Political Cost and an Intraperiod Accounting Choice for Export Tax Credits, in: JAE, Vol. 10, S. 37-51.

Woolridge, Randall (1988): Competitive Decline and Corporate Restructuring: Is a Myopic Stock Market to Blame?, in: JACF, Vol. 1, S. 26-36.

WP-Handbuch (1996): Wirtschaftsprüfer-Handbuch 1996, Handbuch für Rechnungslegung, Prüfung und Beratung, Bd. I, hrsg. vom Institut der Wirtschaftsprüfer in Deutschland e.V., bearbeitet von Budde, Wolfgang Dieter u.a., Düsseldorf.

Wurl, Hans-Jürgen (1974): Zum Problem der Bilanzierung von Aufwendungen für Forschung und Entwicklung, in: ZfB, 44. Jg., S. 159-178.

Zimmermann, Peter (1997): Schätzung und Prognose von Betawerten: Eine Untersuchung am deutschen Aktienmarkt, Bad Soden/Ts.

Zmijewski, Mark M./Hagerman, Robert L. (1981): An Income Strategy Approach to the Positive Theory of Accounting Standard Setting/Choice, in: JAE, Vol. 3, S. 129-149.

BETRIEBSWIRTSCHAFTLICHE STUDIEN
RECHNUNGS- UND FINANZWESEN, ORGANISATION UND INSTITUTION

Die Herausgeber wollen in dieser Schriftenreihe Forschungsarbeiten aus dem Rechnungswesen, dem Finanzwesen, der Organisation und der institutionellen Betriebswirtschaftslehre zusammenfassen. Über den Kreis der eigenen Schüler hinaus soll originellen betriebswirtschaftlichen Arbeiten auf diesem Gebiet eine größere Verbreitung ermöglicht werden. Jüngere Wissenschaftler werden gebeten, ihre Arbeiten, insbesondere auch Dissertationen, an die Herausgeber einzusenden.

Band 1 Joachim Hartle: Möglichkeiten der Entobjektivierung der Bilanz - Eine ökonomische Analyse. 1984.

Band 2 Peter Wachendorff: Alternative Vertragsgestaltung bei öffentlichen Aufträgen - Eine ökonomische Analyse. 1984.

Band 3 Doris Zimmermann: Schmalenbachs Aktivierungsgrundsätze. 1985.

Band 4 Elke Michaelis: Organisation unternehmerischer Aufgaben - Transaktionskosten als Beurteilungskriterium. 1985.

Band 5 Arno Schuppert: Die Überwachung betrieblicher Routinetätigkeiten. Ein Erklärungs-Entscheidungsmodell. 1985.

Band 6 Bonaventura Lehertshuber: Unternehmensvertragsrecht und Konzernhandelsbilanz. 1986.

Band 7 Joachim Schindler: Kapitalkonsolidierung nach dem Bilanzrichtlinien-Gesetz. 1986.

Band 8 Gerhard R. Schell: Die Ertragsermittlung für Bankbewertungen. 1988.

Band 9 Ulrich Hein: Analyse der Neubewertungsverfahren im belgischen und französischen Bilanzrecht. 1988.

Band 10 Rainer Leuthier: Das Interdependenzproblem bei der Unternehmensbewertung. 1988.

Band 11 Dieter Pfaff: Gewinnverwendungsregelungen als Instrument zur Lösung von Agency-Problemen. Ein Beitrag zur Diskussion um die Reformierung der Ausschüttungskompetenz in Aktiengesellschaften. 1989.

Band 12 Christian Debus: Haftungsregelungen im Konzernrecht. Eine ökonomische Analyse. 1990.

Band 13 Ralph Otte: Konzernabschlüsse im öffentlichen Bereich. Notwendigkeit und Zwecke konsolidierter Jahresabschlüsse von Gebietskörperschaften dargestellt am Beispiel der Bundesverwaltung der Bundesrepublik Deutschland. 1990.

Band 14 Rüdiger Zaczyk: Interdisziplinarität im Bilanzrecht. Rechtsfindung im Spannungsfeld zwischen Betriebswirtschaftslehre und dogmatischer Rechtswissenschaft. 1991.

Band 15 Oliver Fliess: Konzernabschluß in Großbritannien – Grundlagen, Stufenkonzeption und Kapitalkonsolidierung. 1991.

Band 16 Joachim Faß: Konzernierung und konsolidierte Rechnungslegung. Eine Analyse der Eignung des Konzernabschlusses als Informationsinstrument und als Grundlage der Ausschüttungsbemessung konzernverbundener Unternehmen. 1992.

Band 17 Michael Feldhoff: Die Regulierung der Rechnungslegung. Eine systematische Darstellung der Grundlagen mit einer Anwendung auf die Frage der Publizität. 1992.

Band 18 Uwe Jüttner: GoB-System, Einzelbewertungsgrundsatz und Imparitätsprinzip. 1993.

Band 19 Ralf Häger: Das Publizitätsverhalten mittelgroßer Kapitalgesellschaften. 1993.

Band 20 Jutta Menninger: Financial Futures und deren bilanzielle Behandlung. 1993.

Band 21 Stefan Lange: Die Kompatibilität von Abschlußprüfung und Beratung. Eine ökonomische Analyse. 1994.

Band 22 Hans Klaus: Gesellschafterfremdfinanzierung und Eigenkapitalersatzrecht bei der Aktiengesellschaft und der GmbH. 1994.

Band 23 Vera Marcelle Krisement: Ansätze zur Messung des Harmonisierungs- und Standardisierungsgrades der externen Rechnungslegung. 1994.

Band 24 Helmut Schmid: Leveraged Management Buy-Out. Begriff, Gestaltungen, optimale Kapitalstruktur und ökonomische Bewertung. 1994.

Band 25 Carsten Carstensen: Vermögensverwaltung, Vermögenserhaltung und Rechnungslegung gemeinnütziger Stiftungen. 1994. 2., unveränderte Auflage 1996.

Band 26 Dirk Hachmeister: Der Discounted Cash Flow als Maß der Unternehmenswertsteigerung. 1995. 2., durchgesehene Auflage 1998. 3., korrigierte Auflage 1999. 4., durchgesehene Auflage 2000.

Band 27 Christine E. Lauer: Interdependenzen zwischen Gewinnermittlungsverfahren, Risiken sowie Aktivitätsniveau und Berichtsverhalten des Managers. Eine ökonomische Analyse. 1995.

Band 28 Ulrich Becker: Das Überleben multinationaler Unternehmungen. Generierung und Transfer von Wissen im internationalen Wettbewerb. 1996.

Band 29 Torsten Ganske: Mitbestimmung, Property-Rights-Ansatz und Transaktionskostentheorie. Eine ökonomische Analyse. 1996.

Band 30 Angelika Thies: Rückstellungen als Problem der wirtschaftlichen Betrachtungsweise. 1996.

Band 31 Hans Peter Willert: Das französische Konzernbilanzrecht. Vergleichende Analyse zum deutschen Recht im Hinblick auf die Konzernbilanzzwecke und deren Grundkonzeption. 1996.

Band 32 Christian Leuz: Rechnungslegung und Kreditfinanzierung. Zum Zusammenhang von Ausschüttungsbegrenzung, bilanzieller Gewinnermittlung und vorsichtiger Rechnungslegung. 1996.

Band 33 Gerald Schenk: Konzernbildung, Interessenkonflikte und ökonomische Effizienz. Ansätze zur Theorie des Konzerns und ihre Relevanz für rechtspolitische Schlußfolgerungen. 1997.

Band 34 Johannes G. Schmidt: Unternehmensbewertung mit Hilfe strategischer Erfolgsfaktoren. 1997.

Band 35 Cornelia Ballwießer: Die handelsrechtliche Konzernrechnungslegung als Informationsinstrument. Eine Zweckmäßigkeitsanalyse. 1997.

Band 36 Bert Böttcher: Eigenkapitalausstattung und Rechnungslegung. US-amerikanische und deutsche Unternehmen im Vergleich. 1997.

Band 37 Andreas-Markus Kuhlewind: Grundlagen einer Bilanzrechtstheorie in den USA. 1997.

Band 38 Maximilian Jung: Zum Konzept der Wesentlichkeit bei Jahresabschlußerstellung und -prüfung. Eine theoretische Untersuchung. 1997.

Band 39 Mathias Babel: Ansatz und Bewertung von Nutzungsrechten. 1997.

Band 40 Georg Hax: Informationsintermediation durch Finanzanalysten. Eine ökonomische Analyse. 1998.

Band 41 Georg Schultze: Der spin-off als Konzernspaltungsform. 1998.

Band 42 Christian Aders: Unternehmensbewertung bei Preisinstabilität und Inflation. 1998.

Band 43 Thomas Schröer: Das Realisationsprinzip in Deutschland und Großbritannien. Eine systematische Untersuchung und ihre Anwendung auf langfristige Auftragsfertigung und Währungsumrechnung. 1998.

Band 44 Anne d'Arcy: Gibt es eine anglo-amerikanische oder eine kontinentaleuropäische Rechnungslegung? Klassen nationaler Rechnungslegungssysteme zwischen Politik und statistischer Überprüfbarkeit. 1999.

Band 45 Christian Back: Richtlinienkonforme Interpretation des Handelsbilanzrechts. Abstrakte Vorgehensweise und konkrete Anwendung am Beispiel des EuGH-Urteils vom 27. Juni 1996. 1999.

Band 46 Cornelia Flury: Gewinnerläuterungsprinzipien. 1999.

Band 47 Hanne Böckem: Die Durchsetzung von Rechnungslegungsstandards. Eine kapitalmarktorientierte Untersuchung. 2000.

Band 48 Jens Kengelbach: Unternehmensbewertung bei internationalen Transaktionen. 2000.

Band 49 Ursula Schäffeler: Latente Steuern nach US-GAAP für deutsche Unternehmen. 2000.

Band 50 Rainer Doll: Wahrnehmung und Signalisierung von Prüfungsqualität. 2000.

Band 51 Brigitte Strasser: Informationsasymmetrien bei Unternehmensakquisitionen. 2000.

Band 52 Lars Franken: Gläubigerschutz durch Rechnungslegung nach US-GAAP. Eine ökonomische Analyse. 2001.

Band 53 Oliver Bärtl: Wertorientierte Unternehmenssteuerung. Zum Zusammenhang von Kapitalmarkt, externer und interner Rechnungslegung. 2001.

Band 54 Gabi Ebbers: A Comparative Analysis of Regulatory Strategies in Accounting and their Impact on Corporate Compliance. 2001.

Band 55 Mark Währisch: The Evolution of International Accounting Systems. Accounting System Adoptions by Firms from a Network Perspective. 2001.

Band 56 Jakob Schröder: F&E-Bilanzierung als Einflußfaktor der F&E-Freudigkeit. 2001.

Mario Petschniker

Kommunikation - Konflikt - Hierarchie

Die Schwierigkeit im Umgang mit indirekter Kommunikation und nicht auflösbaren Konflikten in hierarchischen Betrieben

Frankfurt/M., Berlin, Bern, Bruxelles, New York, Oxford, Wien, 2001. 194 S.
Europäische Hochschulschriften: Reihe 11, Pädagogik. Bd. 772
ISBN 3-631-37672-3 · br. DM 65.– / € 33.20*

Trotz aller neuen Management- und Organisationsentwicklungstrends sind Firmen (auch Kommunen und Staaten) nach dem Grundprinzip der „heiligen Ordnung" (griech. Hierarchie) aufgebaut. Das auf Zwang, Macht und Entpersonalisierung aufbauende System bereitet uns Schwierigkeiten. Es bedingt indirekte Kommunikation und nicht auflösbare Konflikte und stellt hohe Anforderungen an den einzelnen, die oft zu Frustration, innerlicher Kündigung u.ä. führen. Anhand der Probleme, Daten und Informationen zu übermitteln, beschreibt der Autor die Gesetzmäßigkeiten der Hierarchie. Beispiele von Kommunikation und Dymamik zwischen zwei Personen, in Gruppen und am konkreten Projekt des LKH-Villach zeigen, wie Strukturen der Hierarchie positiv genutzt werden können.

Aus dem Inhalt: Was ist „Kommunikation"? · Kommunikation zwischen zwei Personen – in Gruppen · In Hierarchien (Prinzip der indirekten Kommunikation) · Die Schwierigkeit der Informationsvermittlung in Hierarchien und unser Umgang damit · Nicht auflösbare Konflikte und deren Handhabung · Praxisbeispiel an einem Kärntner Landesspital, in dem diese Problemkreise Berücksichtigung finden

Frankfurt/M · Berlin · Bern · Bruxelles · New York · Oxford · Wien
Auslieferung: Verlag Peter Lang AG
Jupiterstr. 15, CH-3000 Bern 15
Telefax (004131) 9402131

*inklusive der in Deutschland gültigen Mehrwertsteuer
Preisänderungen vorbehalten
Homepage http://www.peterlang.de